通信受限网络化系统的状态隐私保护策略与分布式安全融合估计

许大星　王海伦　著

北京大学出版社
PEKING UNIVERSITY PRESS

内容简介

通信网络的开放性将导致分布式安全融合估计系统更易遭受恶意网络攻击，设计隐私保护策略以保证系统关键信息不被攻击者窃取尤为重要；随着传感器数量增加和空间范围不断扩大，网络化多传感器融合估计系统中带宽受限与能量约束问题不可避免。隐私保护策略的执行需要进一步消耗通信资源，从而增加了带宽受限与能量约束下分布式安全融合估计系统的设计难度。为此，本书将研究资源约束下基于隐私保护策略的分布式安全融合估计问题，主要包括基于人工噪声加密策略的分布式安全融合估计、基于信道增益加密的电力系统分布式安全融合估计、带宽受限下基于降维的分布式安全融合估计、能量约束下基于事件触发的分布式安全融合估计；网络丢包下的分布式安全融合估计、基于最优加密策略的分布式安全融合估计等。

本书内容新颖、理论深入、系统性强，可作为高等学校通信工程、信息工程等相关专业本科生及研究生的教学用书，也可作为相关领域科研技术人员的参考用书。

图书在版编目（CIP）数据

通信受限网络化系统的状态隐私保护策略与分布式安全融合估计/许大星，王海伦著．-- 北京：北京大学出版社，2024.12. -- ISBN 978-7-301-35914-3

Ⅰ. TN914

中国国家版本馆 CIP 数据核字第 2025BY9397 号

书　　名 通信受限网络化系统的状态隐私保护策略与分布式安全融合估计
TONGXIN SHOUXIAN WANGLUOHUA XITONG DE ZHUANGTAI YINSI BAOHU CELÜE YU FENBUSHI ANQUAN RONGHE GUJI
著作责任者 许大星　王海伦　著
策划编辑 童君鑫
责任编辑 关　英
标准书号 ISBN 978-7-301-35914-3
出版发行 北京大学出版社
地　　址 北京市海淀区成府路 205 号　100871
网　　址 http://www.pup.cn　新浪微博：@北京大学出版社
电子邮箱 编辑部 pup6@pup.cn　总编室 zpup@pup.cn
电　　话 邮购部 010-62752015　发行部 010-62750672　编辑部 010-62750667
印 刷 者 三河市北燕印装有限公司
经 销 者 新华书店
720 毫米×1020 毫米　16 开本　12.75 印张　222 千字
2024 年 12 月第 1 版　2024 年 12 月第 1 次印刷
定　　价 98.00 元

前　　言

信息融合是随着传感器、计算机和通信网络等相关技术发展而诞生的一门新兴交叉学科，而分布式安全融合估计作为信息融合的一个重要分支，在各领域有着重要的应用价值。随着通信技术的快速发展，通信网络已经成为分布式安全融合估计系统的信息传输载体，网络化多传感器融合估计系统（networked multi-sensor fusion estimation system，NMFES）应运而生。NMFES 具有布线少、维护容易、可扩展性强、灵活性高及信息共享便捷等优点，得到了工业界和学术界的广泛关注。

一方面，通信网络的开放性将导致分布式安全融合估计系统更易遭受恶意的网络攻击，设计隐私保护策略以保证系统关键信息不被攻击者窃取尤为重要；另一方面，随着传感器数量增加和空间范围不断扩大，NMFES 中带宽受限与能量约束问题不可避免。隐私保护策略的执行需要进一步消耗通信资源，从而增加了带宽受限与能量约束下分布式安全融合估计系统的设计难度。为此，本书将研究资源约束下基于隐私保护策略的分布式安全融合估计问题。具体研究工作包含以下几个方面。

（1）针对带宽受限与能量约束下的分布式安全融合估计系统问题，通过探索触发器与量化器所包含的信息，并基于凸优化理论给出超级矩形区域的最紧近似椭球集，提出带宽受限和能量约束下基于事件触发和量化规则的集值卡尔曼滤波算法。针对系统噪声统计特性未知的非线性系统状态估计问题，利用高阶无迹变换改进传统的 Sage-Husa 算法，实现对未知系统噪声统计特性的实时准确估计。针对状态模型未知的非线性系统状态估计问题，利用多核函数构建的网络建立系统状态模型，采用高度容积卡尔曼滤波算法对增广状态进行实时估计，提出基于多核函数自适应融合的状态估计算法。

（2）针对分布式安全融合估计系统的数据隐私保护与状态安全融合估计问题，采用人工噪声加密方法对各局部估计注入一定能量的人工噪声，基于融合估计理论导出防止隐私泄露的充分性条件，并给出人工噪声能量的选择范围，使合法用户的融合估计性能不受人工噪声的影响。窃听者融合中心受人工噪声的干扰得不到真实的状态信息，从而实现 NMFES 的安全融合估计，进而将该算法扩展到电力系统的状态隐私保护中，设计基于信道增益的人工噪声加密策略，给出电力系统保密安全融合估计算法。

(3) 针对带宽受限下状态隐私保护与安全融合估计问题，采用局部估计分量随机传输的方案，以满足有限的通信带宽；基于矩阵零空间思想，提出随机传输矩阵和局部估计误差协方差矩阵依赖的人工噪声加密隐私保护策略；进而根据信噪比与数据包成功解码概率的关系和最优矩阵加权融合准则，导出保证融合估计系统可靠加密的充分性条件，这一条件使窃听者的融合估计误差协方差矩阵迹是无界的，而合法用户的融合估计误差协方差矩阵迹是有界的，从而实现带宽约束下 NMFES 的安全融合估计。

(4) 针对能量约束下隐私保护策略设计与分布式安全融合估计问题，采用随机事件触发器来降低局部传感器与融合中心的通信率，使其不仅可以满足有限能量约束，而且可以降低数据被窃听者截获的概率；进而利用多输入单输出的通信模式，提出基于信道矩阵的人工噪声加密隐私保护策略，建立隐私安全与事件触发器阈值及人工噪声能量的关系；并根据信噪比和数据包成功解码概率的关系，导出人工噪声能量选择和事件触发器设计的准则，在此准则下合法用户的融合估计性能不受损失，而窃听者的融合估计误差协方差矩阵迹是无界的，从而实现能量约束下 NMFES 的安全融合估计；进而考虑网络化系统数据丢包的情形，设计事件触发加密策略，给出对应的保密融合估计算法。

(5) 针对能量约束下的最优加密策略设计与状态隐私安全问题，基于状态隐私安全与加密代价指标，建立窃听者的融合估计误差协方差与加密成本加权线性组合的优化问题，进而在有限域内求解最优加密时刻和最优注入的人工噪声能量。为了进一步满足系统实时性要求，根据矩阵理论将原优化问题转化为多个相互独立的次优化问题，从而导出具有简单形式的最优加密策略解析解，使计算复杂度大大降低。

本书具有一定的学术深度且知识体系完善，涉及的研究得到了衢州学院的资源支持、国家自然科学基金“机理与数据混合驱动的防窃听网络化安全融合估计”（批准号 62441311）和浙江省自然科学基金“基于物理层加密的信息物理系统安全融合估计”（编号：LZY23F030001）的支持，在此作者向各支持方致以最崇高的学术谢意。

作　者
2024 年 8 月

目　　录

第 1 章 绪 论

1.1 研究背景及意义

信息融合（information fusion）也称数据融合或多传感器信息融合，是随着传感器技术、通信技术及计算机技术等相关技术发展而诞生的一门新兴交叉学科。它在 20 世纪 70 年代被提出，并最早应用于美国国防部资助开发的声呐信号处理系统，随后在国防、军事及高科技领域中得到了大量应用[1-4]。状态估计是根据可获取的测量数据估算动态系统内部状态的方法。对系统的输入和输出进行测量而得到的数据只能反映系统的外部特性，而系统的动态规律（通常无法直接测量）需要用内部状态变量来描述。因此状态估计对于了解和控制动态系统具有重要意义。多传感器信息融合状态估计是信息融合领域的一个重要分支，它充分利用多个传感器对被测对象的观测信息，通过信息融合技术获得被测对象的一致性描述，具有高于单传感器估计精度的优越性能，广泛应用于精确制导、目标跟踪、工业机器人、过程控制、智能检测和医疗诊断等领域[5-13]。

多传感器信息融合状态估计主要有两种基本的融合估计，即集中式融合估计和分布式融合估计。前者的估计性能往往是最优的，而缺点是数据量大、可靠性较低、对处理器要求高、工程实现成本高；后者的估计性能虽然是次优的，但它具有对通信带宽要求低、计算快、可靠性高、可扩展性好和工程上易实现等优点，因此在各领域中都有广泛应用[14-16]。在传统的多传感器信息融合状态估计系统中，各局部传感器和融合中心的通信是通过专线连接的，传感器数量的增加使融合估计系统的硬件成本和系统设计成本大大提高。随着现代信息处理系统的规模日趋变大和结构日益复杂，传统的多传感器信息融合状态估计系统由于布线复杂、维护困难、可扩展性差、成本高等问题已不能满足估计性能要求[17,18]。随着网络通信技术的快速发展，特别是无线网络技术及低功耗的无线传感器网络技术的跨越式进步，人们将通信网络引入多传感器信息融合状态估计系统，由此传感器与融合中心的信息传输在通信网络中进行而非通过专线，这样就形成了网络化多传感器融合估计系统（networked multi-sensor fusion estimation system，NMFES）[19-21]，如图 1-1 所示。这种系统具有布线少、维护容易、可扩展性强、灵活性高及信息共享方便等优点，从而使分布式融合估计系统的结构易于实现。

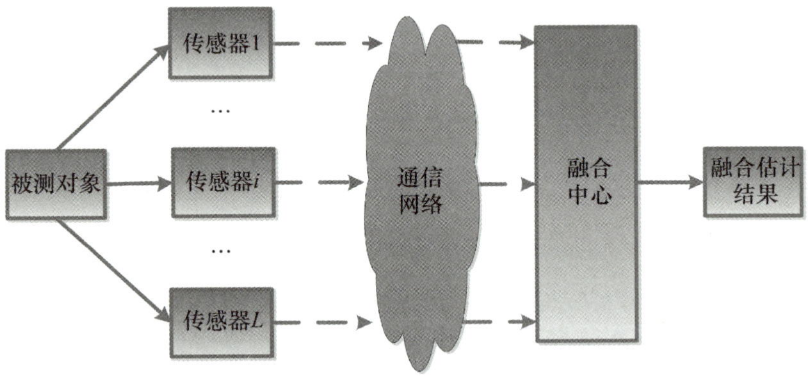

图 1-1　网络化多传感器融合估计系统

值得注意的是，通信网络是 NMFES 实现信息传输的关键，是系统内外通信的纽带，但也是网络安全重要的风险源之一，易受到网络攻击。典型的网络攻击包括拒绝服务（denial of service，DoS）攻击、欺骗攻击和窃听攻击[22-25]。例如，利用无线传输的广播特性，攻击者可以轻而易举地窃听在信道上传输的局部估计数据包[25]，导致大量敏感信息泄露。窃听者通过分析这些信息，可能获知绝密信息。进一步地，若攻击者窃听到 NMFES 的传输数据后直接对其进行破坏或者伪造，则决策者接收到的数据不能完整甚至虚假地表示现场信息，将导致决策者作出错误的指挥或者策略。更为重要的是，如果恶意攻击者首先通过发动窃听截获 NMFES 传输的局部估计隐私数据，并基于这些数据重构系统模型，然后设计攻击策略，发动更为复杂的网络攻击，则会造成传感器网络大规模瘫痪而无法为用户提供服务，威胁 NMFES 安全。也就是说，攻击者可以通过尽可能多地获取被攻击对象的信息以设计更加高效的网络攻击策略，这也意味着只要防御方在信息传输过程中加入数据隐私保护策略，就可以降低被窃听到系统真实信息的风险。NMFES 隐私数据的保密性是其安全的基本特征，为了保护 NMFES 最基本的数据隐私，同时从源头阻止破坏力更大的恶意攻击，从主动防御角度出发，设计可靠的隐私保护策略及有效的安全融合估计算法对于 NMFES 的安全运行是至关重要的。

通信网络的引入使 NMFES 中传感器与融合中心的信息传输模式发生了彻底的改变，这必然使 NMFES 面临带宽受限问题。当局部传感器的所有信息发送到融合中心时，由于网络带宽是有限的，各局部传感器节点需要通过竞争资源来获得通信机会，因此局部传输信息会出现丢包、时延等不确定现象。同时，无线传感器网络（wireless sensor network，WSN）能够协作地感知、采集、处理和传输网络覆盖区域内被感知对象的信息。要想通过 WSN 实时、准确地感知物理对象，关键是在获得被测对象观测信息的基础上利用多传感器信息融合估计对被测对象信息进行准确提取。大量密集分布 WSN 节点往往由电池供电，一旦网络节点部署确定，更换电池是困难的。所以，当 WSN 作为 NMFES 的信息传输枢纽时，不能通过无限制的局部传感器节点的信息采集来提高融合中心的估计性能，必须考虑 WSN 节点固有的能量约束问题[26,27]。考虑隐私保护策略需要消耗更多的网络带宽和传感器能量，亟须在传感器能量约束下研究多传感器信息融合估计算法。因此，为保护系统数据的隐私性，针对窃听攻击下的 NMFES，研究网络带宽受限和传感器能量约束下的分布式安全融合估计问题具有重大的理论意义和实际意义。

目前，在数据隐私保护方面，多数成果基于传统的信息理论算法，隐私保护能力有限；从控制系统角度出发，研究成果较少且多数针对的是单传感器估计系统；在安全融合估计方面，大多数工作主要关注网络带宽受限和传感器能量约束下如何设计安全可靠的融合估计器，以最大限度地降低由攻击而产生的估计性能损失。然而，针对 NMFES 的隐私保护策略设计及安全融合估计研究尚处于起步阶段。因此，迫切需要提出适用于网络带宽受限和传感器能量约束下基于隐私保护策略的分布式安全融合估计理论与算法。

1.2 NMFES 概述

1.2.1 NMFES 的结构

NMFES 的基本结构有集中式融合估计结构和分布式融合估计结构。在不同融合估计结构下，系统的估计性能不同。下面具体介绍这两种典型的 NMFES 融合估计结构。

（1）集中式融合估计结构。

集中式融合估计是将所有传感器的观测数据发送到融合中心，融合中心将各局部传感器的观测方程联合扩维成一个增广的观测方程，并进行数据对准、数据相关，最后结合状态方程进行组合滤波得到集中式融合估计，其结构如图 1-2 所示。此类融合估计结构需要通信信道具有较大的带宽，并且对数据处理中心的处理能力有较高的要求。当传感器节点数目较多时，数据处

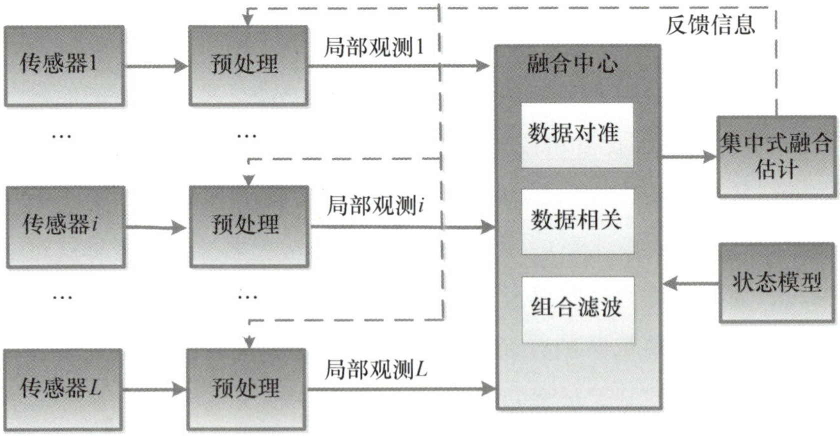

图 1-2 集中式融合估计结构

理中心的处理速度会受到较大的限制。融合中心设计融合算法时用到的数据是最原始的传感器测量数据，在这种情况下集中式融合估计结构具有最优的估计精度。然而，一旦某个传感器发生故障或者某个数据没有传输到融合中心，融合算法就不能运行，这样不易于传感器的故障检测和隔离，系统性能不稳定[28]。由于大量的观测数据传送到融合中心大大占据了融合中心的内存，同时给处理器带来巨大的计算负担，因此集中式融合估计结构在实际工程应用中难以得到推广[14-16]。

（2）分布式融合估计结构。

分布式融合估计是各局部传感器都具有一定的数据处理能力，它们能够首先利用局部观测数据与状态模型，并根据自身的局部估计器得到局部估计值，然后将局部估计值发送到融合中心，最后由融合中心根据接收到的所有局部估计值并基于一定的融合准则得到最终的估计结果，其结构如图 1－3 所示。不同于集中式融合估计结构，分布式融合估计结构由于未对观测方程进行增广扩维，处理器的计算负担大大降低[28]。需要指出的是，在分布式融合估计结构下，融合中心接收到的局部估计信息是经过局部传感器处理后产生的，相比原始测量值是有信息损失的，因此分布式融合估计结构的性能不是最优的。然而，由于分布式融合估计结构具有对通信带宽要求低、数据处理快、稳定性和鲁棒性好等优点，因此在实际工程应用中备受关注且得到了大量应用。

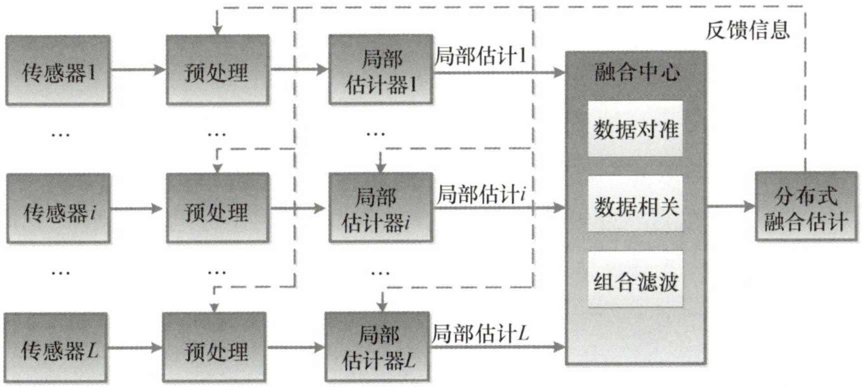

图 1－3　分布式融合估计结构

1.2.2 NMFES的特点

由于单一传感器的观测精度和观测范围都有限，其提供的信息往往具有片面性，因此单一传感器的估计精度不高、稳定性差，而多传感器融合估计利用多个传感器的测量对待估计量或者参数进行估计，具有估计精度高、可靠性和稳定性好的优点，受到了大量关注，它是信息融合理论的重点研究领域之一[29,30]。

如何充分且有效地利用来自多个传感器的数据设计融合准则来降低系统的不确定性并提高系统的估计精度是融合估计中的关键问题。集中式融合估计是对收集到的多个传感器测量值进行集中状态估计，其中基于射影理论的卡尔曼估计及其变形的估计就是最具代表性的方法。当传感器的测量数据传输到融合中心时，融合中心一般有两种融合方法，即基于测量扩维的融合方法和测量值加权融合方法[31-34]。一般情况下，前者的估计性能优于后者，但是如果各局部传感器的测量方程相同，那么这两种融合方法具有相同的估计性能[35]。当各局部传感器的测量方程不同时，邓自立等[36,37]证明了在某个充分条件下，这两种融合方法是等价的。

分布式融合估计算法将整个系统的估计拆成各局部子系统的估计问题，进而基于一定的融合准则设计全局最优或者次优的融合估计。这种融合估计由于各子系统可以并行计算，具有实时性好、可靠性高、鲁棒性强等优点，得到了学者们的广泛关注，并取得了丰硕的成果。

分布式融合估计主要包括信息滤波分布式融合卡尔曼估计、联邦卡尔曼滤波、分布式加权融合估计及分布式协方差交叉融合估计等。

(1) 信息滤波分布式融合卡尔曼估计。它是对集中式融合估计的一种等价变形，其估计性能与集中式融合估计相同，不同的是信息滤波形式更简单、计算复杂度更低。近年来，信息滤波分布式融合估计成果已由线性系统推广到非线性系统，扩展卡尔曼滤波、无迹卡尔曼滤波及容积卡尔曼滤波对应的信息滤波分布式融合估计形式均已被推导出来[38-40]。

(2) 联邦卡尔曼滤波。它是由 N. A. Carlson 提出的更为实用的分布式融合估计算法[41]。然而它的缺点是假设估计误差不相关，这显然在实际应用中不成立，因为公共的系统噪声必定包含在各局部估计误差中，这必然使各局部估计误差是相关的。

（3）分布式加权融合估计。它是一种非常重要的分布式融合估计算法，它的主要思想是将全局融合估计表示成各局部估计的线性加权形式，进而选择合适的加权系数，得到无偏的全局融合估计且方差最小。K. H. Kim 在局部估计误差相关的条件下，利用极大似然法推导了按矩阵加权的融合估计算法[42]。但其自身也有局限性，就是假设局部估计误差服从联合正态分布。孙书利和邓自立等[7,30]分别用拉格朗日乘数法和加权最小二乘法推导出了按矩阵加权、对角矩阵加权和标量加权三种线性最小方差意义下的最优信息融合算法。陈博[43,44]在带宽受限条件下，提出了基于数据降维的分布式加权融合估计方法。

（4）分布式协方差交叉融合估计。为了免于计算复杂的局部估计误差协方差矩阵，邓自立等[45]在假设局部估计误差协方差矩阵未知的情况下，提出了一种分布式协方差交叉融合鲁棒稳态卡尔曼滤波器。

此外，李晓榕[46]给出了包含中心式和分布式融合的统一线性数学模型，并提出了基于线性无偏最小方差估计和加权最小二乘估计的统一融合算法。金学波[47]和李庆华[48]基于 H_∞ 滤波理论给出了一类分布式 H_∞ 融合估计算法。文成林等[49]针对一类时变系统，提出了一种序贯式融合有限域 H_∞ 滤波方法。段战胜等[50]提出了新的最优分布式融合估计算法，其中传感器将测量值进行线性变换后传输到融合中心，而非直接传输局部估计值。

1.2.3 NMFES 的安全需求特性

NMFES 越来越依赖于网络通信等技术，这使其开放性逐渐增强，从而使其安全风险不断加大。同时，攻击者发现系统漏洞的能力与攻击技术在不断提升，这使 NMFES 面临的安全威胁日益升级。融合估计已广泛应用于智能电网[51]、工控系统[52]、智能交通[53]等系统的状态估计中，这类智能系统的状态估计本质上就是 NMFES 的典型应用。下面以备受关注的车联网遭遇网络攻击事件来说明安全问题。

车联网利用传感技术感知车辆的状态信息，并借助无线通信网络与现代智能信息处理技术实现车辆的智能化控制[54]。实时、准确地获取汽车行驶过程中的状态信息是实现汽车精准控制的前提，对于难以直接测量的状态（如质心侧偏角等）需要通过多个传感器的测量数据融合估计得到。Synacktiv 在 Pwn2Own Automotive 2024 大赛上针对特斯拉调制解调器注入攻击命令，他们绕过启动过程中的保护措施，实现了 root 访问。攻击者实现对车辆控制的关键是拿到与车辆内部控制器局域网（CAN）总线通信的方式，而 CAN 总线并不止一条线路，这些核心控制功能在更加底层的地方，攻击者以承担发送和接收无线电信号的 ECU 功能模块（如车载 Wi－Fi、车载诊断、云服务 App 或蓝牙等）为远程接入的桥梁，利用无线通信的广播特性毫无察觉地窃听在信道上传输的数据包，进而通过逆向分析获取加密算法，实现对通信协议的解密。最后攻击者根据获得的车辆状态和破解的通信协议伪造指令向核心功能 ECU 发布虚假信息，给车辆行驶安全带来巨大的安全风险[56]。

类似的攻击还常在智能电网中出现。继 2019 年委内瑞拉电力系统遭受网络攻击陷入瘫痪之后，2020 年，委内瑞拉国家电网干线再遭网络攻击，除首都加拉加斯外，全国 11 个州府均发生停电[57]。近年来，NMFES 的安全问题越来越突出，因此得到了国内外学者的关注和深入研究。NMFES 的安全需求特性如下。

（1）机密性，用于描述未授权用户无法获取机密信息的能力。缺乏机密性会导致隐私数据泄露，攻击者可以通过窃听传感器与融合中心之间的通信信道来获取系统的状态信息，进而推测用户的隐私信息，造成隐私泄露问题。

（2）可用性，用于描述系统需求的资源是否可用。缺乏可用性会导致系统拒绝服务，短暂的 DoS 攻击往往不会对 NMFES 的融合性能造成破坏性影响，但 NMFES 对实时性具有更高的要求，这给 NMFES 针对 DoS 攻击的防御策略带来了新的挑战。

（3）完整性，用于描述数据资源完整可信。缺乏完整性的数据会导致系统受到欺骗，当合法用户收到这些错误数据时，在不知情的情况下会认为它是正确的。完整性可以确保当 NMFES 存在欺骗攻击时仍然可以实现安全估计。

针对 NMFES 的攻击方式多种多样，具体包括窃听攻击、DoS 攻击、注入攻击、重放攻击、女巫攻击、虫洞攻击等，我们可以将其反映在由系统先验知识、披露资源、破坏资源构成的三维攻击空间中，如图 1－4 所示[58]。机密性是 NMFES 安全的根本性问题，机密性越高，NMFES 为用户决策和调度提供的估计结果越可靠；机密性越弱，隐私泄露风险越大。对于恶意窃听者来说，其窃听到的隐私信息可以被利用分析，进而通过发动有针对性和策略性的网络攻击，影响合法用户数据的可用性和完整性，最终对应用的实际 NMFES 造成破坏，威胁 NMFES 安全。

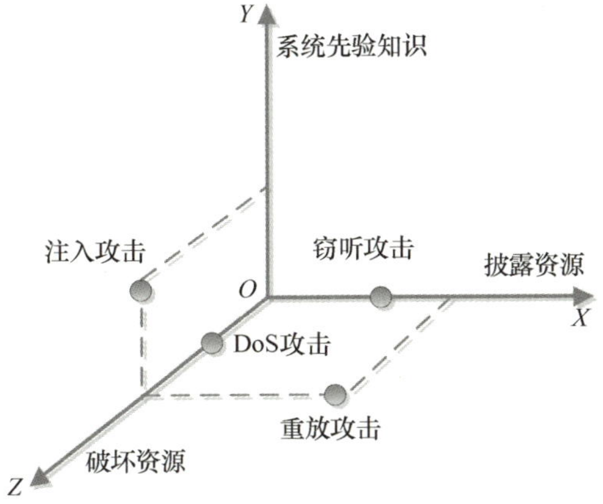

图 1－4　三维攻击空间

1.3　NMFES 的研究现状

1.3.1　数据隐私保护问题

NMFES 的状态数据对于系统性能分析和安全尤其重要，攻击者可以通过在信道上长时间窃听各传感器发送的局部状态估计来分析重构系统模型，进而设计更加智能的网络攻击算法；同时，窃听者可以基于实时窃听到的局部估计和系统模型进行状态融合估计，得到系统的精确状态，最终选择在适当时刻发动破坏力更大的网络攻击。事实上，利用隐私保护策略保护系统状态数据不被泄露可以从源头保证系统的安全运行。此外，融合估计利用不同传感器采集到的数据可以更准确地估计系统参数或状态，以保证系统在存在故障或攻击情况下的可靠性和鲁棒性[59-61]，因此，针对窃听下的 NMFES，研究基于隐私保护策略的安全融合估计问题具有重大的理论意义和实际意义。关于如何设计安全可靠的融合估计器以最大限度地降低由攻击而产生的估计性能损失，目前已有一些研究，L. Lei 等[62]基于一致性准则设计了欺骗攻击下的分布式安全融合估计方法，陈博[63,64]则基于最优加权融合准则设计了在欺骗攻击和 DoS 攻击下的分布式安全融合估计方法，并从理论上证明了融合估计器性能优于局部估计器性能。然而，这些研究成果都是基于攻击者对 NMFES 发动策略性网络攻击后防御者采取的被动防御方法，并未在攻击者发动复杂攻击前对 NMFES 隐私数据进行保护。目前数据隐私保护研究主要从信息论和控制系统这两个角度进行，下面从这两个角度概述隐私保护的研究现状。

（1）基于信息论的隐私保护。

基于信息论的隐私保护机制研究大多涉及传统密码学的工具[65-67]，其基本思想是通过变换信息的表示形式来伪装需要保护的敏感信息，使非授权者不能了解被保护信息的内容。传统的隐私保护机制研究主要集中在高层加密上，用户对于需要传输的隐私数据通过密钥进行加密，在这种情况下，即使窃听者截获了这些数据信息，如果不能破解密钥，也是获取不到任何有效信息的。蔡宁等[68]考虑了防窃听的网络编码问题，并提出了基于单源无环的网络模型，此时窃听者得不到信源的任何消息。进一步地，对该窃听网络模型进行研究，使被窃听的信道链路数目小于 r，文献［69］提出了防窃听的 r-安全网络编码。当被窃听的信道链路数不小于 r 时，有可能泄露部分信息。因此，在适当放宽一定限定条件下，Harada 等[70]提出了强 r-安全网络编码，并给出了对应的构造方法。该方法依赖于网络编码，缺乏实用性，而且其在信源信息中加入了新的信息，消耗了一定的通信带宽。Bhattad 等[71]在适当放松安全条件下，提出了弱 r-安全网络编码，它可以保证窃听者得不到信源的任何有意义的信息。弱 r-安全网络编码未引入新的信息，从而使多播网络的传输速率达到最大流，该方法得到了大量学者的研究[72-74]。

基于信息论的防窃听方法假设窃听者的计算资源有限，然而随着大数据时代的到来，现有的计算能力大大提升，从理论上讲这种高层加密方法可以通过采用多次计算破译，也就是暴力破解攻击，这使通过网络传输的信号面临泄露的风险，移动通信系统中传感器与传输数据的飞速增加给信息安全造成严重的威胁。此外，这种高层加密会引入计算和通信开销，对用户的数据处理造成时延。为了解决这个问题，2006 年，Dwork 提出了一种新的隐私保护技术[75]，其主要思想是通过引入适当的噪声来对真实信息进行隐藏。Z. Huang 等[76]研究了基于差分隐私的时钟同步一致性问题，并证明了在差分隐私保护下用户能够以大概率收敛到真实值，而攻击者得不到。Y. L. Mo 等[77]利用差分隐私技术设计了位置隐私的保护机制，这样不仅使攻击者推不出初始位置信息，还能使智能体状态达到平均一致性。H. Zhang 等[78]讨论了信息物理系统在差分隐私保护下系统控制性能与隐私保护能力的折中问题，并在给定隐私保护水平时得到了最优控制器。然而，在差分隐私保护下用户只能以一定的概率得到加噪前的数据，该隐私保护机制仍然会对用户的系统性能造成影响。因此，需要引入新的隐私保护机制，使其在保护数据隐私的同时不影响正常用户的系统性能。1975 年，Wyner 首次提出了物理层安全这个概念[79]，物理层安全是从信息论的角度设计的一种全新的无线安全机制。该技术可以有效利用物理信道的随机特性，实现信号的保密和合法用户的识别，从而大大降低窃听者所能接收到的信息强度。

考虑传统加密是一种通用方法，其加密过程与系统对象及物理过程无关，没有利用物理层的任何信息，然而现有研究成果表明合理利用这些信息能够增强数据的保密性。Y. Zhou 和 F. Salahdine[80,81]利用无线通信的信道特性提供了一种防窃听的隐私保护方法，将实时的信道传输矩阵信息融入被传输的信号，使窃听者无法直接通过截获的数据得到真实的传输数据。文献［82－84］从信息论角度定义了信道保密能力的概念，并给出了使窃听者收不到任何信息的编码存在条件。尽管上述隐私保护方法利用了无线信道的物理信息，但它们通常针对的是静态系统，并没有考虑动态系统，因此会造成数据隐私保护应用受限。针对动态系统，文献［85－87］将信息论工具应用于动态系统下存在窃听者的状态估计问题，在信道全信息条件下，设计了基于信道物理信息的数据保护及状态估计方法。然而，这些方法是基于全信道状态信息进行的，由于假设窃听者的信道信息已知，因此在实际应用中找到这样的编码是非常困难的。

（2）基于控制系统的隐私保护。

针对动态系统，从控制系统角度出发，保证系统的状态隐私安全已成为热点研究问题[88-93]，其主要思想是将窃听者对状态的估计误差协方差矩阵迹作为状态安全水平的度量指标，设计有效的隐私保护策略，使窃听者的估计误差协方差矩阵迹保持在合法用户给定的某个界值之上或者随时间发散。该研究主要包括数据传输调度和状态加密两个方面。

在数据传输调度方面，对于不稳定的系统，A. Tsiamis[88]等首先从控制理论角度定义了完美加密，即期望合法用户的估计误差协方差矩阵迹随时间变化趋于有界，而窃听者的估计误差协方差矩阵迹随时间趋于无界。最小化合法用户估计器的误差协方差，同时使窃听者的误差协方差保持在某个界值之上，从而得到具有反馈的最优传输调度，达到完美加密的目的。A. S. Leong[89]等没有利用反馈信道，而是通过控制传感器端数据传输速率实现了完美加密；但是这样降低了传感器观测数据的传输速率，使用户的状态估计精度随之降低。

在状态加密方面，文献［90］在传输信号中注入了人工噪声，由于将用户接收到的信号与人工噪声的零空间矩阵进行运算，巧妙消除了人工噪声，因此不会影响用户对加密数据的解密，从而也不会影响合法用户对系统状态的估计精度。A. Tsiamis[91]等为了降低窃听者的估计性能，同时使合法用户估计性能最优，设计了一种时变的状态加密数据隐私保护方法，给出了加密有效性的充分条件，即存在关键事件：在某时刻用户成功收到数据包而窃听者截获该数据包失败。考虑稳定系统设计是基于状态的加密方法的，在最小条件下可使窃听者的估计误差协方差收敛到开环下的预测协方差[92]；进而针对一般的估计系统设计了一种基于信息矩阵的数据加密保护方法，使窃听者不能判断系统的当前状态，而用户可以通过成功解码接收到的信息进行状态估计[93]。然而，由于上述文献针对的都是单一传感器系统，而且文献［91－93］涉及的加密方法的有效性均依赖于关键事件的发生，因此所设计的加密算法的安全性受限。陈博等[94]针对 NMFES 利用系统动态参数构造了各局部估计器的零空间矩阵，各子系统基于此零空间矩阵产生人工噪声并注入待传输信号，从而达到完美加密的目的。但是，目前针对 NMFES 的防窃听融合估计方面的研究成果仍然较少。

1.3.2 带宽受限和能量约束问题

在实际控制系统中，一方面，由于网络带宽是有限的，因此局部传感器在发送数据前需要对数据格式进行转换来压缩数据量。数据量化和数据降维是两种压缩数据量的基本方法，在带宽受限的系统中有着广泛应用。另一方面，由于传感器节点的能量是有约束的，实验表明，传感器在采集和发送数据时消耗能量最多[95]，因此，降低传感器信息采集和发送频率能节省传感器节点的能量，这种方法称为降频。下面从这两方面概述融合估计的研究现状。

（1）数据量化和数据降维。

J. A. Gubner[96]研究了多传感器融合的量化问题，并基于随机参数的概率分布给出了线性最优估计器的设计方法。Z. Q. Luo[97]在均匀量化策略下讨论了随机参数的分布式量化估计问题，并研究了实现分步估计未知参数的传感器调度方法。A. Riberio 等[98]研究了基于新息的分布式融合估计算法，即各局部传感器每次传输 1B 的信息到融合中心，融合中心再将状态预测信息通过广播发送到各局部传感器的节点，以此更新量化器。然而，量化水平已经事先给定，在此条件下设计的融合估计算法具有保守性。为此，M. Eric 等[99,100]对 1B 的传输模式与原始信息传输的方法进行折中，分别在量化测量值和量化新息条件下设计了分布式卡尔曼融合估计算法。孙书利和文成林等[101,102]在集中式融合估计算法的框架下研究了量化带宽分配问题，并给出了相应的自适应量化策略。X. J. Shen 等[103]研究了带宽受限下的分布式融合估计算法，提出了最优传感器量化规则及最优线性估计融合准则。陈勇军等[104]给出了一种动态劳埃德-马克思量化器及实时更新方案，设计了具有递归形式的最优卡尔曼融合估计器。J. J. Xiao 等[105]根据数据值与量化区间端点的距离概率设计了均匀量化规则，并在假设量化误差服从高斯分布下设计了融合估计器。另外，M. Fu 等[106]基于对数量化器研究了量化密度与估计性能之间的耦合关系，避免了均匀量化在噪声较小时信噪比（signal - to - noise ratio，SNR）过小的问题。K. Y. You 等[107]研究了多级量化滤波器问题，在优化滤波误差协方差的条件下得到了最优量化阈值。

考虑局部传感器传输的信号往往是多维信号，直接对多维信号进行量化是困难的，而如果对传输信号进行降维压缩后再发送，则会更简便、直接[108]。Z. Q. Luo 等[109]首次给出了在信号降维传输下保持融合估计性能不损失时所需维数的下界。进而，宋恩彬等[110]对任意的压缩维数证明了最优维数压缩矩阵的存在性，同时提供了一种最优维数压缩矩阵的搜索迭代算法。针对传感器与融合中心的信道存在扰动不确定性的情况，I. D. Schizas[111]利用典型相关法提供了最优压缩矩阵的求解方法。进一步考虑融合中心也存在扰动的情况，A. S. Behahani[112]等设计了最优降维压缩矩阵，使分布式参数估计最优。基于子空间投影方法，J. Fang 等[113]对每个传感器的通信量和降维矩阵进行了设计，使融合估计二次均方误差最小。Y. Chao 等[114]首先将传感器数据进行了线性预处理，然后进行发送，最后在最小均方误差准则下给出了最佳预处理方法。I. D. Schizas 等[115]利用融合中心的反馈信息进行了实时的降维压缩矩阵设计，并给出了集中式融合估计算法。陈博[43]研究了局部估计分量传输下的分布式融合估计算法，并给出了降维随机传输矩阵的选取策略。

（2）降频。

降低传感器的发送频率一般可以通过设置通信速率和设置事件触发器等方法实现。H. Chen[116]和 W. Koch[117]分别在传感器与融合中心的低通信速率下设计了分布式融合估计器，并推导出了在此通信模式下的融合估计性能。R. S. Blum 等[118]对局部传感器设置了通信速率，然后研究了集中式融合估计算法下的极大似然估计问题。G. Battistelli 等[119]采用了随机间歇性发送局部传感器信息到融合中心的传输模式，进而设计了保证融合估计器性能最佳的传输策略。张文安等[120,121]在同时降低信息采集次数和通信速率的条件下将系统建模为多通信速率系统，并基于时间坐标变换和提升技术提出了一种分布式融合估计算法。在传感器端设置事件触发器，当局部传感器数据满足事件触发条件时发送数据到融合中心，不满足者不发送。L. P. Yan 等[122,123]引入了事件触发机制，同时考虑噪声相关性设计了分布式融合估计算法。L. Jang 等[124]设计了一种新的事件触发器，其中触发器的动态阈值依赖于通信速率，并提出了相应的分布式融合估计算法。基于有限资源的无线传感器网络，Z. W. Jin 等[125]在两种不同的融合估计算法下提出了基于事件触发的状态融合估计算法。L. Li 等[126]针对具有传输时延的非线性融合系统，基于事件触发的传输策略和无迹卡尔曼滤波算法设计了一种交叉融合的分布式融合估计算法。考虑多通信速率采样系统的随机非线性及有色噪声的不确定性，H. L. Tan 等[127]设计了基于事件触发的鲁棒融合估计问题。考虑具有信道冗余的时变系统，H. L. Dong 等[128]研究了事件触发条件下的分布式融合估计算法。

1.3.3 安全融合估计问题

安全融合估计问题主要研究当系统传感器或执行器遭受网络攻击时如何估计系统的真实状态。考虑系统部分传感器遭受网络攻击，H. Fawzi 等[129]给出了一种实现系统状态精准重构的解码算法，当传感器被攻击的数量超过某个限制时，该算法的安全估计方案会失效。文献［130］从 L_1/L_r 问题的角度出发，在有限时域内对网络攻击进行了检测，并得到了系统状态初值；进而，W. Ao 等[131]基于状态观测器的方法给出了在预设时间范围内的安全状态估计。Y. Shoukry[132]从稀疏客观性的角度出发，基于事件触发策略给出了两种系统状态安全的重构方法，并证明了当系统是 $2s$-稀疏可观测时，系统状态可被安全估计的充分必要条件是其遭受不超过 s-稀疏的攻击。文献［133］基于高效可满足模块理论设计了多模态观测器，降低了安全估计问题复杂性，并利用弹性电网的安全状态重构实例证明了算法的有效性。Y. L. Mo 等[134]

针对完整性攻击下的攻击检测问题，假设系统所有信息对于攻击者来说已知，同时对攻击传感器的数量加以限制，将攻击检测问题转化为极大值优化问题。然而，由于上述研究针对的是集中式融合估计算法，并不适用于大规模的分布式融合估计系统，因此，其具有较弱的鲁棒性和容错性。

在分布式融合估计算法下，S. Mishra 等[135]针对部分传感器遭受攻击的情况，证明了当系统含有 $3n+1$ 个节点时，若只有 n 个节点被攻击，则系统可以获得准确的状态估计结果，而攻击者仅能窃取部分状态信息。文献［136，137］分别在信息物理系统耦合和非耦合的情况下，分析了系统状态安全估计的可解性，并提出了分布式融合估计算法。T. Jiang 等[138]考虑含有不确定性的线性系统，提出了具有较强网络攻击抵御能力的“投票策略”分布式融合估计算法，然而当半数以上传感器被攻击时该算法失效。进而，S. Zheng 等[139]引入了安全节点，基于安全节点上高度可靠的量测信息获得局部状态估计，在多数传感器被攻击的情况下融合估计算法依然有效。紧接着，F. Wen 等[140]通过安全节点和 k-均值算法来识别未被攻击的传感器节点，提出了基于信任策略的分布式安全融合估计算法。文献［141，142］分别基于一致性准则和鲁棒估计理论，设计了欺骗攻击下的多传感器安全融合估计算法。陈博[64]考虑 NMFES 带宽受限和能量约束问题，采用了局部估计分量传输的发送模式，并基于最优矩阵加权融合准则给出了一种分布式降维安全融合估计算法。进而，文献［44］给出了一种针对恶意攻击的带有补偿的系统模型，并提出了在最小方差意义下的分布式融合估计算法。

从目前 NMFES 的安全融合估计研究来看，大多数都是一种被动的防御措施，即关注的重点是系统在遭受网络攻击后如何采取补偿措施以降低恶意攻击对系统状态估计性能的破坏，并未在攻击者发动策略性攻击前给出相应的主动防御措施。从主动防御角度出发，研究 NMFES 的安全融合估计算法正在引起学者们的广泛关注。

1.4 研究内容及组织架构

针对 NMFES 安全问题的研究已经成为学术界和工业界研究的热点，国内外的期刊报道了一批引人关注的研究成果。然而，从上文的分析可知，这些成果大多是针对攻击者发动网络攻击之后为确保估计性能在一定范围而采取的被动防御策略，并未对 NMFES 本身传输的隐私数据引起足够的重视，一旦传感器的数据长期被窃听，攻击者就可以通过数据分析与模型重构而发动更为复杂的网络攻击，威胁 NMFES 安全。本书从主动防御角度出发，从源头对 NMFES 的状态隐私进行保护，因为存在网络带宽受限和传感器能量约束问题，而且局部估计性能和融合估计性能耦合，所以研究隐私保护策略及相应的安全融合估计算法变得极具挑战性。

本书将重点研究 NMFES 中存在带宽受限和能量约束的隐私保护策略设计及安全融合估计问题，建立隐私保护策略与 NMFES 估计性能之间的关系。全书的编写思路和基本组织架构如图 1－5 所示。

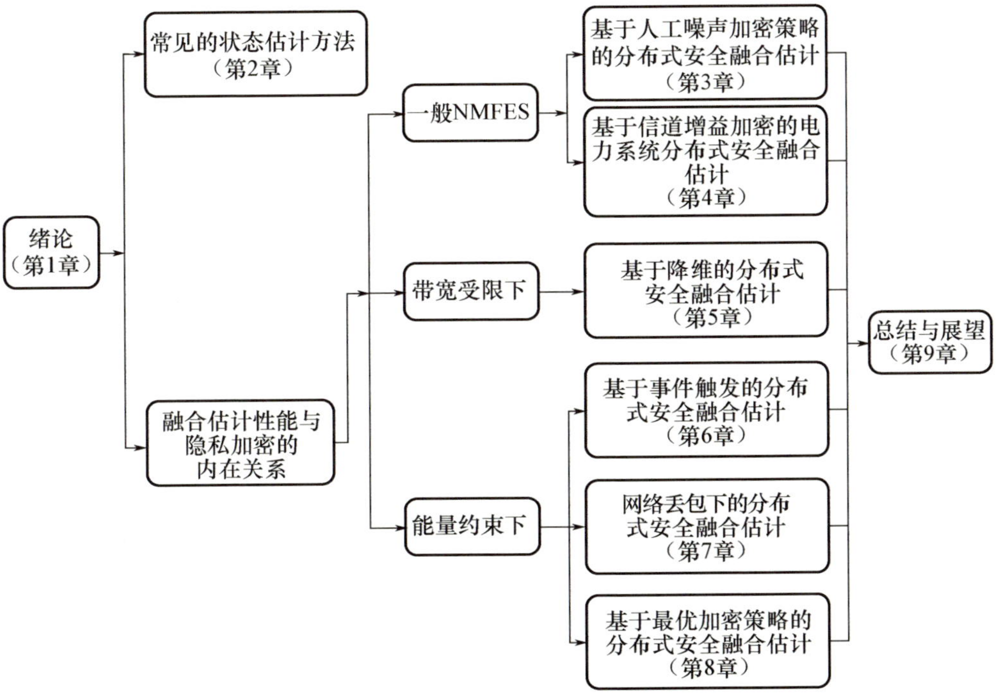

图 1－5　全书的编写思路和基本组织架构

第 1 章绪论介绍了 NMFES 的产生背景、相关概念及其研究意义，包括

NMFES 的隐私保护问题及安全融合估计问题，分析并总结了国内外的研究现状；第 2 章至第 8 章为本书的主体内容，包括常见的状态估计方法、基于人工噪声加密策略的分布式安全融合估计、基于信道增益加密的电力系统分布式安全融合估计、带宽受限下基于降维的分布式安全融合估计、能量约束下基于事件触发的分布式安全融合估计、网络丢包下的分布式安全融合估计、基于最优加密策略的分布式安全融合估计；第 9 章为总结与展望。本书的具体研究内容如下。

（1）针对网络带宽受限和传感器能量约束的远程状态估计问题，通过利用事件触发条件和量化规则所包含的信息表示原始测量值的集合区域，并给出该区域的最紧椭球近似方法，进而提出基于量化和事件的集值卡尔曼状态估计方法。针对实际系统噪声的统计特性未知这一情况，现有的众多非线性滤波算法不能满足实际系统的需求，而利用高阶无迹变换改进传统的 Sage - Husa 算法可以得到适用于高阶无迹卡尔曼滤波器的噪声统计估计器来估计系统未知噪声的统计特性，并对其进行修正，进而提出基于 Sage - Husa 算法的自适应高阶无迹卡尔曼状态估计方法。针对在系统模型未知的情况下非线性系统的状态估计问题，提出一种基于多核函数自适应融合的状态估计算法来提高系统状态估计精度。

（2）针对分布式安全融合估计算法，为了阻止系统状态隐私的泄露，设计一种基于人工噪声的隐私保护策略。在传输的各局部估计上注入依赖于物理系统参数的人工噪声，进而将注入干扰的信号发送到融合中心进行解码。在这种隐私保护策略下，合法用户的数据解码的成功概率不受人工噪声影响，而窃听者的数据解码成功概率与注入的人工噪声能量有关。建立状态安全融合估计性能与人工噪声能量的关系，给出使窃听者融合估计误差协方差矩阵迹发散的人工噪声能量选择条件，进而基于人工噪声加密策略给出分布式安全融合估计算法。

（3）针对电力系统的传感器生成本地系统状态估计并通过无线通信信道将其发送到融合中心所面临的状态隐私泄露问题，引入一种基于人工噪声技术的隐私保护方法，该方法是对每个传感器使用信道增益加密；进而提供关于人工噪声的充分条件，使窃听者对电力系统的状态估计误差协方差矩阵迹趋于无界，同时用户的融合估计器不会恶化；并通过单机无穷大电力系统的数值算例验证所提算法的有效性。

（4）针对带宽受限下的NMFES，采用局部估计降维分量随机传输的发送模式，即在任何时刻只随机发送若干个局部估计分量到融合中心，未被发送到融合中心的分量由上一时刻融合估计的一步预测值代替。在这种信号传输模式下设计基于随机传输矩阵和局部估计误差协方差矩阵的人工噪声加密策略，使该噪声只对窃听者的融合估计性能产生影响。建立各局部估计分量发送概率及人工噪声能量与融合估计性能的关系，给出完美加密的充分条件，导出人工噪声的选择范围。

（5）针对传感器能量约束下的NMFES，对局部传感器的数据采用事件触发的传输机制，同时利用多输入单输出的信道及波束成形技术传输局部估计信号，进而设计基于信道矩阵的人工噪声加密隐私保护策略。利用SNR与融合中心数据成功解码概率的关系，推导完美加密的充分条件，同时讨论人工噪声能量与事件触发阈值及安全融合估计的关系，分别给出实现完美加密条件下人工噪声能量和事件触发器的设计条件。

（6）针对网络丢包下的NMFES，每个传感器都采用事件触发的调度策略。建立网络数据丢包模型，推导触发器阈值的充分条件，使窃听者的估计误差协方差矩阵迹趋于无界，而用户的估计误差协方差矩阵迹保持有界。此外，提供一致性分布式融合估计算法，以实现完美加密。最后，对两个子系统在网络丢包下的不同触发水平进行仿真，以证明所提出方法的有效性。

（7）针对传感器能量约束下的NMFES，利用人工噪声对局部估计进行加密，在有限域上考虑终端时刻状态的安全问题，加密的能量越大，对窃听者造成的干扰越大；然而由于加密的能量有限，因此研究在有限的加密能量下如何设计最优的加密策略，即设计何时对局部估计加密及加密的能量大小使窃听者的融合估计性能最差，以达到保护状态隐私的目的。考虑加密成本代价，设计以最大化窃听者终端融合估计误差协方差与加密成本代价组合的目标函数优化问题，由于局部估计误差协方差与融合估计误差协方差耦合，可以导出若干个相互独立的子优化问题，因此在这种情况下，分布式加密策略可以用来求解各子系统的优化问题，而在某种限制条件下，各子系统的优化问题具有简单形式的最优解。

参考文献

[1] HALL D L，LLINAS J. An introduction to multi - sensor data fusion [J]. Proceedings of the IEEE，1997，85 (1)：6 - 23.

[2] 韩崇昭，朱洪艳，段战胜，等．多源信息融合 [M]. 北京：清华大学出版社，2006.

[3] 邓自立．信息融合滤波理论及其应用 [M]. 哈尔滨：哈尔滨工业大学出版社，2007.

[4] 彭冬亮，文成林，薛安克．多传感器多源信息融合理论及应用 [M]. 北京：科学出版社，2010.

[5] 潘泉，王增福，梁彦，等．信息融合理论的基本方法与进展：Ⅱ [J]. 控制理论与应用，2012，29 (10)：1233 - 1244.

[6] MALYAVEJ V，MANCHESTER I R，SAVKIN A V. Precision missile guidance using radar/multiple - video sensor fusion via communication channels with bit - rate constraints [J]. Automatica，2006，42 (5)：763 - 769.

[7] SUN S L，DENG Z L. Multi - sensor optimal information fusion Kalman filter [J]. Automatica，2004，40 (6)：1017 - 1023.

[8] SONG T. Target adaptive guidance for passive homing missiles [J]. IEEE transactions on aerospace and electronic systems，1997，33 (1)：312 - 316.

[9] YANG X S，ZHANG W A，CHEN M Z Q，et al. Hybrid sequential fusion estimation for asynchronous sensor network - based target tracking [J]. IEEE transactions on control systems technology，2017，25 (2)：669 - 676.

[10] ZHANG W A，YANG X S，YU L，et al. Sequential fusion estimation for RSS - based mobile robots localization with event - driven WSNs [J]. IEEE transactions on industrial informatics，2016，12 (4)：1519 - 1528.

[11] TAN H L，SHEN B，Liu Y R，et al. Event - triggered multi - rate fusion estimation for uncertain system with stochastic nonlinearities and colored measurement noises [J]. Information fusion，2017，36 (C)：313 - 320.

[12] CHEN B，PEI X F，CHEN Z F. Research on target detection based on distributed track fusion for intelligent vehicles [J]. Sensors，2020，20 (1)：56.

[13] MEHER B，AGRAWAL S，PANDA R，et al. A survey on region based image fusion methods [J]. Information fusion，2019，48 (C)：119 - 132.

[14] SUN S L，LIN H L，MA J，et al. Multi - sensor distributed fusion estimation with applications in networked systems：a review paper [J]. Information fusion，2017，

38 (C): 122 - 134.

[15] CHEN B, ZHANG W A, YU L. Distributed fusion estimation with missing measurements, random transmission delays and packet dropouts [J]. IEEE transactions on automatic control, 2014, 59 (7): 1961 - 1967.

[16] CHEN B, HU G Q, HO D W C, et al. A new approach to linear/nonlinear distributed fusion estimation problem [J]. IEEE transactions on automatic control, 2019, 64 (3): 1301 - 1308.

[17] XIA Y Q, FU M Y, LIU G P. Analysis and synthesis of networked control systems [M]. Berlin Heidelberg: Springer, 2011.

[18] ZHU Y, ZHOU J, SHEN X, et al. Networked multisensor decision and estimation fusion: based on advanced mathematical methods [M]. Boca Raton: CRC Press, 2012.

[19] 陈博．网络化多传感器信息融合估计算法研究 [D]. 杭州：浙江工业大学，2013.

[20] CHEN B, YU L, ZHANG W A, et al. Networked multi - sensor fusion estimation with delays, packet losses and missing measurements [C]. 12th International Conference on Control Automation Robotics & Vision, 2012: 695 - 700.

[21] CHEN B, ZHANG W A, YU L. Distributed finite - horizon fusion Kalman filtering for bandwidth and energy constrained wireless sensor networks [J]. IEEE transactions on signal processing, 2014, 62 (4): 797 - 812.

[22] CARVALHO M, DEMOTT J, FORD R, et al. Heartbleed 101 [J]. IEEE security & privacy, 2014, 12 (4): 63 - 67.

[23] WANG K, YUAN L, MIYAZAKI T, et al. Jamming and eavesdropping defense in green cyber - physical transportation systems using a stackelberg game [J]. IEEE transactions on industrial informatics, 2018, 14 (9): 4232 - 4242.

[24] HUA Y, CHEN F, DENG S W, et al. Secure distributed estimation against false data injection attack [J]. Information sciences, 2020, 515 (C): 248 - 262.

[25] 张恒．信息物理系统安全理论研究 [D]. 杭州：浙江大学，2015.

[26] 张瑞华．基于能量效率的无线传感器网络关键技术研究 [D]. 济南：山东大学，2007.

[27] LARIOS D F, BARBANCHO J, RODRÍGUEZ G, et al. Energy efficient wireless sensor network communications based on computational intelligent data fusion for environmental monitoring [J]. IET communications, 2012, 6 (14): 2189 - 2197.

[28] 何友，王国宏，陆大绘，等．多传感器信息融合及应用 [M]. 2 版．北京：电子工业出版社，2007.

[29] NAKAMURA E F, LOUREIRO A A F, FRERY A C. Information fusion for wireless sensor networks: methods, models, and classifications [J]. ACM computing surveys

(CSUR), 2007, 39 (3): 9.
[30] DENG Z L, GAO Y, MAO L, et al. New approach to information fusion steady - state Kalman filtering [J]. Automatica, 2005, 41 (10): 1695 - 1707.
[31] 段广全，孙书利．带未知模型参数和衰减观测率系统自校正分布式融合估计 [J]. 自动化学报，2021，47 (2)：423 - 431.
[32] 杨智博，邓自立．带不确定方差乘性和加性噪声系统鲁棒加权融合稳态 Kalman 估值器 [J]. 控制理论与应用，2018，35 (4)：547 - 556.
[33] GOH S T, ABDELKHALIK O, ZEKAVAT S A R. A weighted measurement fusion Kalman filter implementation for UAV navigation [J]. Aerospace science and technology, 2013, 28 (1): 315 - 323.
[34] YAN G M, WANG M D, ZHANG B, et al. Optimal weighted fusion Kalman estimator for the incremental system with correlated noises [J]. Optimal control applications and methods, 2020, 41 (6): 2190 -2200.
[35] ZHANG K W, HAO G, SUN S L. Weighted measurement fusion particle filter for nonlinear systems with correlated noises [J]. Sensors, 2018, 18 (10): 3242.
[36] LIU W Q, WANG X M, DENG Z L. Robust centralized and weighted measurement fusion Kalman estimators for uncertain multisensor systems with linearly correlated white noises [J]. Information fusion, 2017, 35 (C): 11 - 25.
[37] LIU W Q, WANG X M, DENG Z L. Robust centralized and weighted measurement fusion Kalman estimators for multisensor systems with multiplicative and uncertain - covariance linearly correlated white noises [J]. Journal of the Franklin Institute, 2017, 354 (4): 1992 - 2031.
[38] WEBSTER S E, WALLS J M, WHITCOMB L L, et al. Decentralized extended information filter for single - beacon cooperative acoustic navigation: theory and experiments [J]. IEEE transactions on robotics, 2013, 29 (4): 957 - 974.
[39] Lee D J. Nonlinear estimation and multiple sensor fusion using unscented information filtering [J]. IEEE signal processing letters, 2008, 15: 861 - 864.
[40] PAKKI K, CHANDRA B, GU D W, et al. Cubature information filter and its applications [C]. Proceedings of the 2011 American Control Conference, 2011: 3609 - 3614.
[41] CARLSON N A. Federated square root filter for decentralized parallel processors [J]. IEEE transactions on aerospace and electronic systems, 1990, 26 (3): 517 - 525.
[42] KIM K H. Development of track to track fusion algorithms [C]. Proceedings of 1994 American Control Conference, 1994: 1037 - 1041.
[43] CHEN B, ZHANG W A, YU L, et al. Distributed fusion estimation with communication bandwidth constraints [J]. IEEE transactions on automatic control, 2015,

60 (5): 1398 - 1403.

[44] CHEN B, HO D W C, HU G Q, et al. Delay - dependent distributed Kalman fusion estimation with dimensionality reduction in cyber - physical systems [J] . IEEE transactions on cybernetics, 2022, 52 (12): 13557 - 13571.

[45] DENG Z L, ZHANG P, QI W J, et al. Sequential covariance intersection fusion Kalman filter [J]. Information sciences, 2012, 189: 293 - 309.

[46] LI X R, ZHU Y M, WANG J, et al. Optimal linear estimation fusion - part I: unified fusion rules [J]. IEEE transactions on information theory, 2003, 49 (9): 2192 - 2208, 2323.

[47] 金学波. 多传感器状态融合估计理论与应用研究 [D]. 杭州:浙江大学, 2003.

[48] 李庆华. H_∞ 滤波理论在多传感器信息融合状态估计中的应用研究 [D]. 济南:山东大学, 2009.

[49] 冯肖亮, 文成林, 刘伟峰, 等. 基于多传感器的序贯式融合有限域 H_∞ 滤波方法 [J]. 自动化学报, 2013, 39 (9): 1523 - 1532.

[50] DUAN Z S, LI X R. Lossless linear transformation of sensor data for distributed estimation fusion [J]. IEEE transactions on signal processing, 2011, 59 (1): 362 - 372.

[51] EI - SHARAFY M Z, SAXENA S, FARAG H E. Optimal design of islanded microgrids considering distributed dynamic state estimation [J]. IEEE transactions on industrial informatics, 2020, 17 (3): 1592 -1603.

[52] LYU L, CHEN C L, ZHU S Y, et al. 5G enabled codesign of energy - efficient transmission and estimation for industrial IoT systems [J]. IEEE transactions on industrial informatics. 2018, 14 (6): 2690 - 2704.

[53] DING X L, WANG Z P, ZHANG L, et al. Longitudinal vehicle speed estimation for four - wheel - independently - actuated electric vehicles based on multi - sensor fusion [J]. IEEE transactions on vehicular technology, 2020, 69 (11): 12797 - 12806.

[54] SUN G, SONG L J, YU H F, et al. A two - tier collection and processing scheme for fog -based mobile crowdsensing in the internet of vehicles [J]. IEEE internet of things journal, 2021, 8 (3): 1971 - 1984.

[55] IT之家. 特斯拉汽车被"重点关照", Pwn2Own Automotive 2024 首日战报 [EB/OL]. (2024 - 01 - 25) [2025 - 03 - 24]. https://baijiahao.baidu.com/s?id=1789044263953888465&wfr=spider&for=pc.

[56] NIE L S, NING Z L, WANG X J, et al. Data - driven intrusion detection for intelligent internet of vehicles: a deep convolutional neural network - based method [J]. IEEE transactions on network science and engineering, 2020, 7 (4): 2219 - 2230.

[57] CARDENAS A A, AMIN S, SASTRY S. Secure control: towards survivable cyber - physical systems [C]. Proceeding of the 28th International Conference on Distributed

Computing Systems Workshops, 2008: 495 - 500.

[58] 王瑞．信息物理系统的源位置隐私安全保护研究 [D]. 杭州：浙江理工大学，2018.

[59] SUN S L, DENG Z L. Multi - sensor optimal information fusion Kalman filter [J]. Automatica, 2004, 40 (6): 1017 - 1023.

[60] SONG E B, XU J, ZHU Y M. Optimal distributed Kalman filtering fusion with singular covariance of filtering errors and measurement noises [J]. IEEE transactions on automatic control, 2014, 59 (5): 1271 -1282.

[61] NOACK B, SIJS J, REINHARDT M, et al. Decentralized data fusion with inverse covariance intersection [J]. Automatica, 2017, 79: 35 - 41.

[62] LEI L, YANG W, YANG C, et al. False data injection attack on consensus - based distributed estimation [J]. International journal of robust and nonlinear control, 2017, 27 (9): 1419 - 1432.

[63] CHEN B, HO D W C, HU G Q, et al. Secure fusion estimation for bandwidth - constrained cyber - physical systems under replay attacks [J]. IEEE transactions on cybernetics, 2018, 48 (6): 1862 - 1876.

[64] CHEN B, HO D W C, ZHANG W A, et al. Distributed dimensionality reduction fusion estimation for cyber - physical systems under DoS attacks [J]. IEEE transactions on systems, man, and cybernetics: systems, 2019, 49 (2): 455 - 468.

[65] SHERMAN W H. Decoding early modern cryptography [J]. Huntington library quarterly, 2019, 82 (2): 315 - 319.

[66] KATZ J, LINDELL Y. Introduction to modern cryptography [M]. 3rd ed. Boca Raton: CRC Press, 2021.

[67] ADAMOVIC S, SARAC M, STAMENKOVIC D, et al. The importance of the using software tools for learning modern cryptography [J]. International journal of engineering education, 2018, 34 (1): 256 - 262.

[68] CAI N, YEUNG R W. Secure network coding [C]. Proceedings of the 2002 IEEE International Symposium on Information Theory, 2002: 323.

[69] CAI N, YEUNG R W. Secure network coding on a wiretap network [J]. IEEE transactions on information theory, 2011, 57 (1): 424 - 435.

[70] HARADA K, YAMAMOTO H. Strongly secure linear network coding [J]. IEICE transactions on fundamentals of electronics, communications and computer sciences, 2008, E91 - A (10): 2720 - 2728.

[71] BHATTAD K, NARAYANAN K R. Weakly secure network coding [C]. Proceedings of the First Workshop on Network Coding Theory and Applications (NetCod), 2005: 104.

[72] WEI Y W, YU Z, GUAN Y. Efficient weakly - secure network coding schemes against

wiretapping attacks [C]. 2010 IEEE International Symposium on Network Coding (NetCod), 2010: 1-6.

[73] YAO H Y, SILVA D, JAGGI S, et al. Network codes resilient to jamming and eavesdropping [J]. IEEE-ACM transactions on networking, 2014, 22 (6): 1978-1987.

[74] XU J, CHEN B A. Secure coding over networks against noncooperative eavesdropping [J]. IEEE transactions on information theory, 2013, 59 (7): 4498-4509.

[75] Dwork C. Differential privacy [C]. Proceedings of the 33rd International Colloquium on Automata, Languages, and Programming, 2006: 1-12.

[76] HUANG Z Q, MITRA S, DULLERUD G. Differentially private iterative synchronous consensus [C]. Proceedings of the 2012 ACM Workshop on Privacy in the Electronic Society, 2012: 81-90.

[77] MO Y L, MURRAY R M. Privacy preserving average consensus [J]. IEEE transactions on automatic control, 2017, 62 (2): 753-765.

[78] ZHANG H, SHU Y C, CHENG P, et al. Privacy and performance trade-off in cyber-physical systems [J]. IEEE network, 2016, 30 (2): 62-66.

[79] WYNER A D. The wire-tap channel [J]. Bell system technical journal, 1975, 54 (8): 1355-1387.

[80] ZHOU Y, YEOH P L, CHEN H, et al. Improving physical layer security via a UAV friendly jammer for unknown eavesdropper location [J]. IEEE transactions on vehicular technology, 2018, 67 (11): 11280-11284.

[81] SALAHDINE F, KAABOUCH N. Security threats, detection, and countermeasures for physical layer in cognitive radio networks: a survey [J]. Physical communication, 2020, 39: 101001.

[82] GHASSEMLOOY Z, POPOOLA W, RAJBHANDARI S. Optical wireless communications: system and channel modelling with matlab [M]. Boca Raton: CRC Press, 2019.

[83] GAO Z, DAI L L, HAN S F, et al. Compressive sensing techniques for next-generation wireless communications [J]. IEEE wireless communications, 2018, 25 (3): 144-153.

[84] GRAVES E, BEEMER A. Modular design to transform codes for the wiretap channel of type Ⅰ into codes for the wiretap channel of type Ⅱ [EB/OL]. [2024-12-12]. http://arxiv.org/pdf/1901.06377.

[85] HU L, WANG Z D, HAN Q L, et al. State estimation under false data injection attacks: security analysis and system protection [J]. Automatica, 2018, 87: 176-183.

[86] WIESE M, JOHANSSON K H, OECHTERING T J, et al. Uncertain wiretap channels and secure estimation [C]. 2016 IEEE International Symposium on Information

Theory, 2016: 2004 - 2008.

[87] WIESE M, JOHANSSON K. H, OECHTERING T J. Secure estimation for unstable systems [C]. Proceedings of 2016 IEEE 55th Conference on Decision and Control, 2016: 5059 - 5064.

[88] LEONG A S, QUEVEDO D E, DOLZ D, et al. Transmission scheduling for remote state estimation over packet dropping links in the presence of an eavesdropper [J]. IEEE transactions on automatic control, 2019, 64 (9): 3732 - 3739.

[89] TSIAMIS A, GATSIS K, PAPPAS G J. State estimation with secrecy against eavesdroppers [J]. IFAC - papers online, 2017, 50 (1): 8385 - 8392.

[90] DING K M, REN X Q, LEONG A S, et al. Remote state estimation in the presence of an active eavesdropper [J]. IEEE transactions on automatic control, 2021, 66 (1): 229 - 244.

[91] TSIAMIS A, GATSIS K, PAPPAS G J. State - secrecy codes for networked linear systems [J]. IEEE transactions on automatic control, 2020, 65 (5): 2001 - 2015.

[92] TSIAMIS A, GATSIS K, PAPPAS G J. State - secrecy codes for stable systems [C]. Proceedings of 2018 American Control Conference, 2018: 171 - 177.

[93] TSIAMIS A, GATSIS K, PAPPAS G J. An information matrix approach for state secrecy [C]. 2018 IEEE Conference on Decision and Control, 2018: 2062 - 2067.

[94] XU D X, CHEN B, YU L, et al. Secure dimensionality reduction fusion estimation against eavesdroppers in cyber - physical systems [J]. ISA transactions, 2020, 104: 154 - 161.

[95] SHNAYDER V, HEMPSTEAD M, Chen B R, et al. Simulating the power consumption of large - scale sensor network applications [C]. Proceedings of the 2nd International Conference on Embedded Networked Sensor Systems, 2004: 188 - 200.

[96] GUBNER J A. Distributed estimation and quantization [J]. IEEE transactions on information theory, 1993, 39 (4): 1456 - 1459.

[97] LUO Z Q. Universal decentralized estimation in a bandwidth constrained sensor network [J]. IEEE transactions on information theory, 2005, 51 (6): 2210 - 2219.

[98] RIBEIRO A, GIANNAKIS G B. Bandwidth - constrained distributed estimation for wireless sensor networks - part Ⅰ: Gaussian case [J]. IEEE transactions on signal processing, 2006, 54 (3): 1131 - 1143.

[99] MSECHU E J, ROUMELIOTIS S I, RIBEIRO A, et al. Decentralized quantized Kalman filtering with scalable communication cost [J]. IEEE transactions on signal processing, 2008, 56 (8): 3727 - 3741.

[100] MSECHU E J, RIBEIRO A, ROUMELIOTIS S I, et al. Distributed Kalman filtering based on quantized innovation [C]. 2008 IEEE International Conference on A-

coustics，Speech and Signal Processing，2008：3293－3296.
[101] SUN S L，LIN J，XIE L，et al. Quantized Kalman filtering [C]. 2007 IEEE 22nd International Symposium on Intelligent Control，2007：7－12.
[102] WEN C L，GE Q B，TANG X F. Kalman filtering in a bandwidth constrained sensor network [J]. Chinese journal of electronics，2009，18 (4)：713－718.
[103] SHEN X J，ZHU Y M，YOU Z S. An efficient sensor quantization algorithm for decentralized estimation fusion [J]. Automatica，2011，47 (5)：1053－1059.
[104] 陈军勇，邬依林，祁恬．无线传感器网络分布式量化卡尔曼滤波 [J]. 控制理论与应用，2011，28 (12)：1729－1739.
[105] XIAO J J，CUI S G，LUO Z Q. Power scheduling of universal decentralized estimation in sensor networks [J]. IEEE transactions on signal processing，2006，54 (2)：413－422.
[106] XIE L H，FU M Y. The sector bound approach to quantized feedback control [J]. IEEE transactions on automatic control，2005，50 (11)：1698－1711.
[107] YOU K Y，XIE L H，SUN S L，et al. Multiple－level quantized innovation Kalman filter [J]. IFAC proceedings，2008，41 (2)：1420－1425.
[108] FANG J，LI H B. Hyperplane－based vector quantization for distributed estimation in wireless sensor networks [J]. IEEE transactions on information theory，2009，55 (12)：5682－5699.
[109] LUO Z Q，TSITSIKLIS J N. Data fusion with minimal communication [J]. IEEE transactions on information theory，1994，40 (5)：1551－1563.
[110] 宋恩彬．信息融合与处理中几个问题的进展 [D]. 成都：四川大学，2007.
[111] SCHIZAS I D，GIANNAKIS G B，LUO Z Q. Distributed estimation using reduced－dimensionality sensor observations [J]. IEEE transactions on signal processing，2007，55 (8)：4284－4299.
[112] BEHBAHANI A S，ELTAWIL A M，JAFARKHANI H. Linear decentralized estimation of correlated data for power－constrained wireless sensor networks [J]. IEEE transactions on signal processing，2012，60 (11)：6003－6016.
[113] FANG J，LI H B. Joint dimension assignment and compression for distributed multisensor estimation [J]. IEEE signal processing letters，2008，15：174－177.
[114] YU C，SHARMA G. Distributed estimation using reduced dimensionality sensor observations：a separation perspective [C]. 2008 42nd Annual Conference on Information Sciences and Systems，2008：150－154.
[115] ZHU H，SCHIZAS I D，GIANNAKIS G B. Power－efficient dimensionality reduction for distributed channel－aware Kalman tracking using WSNs [J]. IEEE transactions on signal processing，2009，57 (8)：3193－3207.

[116] CHEN H, LI X R. On track fusion with communication constraints [C]. 2007 10th International Conference on Information Fusion, 2007: 1 - 7.

[117] KOCH W. On optimal distributed Kalman filtering and retrodiction at arbitrary communication rates for maneuvering targets [C]. 2008 IEEE International Conference on Multisensor Fusion and Integration for Intelligent Systems, 2008: 457 - 462.

[118] BLUM R S. Ordering for estimation and optimization in energy efficient sensor networks [J]. IEEE transactions on signal processing, 2011, 59 (6): 2847 - 2856.

[119] BATTISTELLI G, BENAVOLI A, CHISCI L. State estimation with remote sensors and intermittent transmissions [J]. Systems & control letters, 2012, 61 (1): 155 - 164.

[120] ZHANG W A, YU L, QIU X, et al. Energy - efficient fusion estimation for wireless sensor networks with packet losses [C]. Proceedings of the 30th Chinese Control Conference, 2011: 6408 - 6412.

[121] ZHANG W A, FENG G, YU L. Multi - rate distributed fusion estimation for sensor networks with packet losses [J]. Automatica, 2012, 48 (9): 2016 - 2028.

[122] YAN L P, JIANG L, XIA Y Q, et al. Event - triggered sequential fusion estimation with correlated noises [J]. ISA transactions, 2020, 102: 154 - 163.

[123] JIANG L, YAN L P, XIA Y Q, et al. Event - triggered multisensor data fusion with correlated noise [C]. 2017 20th International Conference on Information Fusion, 2018: 1 - 8.

[124] JIANG L, YAN L P, XIA Y Q, et al. Distributed fusion in wireless sensor networks based on a novel event - triggered strategy [J]. Journal of the Franklin Institute - engineering and applied mathematics, 2019, 356 (17): 10315 - 10334.

[125] JIN Z W, HU Y Y, SUN C Y, et al. Event - triggered state fusion estimation for wireless sensor networks with feedback [C]. 2015 34th Chinese Control Conference, 2015: 4610 - 4614.

[126] LI L, NIU M F, XIA Y Q, et al. Event - triggered distributed fusion estimation with random transmission delays [J]. Information sciences, 2019, 475: 67 - 81.

[127] TAN H L, SHEN B, LIU Y R, et al. Event - triggered multi - rate fusion estimation for uncertain system with stochastic nonlinearities and colored measurement noises [J]. Information fusion, 2017, 36 (C): 313 - 320.

[128] DONG H L, BU X Y, HOU N, et al. Event - triggered distributed state estimation for a class of time - varing systems over sensor networks with redundant channels [J]. Information fusion, 2017, 36 (C): 243 - 250.

[129] FAWZI H, TABUADA P, DIGGAVI S. Secure state - estimation for dynamical systems under active adversaries [C]. 2011 49th Annual Allerton Conference, 2011: 337 -344.

[130] FAWZI H, TABUADA P, DIGGAVI S. Secure estimation and control for cyber -

physical systems under adversarial attacks [J]. IEEE transactions on automatic control, 2014, 59 (6): 1454 -1467.

[131] AO W, SONG Y D, WEN C Y, et al. Finite time attack detection and supervised secure state estimation for CPSs with malicious adversaries [J]. Information sciences, 2018, 451: 67 - 82.

[132] SHOUKRY Y, TABUADA P. Event - triggered state observers for sparse sensor noise/attacks [J]. IEEE transactions on automatic control, 2016, 61 (8): 2079 -2091.

[133] SHOUKRY Y, CHONG M, WAKAIKI M, et al. SMT - based observer design for cyber - physical systems under sensor attacks [C]. 2016 ACM/IEEE 7th International Conference on Cyber - Physical Systems, 2016: 1 - 10.

[134] MO Y L, HESPANHA J P, SINOPOLI B. Resilient detection in the presence of integrity attacks [J]. IEEE transactions on signal processing, 2014, 62 (1): 31 - 43.

[135] MISHRA S, KARAMCHANDANI N, TABUADA P, et al. Secure state estimation and control using multiple (insecure) observers [C]. 2014 IEEE 53rd Annual Conference on Decision and Control, 2014: 1620 - 1625.

[136] AO W, SONG Y D, WEN C Y. Distributed secure state estimation and control for CPSs under sensor attacks [J]. IEEE transactions on cybernetics, 2020, 50 (1): 259 - 269.

[137] 敖伟，宋永端，温长云．受攻击信息物理系统的分布式安全状态估计与控制：一种有限时间方法 [J]. 自动化学报，2019，45 (1)：174 - 184.

[138] JIANG T, MATEI I, BARAS J S. A trust based distributed Kalman filtering approach for mode estimation in power systems [C]. In: Proceeding of the First Workshop on Secure Control Systems, 2010: 1 - 6.

[139] ZHENG S S, JIANG T, BARAS J S. Robust state estimation under false data injection in distributed sensor networks [C]. 2010 IEEE Global Telecommunications Conference, 2010: 1 - 5.

[140] WEN F X, WANG Z M. Distributed Kalman filtering for robust state estimation over wireless sensor networks under malicious cyber - attacks [J]. Digital signal processing, 2018, 78: 92 - 97.

[141] LEI L, YANG W, YANG C, et al. False data injection attack on consensus - based distributed estimation [J]. International journal of robust and nonlinear control, 2017, 27 (9): 1419 - 1432.

[142] BISHOP A N, SAVKIN A V. On false - data attacks in robust multi - sensor - based estimation [C]. 2011 9th IEEE International Conference on Control and Automation, 2011: 10 - 17.

第 2 章 常见的状态估计方法

2.1 线性系统基于量化和事件的集值卡尔曼状态估计

2.1.1 引言

NMFES 融合了现代信息技术，操作系统的安全性、可靠性、稳定性、效率等显著提高[1-7]。无线传感器网络价格低、位置灵活、网络设置多变、容错能力强等特点，在国防军事、智能家居、生物医疗、环境监测、太空探索、工业商业等领域得到了广泛应用[8-14]。NMFES 虽然给原有的信息传递方式带来了根本性的改变，但也带来了带宽受限问题。由于每个传感器每次发送的比特数量有限，因此传感器收集的数据不能通过 NMFES 直接发送。量化测量为解决这一问题提供了可行的方法。所有观测数据被量化为属于已知量化集合的对应消息。量化器的引入带来了缺点，其中之一是所传输的消息值与原始测量值之间存在误差，误差范围与实际的通信带宽有关：通信带宽越大，量化误差越小。在估计器侧，估计器不知道量化后的原始测量值。由于量化误差的存在，因此直接将消息值用于估计器设计可能导致较大的估计误差，于是提出了许多量化方法[15-18]来减小总量化误差。特别地，Zhou 等人指出了量化误差可以被视为量化噪声[19]。当量化误差为不相关的高斯白色噪声时，所设计的估计器的估计精度得到了显著提高。然而，不相关的高斯白色噪声的假设并不完全成立，尤其是在低量化水平的情况下[20]。实际上，可以简单地将伪测量噪声方差作为量化噪声，由于量化规则是已知的，因此可以充分利用量化器中包含的消息来设计状态估计器。

此外，NMFES面临传感器能量约束的问题，这就导致了系统的使用寿命有限。更换电池需要花费大量成本，并且一些电池可能由于其工作环境而不可更换，这就意味着随着电池能量耗尽，传感器的使用寿命结束[21]。因此，可以在网络中处理数据，以减少数据收发量，有效节约能源。为了节省传感器功耗，引入了事件触发策略。在这种情况下，估计器必须在每个时刻处理组合的点和集值混合测量信息。文献［22－29］进行了许多尝试，然而，大多都是针对线性高斯系统的。与已有的基于事件的状态估计方法相比，集值估计方法提供了一种利用事件触发条件中包含附加信息的方法。集值卡尔曼估计器最初由Morreletal提出[30]。进而，文献［31］考虑了放宽后验概率分布的唯一性假设。通过允许集值测量，文献［32］研究了用于基于事件估计的具有多个传感器测量的集值卡尔曼估计器的性质，在这种情况下每个传感器只允许提供其自身椭球参数化的集值测量，证明了精确集值估计器的估计均值集的有界性。

然而，上述方法并没有很好地利用量化规则的信息。实际上，对于量化器，原始测量的每个分量的间隔可以根据量化规则来计算获得。因此，在每个采样时间，原始测量值应在设定的区域内。虽然估计器在接收到量化消息时并不知道原始测量值，但是量化规则中包含的一些信息对于估计器是已知的，这被称为集值测量。本节考虑了带宽受限和能量约束下的无线传感器网络中的集值估计问题，利用包含在量化器和事件触发器的信息建立了原始测量值的集合范围，给出了一个原始测量集的最紧椭球近似描述方法，提出了一种基于量化和事件的集值卡尔曼估计方法。

2.1.2　系统建模与问题描述

若不考虑系统输入，则线性系统可简化为

$$\boldsymbol{x}(k+1)=\boldsymbol{A}\boldsymbol{x}(k)+\boldsymbol{w}(k) \tag{2-1}$$

$$\boldsymbol{y}(k)=\boldsymbol{C}\boldsymbol{x}(k)+\boldsymbol{v}(k) \tag{2-2}$$

式中，k 为时间指数；$\boldsymbol{x}(k)\in\mathbb{R}^n$ 为系统状态向量；$\boldsymbol{y}(k)\in\mathbb{R}^n$ 为对 $\boldsymbol{x}(k)$ 的观

测向量；$\boldsymbol{w}(k)\in\mathbb{R}^n$ 和 $\boldsymbol{v}(k)\in\mathbb{R}^m$ 分别为系统过程噪声和观测噪声；$\boldsymbol{A}$ 为状态传输矩阵，具有适当的维数；$\boldsymbol{C}$ 为观测矩阵，具有适当的维数。

下面是一些合理且必要的假设。

假设 2-1：$\boldsymbol{w}(k)$、$\boldsymbol{v}(k)$ 是相互独立的零均值高斯白噪声，方差分别为 $Q(k)$ 和 $R(k)$，并且满足

$$E\left\{\begin{pmatrix}\boldsymbol{w}(k)\\ \boldsymbol{v}(k)\end{pmatrix}(\boldsymbol{w}^{\mathrm{T}}(l)\boldsymbol{v}^{\mathrm{T}}(l))\right\}=\begin{bmatrix}Q(k) & 0\\ 0 & R(k)\end{bmatrix}\delta_{kl}$$

初始状态 $\boldsymbol{x}(0)$ 的均值为 x_0，方差矩阵为 $\boldsymbol{P}_0$，并且独立于 $\boldsymbol{w}(k)$、$\boldsymbol{v}(k)$。

假设 2-2：假设在带宽受限下无线通信网络的带宽为 L 比特，并且从传感器到融合中心的无线通信网络是理想的，没有比特错误。

假设 2-3：$y_i(k)\in[\underline{U}_i,\overline{U}_i]$，$1\leqslant i\leqslant m$，其中 $y_i(k)$ 是观测向量 $\boldsymbol{y}(k)$ 的第 i 个元素，$\underline{U}_i$ 和 $\overline{U}_i$ 是观测值 $y_i(k)$ 的上界和下界且为已知常数。

考虑图 2-1 所示的网络带宽受限与传感器能量约束下的远程状态估计系统，传感器、事件检测器、事件触发器及量化器在过程端采集、处理数据，之后经过无线通信网络传输到远程端的估计器进行状态估计。一方面，由于传感器能量是有约束的，不允许所有传感器在每时每刻都传输数据到远程估计端，因此需要采用事件触发的机制部分地传输测量数据，传感器采集到数据之后经过事件检测器判断该测量数据是否满足事件触发条件，若超出触发条件阈值从而满足事件触发条件，则把原始测量数据传输出去，否则不传输。远程估计端会在某些时刻接收测量数据，而在某些时刻接收不到数据。当未接收到测量数据时，估计端不知道传感器测得的原始测量值，从而给估计器的估计带来困难，但是，我们可以通过挖掘事件触发条件的信息推导出原始

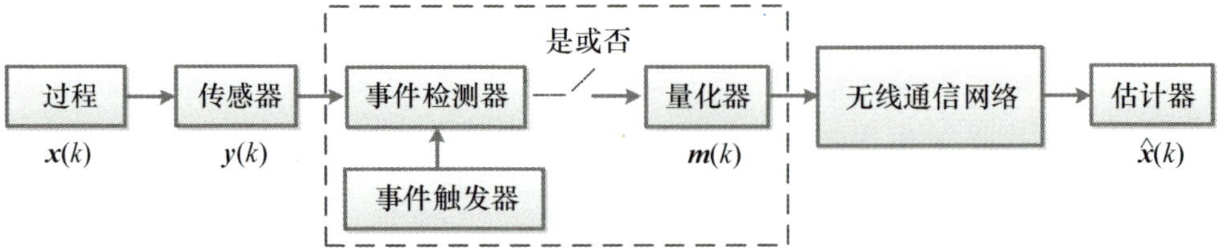

图 2-1　网络带宽受限与传感器能量约束下的远程状态估计系统

测量值所在的区间。

然而，由于网络环境复杂，通信资源有限，传感器网络估计系统常常面临网络带宽受限的问题，在过程端，传感器只能传输有限比特的测量数据到估计器，所有经过事件触发器继续下传的观测值 $\boldsymbol{y}(k)$ 在传输到估计器之前都必须通过量化器量化成消息值 $m(k)$。不同的量化器具有不同的量化规则，而无论哪种量化规则对测量值进行量化后，估计器都不能得到原始测量值，只能根据量化规则推导出原始测量值在被量化之前所属的区间。

总之，在 k 时刻，如果估计器能够接收到数据，则表明在该时刻观测值 $y(k)$ 满足事件触发条件而把数据传输到量化器进行量化从而得到 $m(k)$，并最终传输到估计器；如果估计器没有接收到数据，则表明在该时刻测量值没有满足事件触发条件。然而，量化器的存在使此时对测量值的区间推导变得困难，并给滤波估计带来挑战。本节主要考虑带宽受限与能量约束下的集值卡尔曼估计问题，待解决的问题如下。

（1）对于网络带宽与传感器能量同时受限的 NMFES，如何探索利用事件触发器与量化器包含的信息表示原始测量值区域。

（2）基于（1）的结果，如何对原始测量值集合进行最紧椭球近似表示，并设计集值卡尔曼估计器。

2.1.3　基于集值卡尔曼滤波的状态估计

1. 原始测量值的区域表示

首先考虑网络带宽受限、传感器能量不受限的情况，即不存在事件触发器而只有量化器。量化器的分布结构如图 2 - 2 所示，任意一个传感器的观测值记为 $\boldsymbol{y}(k)$，其第 i 个观测分量 $y_i(k)$ 被对应的量化器 i 量化为消息值 $m_i(k)$ 后通过无线通信网络传输到估计器。也就是说，实际的观测值 $y_s^i(k)$ 经过量化器时，量化器按相应的量化规则将落在一定区间内的观测值都量化成固定值 $m_s^i(k)$，从而估计器接收到的量化消息值 $m_s(k)=[m_s^1(k), m_s^2(k), \cdots, m_s^m(k)]^{\mathrm{T}}$。

在式（2 - 2）下，网络带宽的总比特数一定，给每个量化器分配不同比

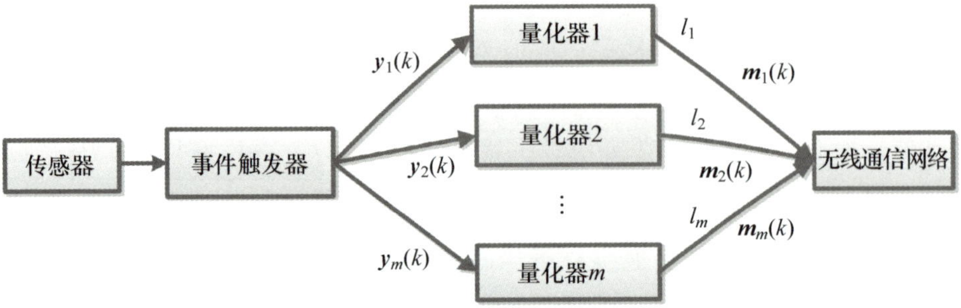

图 2-2 量化器的分布结构

特数的融合中心会有不同的估计性能。文献［12］根据式（2-2）计算信噪比，并证明了基于信噪比给每个量化器分配比特数的带宽分配策略可以提高估计器的性能。本节不对带宽分配策略进行研究，这里假设量化器 i 的量化比特数已经分配好且为 l_i 位，也就是量化消息值 $m_i(k)$ 具有 l_i 位，根据式（2-2），可以得到

$$\sum_{i=1}^{m} l_i = L \tag{2-3}$$

并且，单个量化器的量化区间如图 2-3 所示，量化器 i 在区间$[\underline{U}_i, \bar{U}_i]$上共有 $T_i = 2^{l_i}$ 个量化点$\{a_i^j(k) \in [\underline{U}_i, \bar{U}_i], j=1,\cdots,T_i\}$。这些量化点均匀或非均匀地分布在量化区间内，即满足

$$\underline{U}_i = a_i^1(k) < a_i^2(k) < \cdots < a_i^{T_i}(k) = \bar{U}_i \tag{2-4}$$

$$a_i^{j+1}(k) - a_i^j(k) = \Delta_i^j(k) \tag{2-5}$$

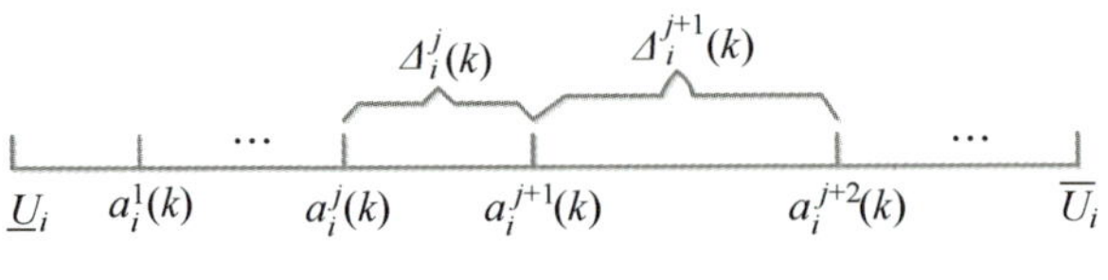

图 2-3 单个量化器的量化区间

一般地，假设某传感器的第 i 个观测分量 $y_i(k) \in [a_i^j(k), a_i^{j+1}(k))$，则 $y_i(k)$ 可按下式被量化成 $a_i^j(k)$ 或者 $a_i^{j+1}(k)$，即

$$m_i(k) = a_i^j(k)，\text{如果 } y_i(k) \in \left[a_i^j(k), \frac{a_i^j(k) + a_i^{j+1}(k)}{2}\right] \tag{2-6}$$

$$m_i(k)=a_i^{j+1}(k)\text{，如果 } y_i(k)\in\left[\frac{a_i^j(k)+a_i^{j+1}(k)}{2},a_i^{j+1}(k)\right] \tag{2-7}$$

注释 2-1：式（2-4）所示的这些量化点可以通过某些量化规则任意分布在区间$[\overline{U}_i,\underline{U}_i]$内。当$\Delta_i^p(k)=\Delta_i^q(k)$，$\forall p,q\in\{1,\cdots,T_i\}$时，量化规则退化到常见的均匀量化。本节基于的是更一般的量化规则，如式（2-4）～式（2-7）所示。

假设在k时刻传感器测得的观测值$\boldsymbol{y}(k)=[y_1(k),y_2(k),\cdots,y_m(k)]^{\mathrm{T}}$，它的每个观测分量$y_i(k)$经过量化器$i$的量化规则后得到$m_i(k)$，再经过无线通信网络传送到估计器，而量化规则在估计器是可以预先知道的，所以根据接收到的消息和量化规则可以反推出实际测量值所在的区域，这样所有测量值分量所在的区间就组成了一个超级矩形集合。

若远程端接收到的消息值$m_i(k)=a_i^j(k),i=1,2,\cdots,m,j\in\{1,2,\cdots,T_i\}$，则可利用量化器的量化规则判断实际的观测分量$y_i(k)\in\left[\frac{a_i^{j-1}(k)+a_i^j(k)}{2},\frac{a_i^j(k)+a_i^{j+1}(k)}{2}\right]$，这个区间的中心点和半径分别为

$$c_i(k)=\frac{a_i^{j-1}(k)+2a_i^j(k)+a_i^{j+1}(k)}{4} \tag{2-8}$$

$$r_i(k)=\frac{a_i^{j+1}(k)-a_i^{j-1}(k)}{4} \tag{2-9}$$

即该传感器的原观测分量的区间为

$$\{y_i(k)\,\|\,y_i(k)-c_i(k)|\leqslant r_i(k)\} \tag{2-10}$$

由于量化点也可由量化规则事先知道，因此各观测分量$y_i(k)$所在的区间中心点$c_i(k)$和区间半径$r_i(k)$可实时在线计算。

注释 2-2：当量化器i的量化规则为均匀量化时，即$a_i^j(k)=\frac{a_i^{j-1}(k)+a_i^{j+1}(k)}{2}$，那么区间中心点$c_i(k)=a_i^j(k)=m_i(k)$，区间半径$r_i(k)=\frac{a_i^{j+1}(k)-a_i^j(k)}{2}=\frac{\Delta_i^j(k)}{2}$，区间中心点也就是接收到的量化消息值，区

间半径为固定常数，无须进行重复计算。

考虑传感器能量约束的情况，基于事件触发的数据触发器嵌在传感器内，在每个时刻 k，传感器的观测分量 $y_i(k)$ 被直接传输到事件触发器，同时事件触发器保存上一次传输出去的观测分量 $y_i(\tau_k)$，其中 τ_k 为最后一次事件触发器把测量值传输到量化器的时刻。基于 $y_i(k)$ 和 $y_i(\tau_k)$，事件触发器根据下面的事件触发条件计算 $\gamma_i(k)$：

$$\gamma_i(k)=\begin{cases}1, & \text{如果} \left|y_i(k)-y_i(\tau_k)\right|>\varepsilon_i \\ 0, & \text{其他}\end{cases} \tag{2-11}$$

式中，ε_i 为调整参数决定事件触发器的敏感性，$i=1,\ 2,\ \cdots,\ m$。

只有当 $\gamma_i(k)=1$ 时，传感器才把 $y_i(k)$ 传输给量化器。因此，如果 $\gamma_i(k)=1$，则 $y_i(k)$ 经量化器量化成消息值之后传到估计器，估计器从而可以根据式（2-6）、式（2-7）反推出测量分量的区间；否则，估计器由于没有接收到消息值而只知道测量值与上一次传输值的距离在 ε_i 范围内，即

$$\left|y_i(k)-y_i(\tau_k)\right|\leqslant\varepsilon_i \tag{2-12}$$

而估计器并不知道事件触发器最后一次的传输值 $y_i(\tau_k)$，只知道 $y_i(\tau_k)$ 的量化消息值 $m_i(\tau_k)$，因而需要对原始测量值的区域进行重新表示。

根据接收到的量化消息值和估计器事先知道的量化规则，可以假设 $y_i(\tau_k)\in\left[\dfrac{a_i^{j-1}(\tau_k)+a_i^j(\tau_k)}{2},\dfrac{a_i^j(\tau_k)+a_i^{j+1}(\tau_k)}{2}\right]$，区间中心点和区间半径分别为

$$c_i(\tau_k)=\frac{a_i^{j-1}(\tau_k)+2a_i^j(\tau_k)+a_i^{j+1}(\tau_k)}{4} \tag{2-13}$$

$$r_i(\tau_k)=\frac{a_i^{j+1}(\tau_k)-a_i^{j-1}(\tau_k)}{4} \tag{2-14}$$

因此，可以得到

$$\left|y_i(\tau_k)-c_i(\tau_k)\right|\leqslant r_i(\tau_k) \tag{2-15}$$

通过数学放缩，式（2-14）、式（2-15）可以得到

$$\begin{aligned}\left|y_i(k)-c_i(\tau_k)\right| &\leqslant\left|y_i(k)-y_i(\tau_k)+y_i(\tau_k)-c_i(\tau_k)\right| \\ &\leqslant\varepsilon_i+r_i(\tau_k)\end{aligned} \tag{2-16}$$

令 $\Upsilon_i(\tau_k)=\varepsilon_i+r_i(\tau_k)$，则在 k 时刻传感器的观测分量 $y_i(k)$ 位于以 $c_i(\tau_k)$ 为中心、$\Upsilon_i(\tau_k)$ 为半径的区间内。

注释 2－3：在整个状态估计过程中，事件触发条件和量化规则可以事先知道，当估计器接收到量化消息值时，说明原始测量值满足事件触发条件而直接被传送到量化器，这时可以利用量化规则并根据量化消息值和式（2－6）、式（2－7）推导得知原始测量值的区间如式（2－10）所示；当估计器未接收到量化消息值时，说明原始测量值未满足事件触发条件，这时可以探索事件触发器和量化器的消息，根据最后一次接收到的量化消息值、触发条件阈值及量化规则推导得知原始测量值的区间如式（2－16）所示。从式（2－10）、式（2－16）可以看出，当触发条件阈值 $\varepsilon_i=0$，触发器最后一次的传输时刻满足 $\tau_k=k$ 时，区间中心点 $c_i(\tau_k)=c_i(k)$，区间半径 $r_i(\tau_k)=r_i(k)$，式（2－16）从而退化成式（2－10），这是因为触发条件几乎总能满足，估计器总能接收到量化消息值。由式（2－16）所示的各测量分量的区间集合而成的区域仍然是一个超级矩形区域。

2. 测量值集合的最紧椭球近似

集值卡尔曼滤波是在假设观测值集合是椭球集的条件下进行的，下面给出超级矩形集合的最紧椭球近似。由于在估计端各观测分量 $y_i(k)$ 实际所在的区间范围已知，而原始观测值 $y(k)$ 的集合区域并未给出，因此定义

$$\Omega:=\{\mathbf{y}(k)\in\mathbb{R}^m \parallel y_i(k)-c_i(\tau_k)|\leqslant r_i(\tau_k),i=1,2,\cdots,m\}$$

它是一个 m 维超级矩形，各边的边长为 $2r_i(\tau_k)$，这个区域就是原始观测值所在的集合区域，现在的目标是找到一个最紧的外部椭球包含 Ω。定义 $\overline{\Omega}$ 为包含 Ω 的最紧椭球，并且满足

$$\overline{\Omega}:=\{\mathbf{y}(k)\in\mathbb{R}^m\mid[\mathbf{y}(k)-c(\tau_k)]^{\mathrm{T}}Y^{-1}(k)[\mathbf{y}(k)-c(\tau_k)]\leqslant[\delta(k)]^2\} \tag{2－17}$$

式中，$c(\tau_k)=[c_1(\tau_k),c_2(\tau_k),\cdots,c_m(\tau_k)]$；$Y^{-1}(k)=\mathrm{diag}\left(\left\{\frac{1}{[r_1(\tau_k)]^2},\frac{1}{[r_2(\tau_k)]^2},\cdots,\frac{1}{[r_m(\tau_k)]^2}\right\}\right)$，diag 表示取对角矩阵，记 $r(\tau_k)=[r_s^1(\tau_k),$

$r_s^2(\tau_k),\cdots,r_s^m(\tau_k)]$。

当 $m=2$ 时，Ω 与 $\bar{\Omega}$ 之间的关系如图 2－4 所示，$\bar{\Omega}$ 为包含 Ω 的最紧椭球。实际上，椭球中心就是矩形中心，即各区间的中心值，椭球矩阵与区间半径紧密相关。

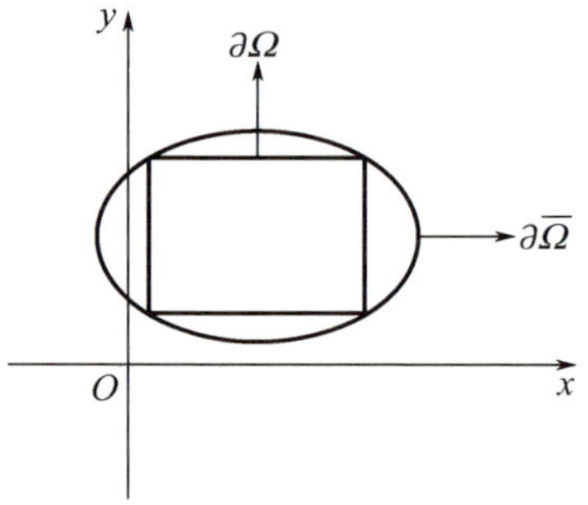

图 2－4　当 $m=2$ 时，Ω 与 $\bar{\Omega}$ 之间的关系

由于凸性，m 维长方体至少有两个顶点在椭球 $\bar{\Omega}$ 的边界上，其他顶点或包含在 $\bar{\Omega}$ 内，或在 $\bar{\Omega}$ 的边界上。$\delta(k)$ 的值可按下式计算：

$$\delta(k)=\max_{y_i(k)\in\{\delta_i^1(k),\delta_i^2(k)\},i\in\{1,2,\cdots,m\}}\sqrt{[\boldsymbol{y}(k)-c(k)]^{\mathrm{T}}Y^{-1}(k)[\boldsymbol{y}(k)-c(k)]} \tag{2-18}$$

式中，$\delta_i^1(k)=\dfrac{a_i^{j-1}(k)+a_i^j(k)}{2}$；$\delta_i^2(k)=\dfrac{a_i^j(k)+a_i^{j+1}(k)}{2}$。因此，在每个采样时刻，估计器都可以知道观测值被包含的最紧椭球集合区域为$\varepsilon(c(k),\ \delta^2(k)Y(k))$。

3. 基于集值卡尔曼滤波的状态估计算法

上节通过探索事件触发器和量化器所包含的消息，得到了原始测量值各分量的区间如式（2－16）所示，并利用凸优化理论得到原始测量值超级矩形区域的最近椭球集合如式（2－18）所示，下面基于此和文献［11］中的集值卡尔曼估计算法给出网络带宽受限与传感器能量约束的集值卡尔曼估计算法。

引理 2－1　考虑两个椭球集 $\varepsilon(c_1,X_1)$、$\varepsilon(c_2,X_2)$，有

$$\varepsilon(c_1,X_1)\oplus\varepsilon(c_2,X_2)\subseteq\varepsilon(c_1+c_2,(1+p^{-1})X_1+(1+p)X_2) \quad (2-19)$$

式中，$p>0$；$\oplus$为闵可夫斯基（Minkowski）和。

当 $p=(\mathrm{Tr}X_1)^{1/2}/(\mathrm{Tr}X_2)^{1/2}$时，$(1+p^{-1})X_1+(1+p)X_2$ 矩阵迹最小。也就是说，椭球区域 $\varepsilon(c_1+c_2,(1+p^{-1})X_1+(1+p)X_2)$是两个椭球集合进行闵可夫斯基和运算之后的最小近似椭球集。

网络带宽受限与传感器能量约束的集值卡尔曼状态估计算法步骤见表 2-1。

表 2-1　网络带宽受限与传感器能量约束的集值卡尔曼状态估计算法步骤

序号	步骤
1	初始状态估计集合：$\hat{\boldsymbol{x}}_0=\varepsilon(0,0)$，初始状态协方差矩阵：$\boldsymbol{P}_0$
2	初始时刻：$k=0$
3	初始预测误差协方差矩阵：$\boldsymbol{P}_p(k)\ =\boldsymbol{P}_0$ While $k\geqslant0$ do
4	计算误差协方差矩阵：$\boldsymbol{P}(k)=\boldsymbol{P}_p(k)-\boldsymbol{P}_p(k)C^{\mathrm{T}}[C\boldsymbol{P}_p(k)C^{\mathrm{T}}+R]^{-1}C\boldsymbol{P}_p(k)$
5	更新预测误差协方差矩阵：$\boldsymbol{P}_p(k)=\boldsymbol{A}\boldsymbol{P}(k)\boldsymbol{A}^{\mathrm{T}}+Q$
6	计算闭环矩阵：$\bar{\boldsymbol{A}}(k)=\boldsymbol{A}-\boldsymbol{A}\boldsymbol{P}_p(k)C^{\mathrm{T}}[C\boldsymbol{P}_p(k)C^{\mathrm{T}}+R]^{-1}C$
7	计算估计增益矩阵：$\boldsymbol{K}(k)=\boldsymbol{A}\boldsymbol{P}(k)C^{\mathrm{T}}R^{-1}$
8	计算状态集合：$\hat{\boldsymbol{x}}_p(k)=\varepsilon(\bar{\boldsymbol{A}}(k)\hat{\boldsymbol{x}}(k),\bar{\boldsymbol{A}}(k)\boldsymbol{X}(k)\bar{\boldsymbol{A}}^{\mathrm{T}}(k))$
9	利用式（2-13）、式（2-14）得到 $c(\tau_k)$，$r(\tau_k)$
10	利用式（2-17）、式（2-18）得到测量值集合的椭球近似：$\varepsilon(c(k),\delta^2(k)\boldsymbol{Y}(k))$
11	计算引理 1 中的参数 p：$p(k)=\sqrt{\mathrm{Tr}(\bar{\boldsymbol{A}}(k)\boldsymbol{X}(k)\bar{\boldsymbol{A}}^{\mathrm{T}}(k))/\mathrm{Tr}(\boldsymbol{K}(k)\boldsymbol{Y}(k)\boldsymbol{K}^{\mathrm{T}}(k))}$
12	计算状态估计集合的中心值：$\hat{\boldsymbol{x}}(k+1)=\bar{\boldsymbol{A}}(k)\hat{\boldsymbol{x}}(k)+\boldsymbol{K}(k)\boldsymbol{z}(k)$
13	状态估计集合的椭球矩阵：$\boldsymbol{X}(k+1)=[1+1/p(k)]\bar{\boldsymbol{A}}(k)\boldsymbol{X}(k)\bar{\boldsymbol{A}}^{\mathrm{T}}(k)+[1+p(k)]\boldsymbol{K}(k)\boldsymbol{Y}(k)\boldsymbol{K}^{\mathrm{T}}(k)$
14	状态估计集：$\hat{\boldsymbol{x}}(k+1)=\varepsilon(\hat{\boldsymbol{x}}(k+1),\boldsymbol{X}(k+1))$
15	$k=k+1$

2.1.4　示例

利用表 2-1 可以计算网络带宽受限与传感器能量约束下状态的估计集合。把多维的椭球往一维上投影可以获得每个状态的估计区间。与点值估计不同的是，本节所提算法通过充分利用量化器和量化规则所包含的消息提供

了状态的估计区间。在这一节中，我们将所提算法与基于伪测量噪声的卡尔曼估计算法和基于原始测量值的卡尔曼估计算法进行对比。这里用平均估计误差的二范数$\left[\sum_{k=1}^{t}\left|\boldsymbol{x}(k)-\hat{\boldsymbol{x}}(k)\right|\right]/t$来描述统计意义下的估计精度，其中，$t$为仿真次数，$\boldsymbol{x}(k)$为实际状态，$\hat{\boldsymbol{x}}(k)$为估计状态。

为方便描述，对估计算法进行如下简单定义。

算法一：基于事件触发与量化规则的集值卡尔曼估计算法

算法二：基于伪测量噪声的卡尔曼估计算法

算法三：基于原始测量值的卡尔曼估计算法

例 2-1：将集值卡尔曼估计算法用到基于事件触发和量化规则的单一传感器状态估计中，考虑如下二阶系统：

$$\begin{pmatrix}\boldsymbol{x}_1(k+1)\\ \boldsymbol{x}_2(k+1)\end{pmatrix}=\begin{pmatrix}0.5 & 0.3\\ -0.1 & 0.8\end{pmatrix}\begin{pmatrix}\boldsymbol{x}_1(k)\\ \boldsymbol{x}_2(k)\end{pmatrix}+\boldsymbol{w}(k) \tag{2-20}$$

$$\boldsymbol{y}(k)=(1.5\quad 1)\begin{pmatrix}\boldsymbol{x}_1(k)\\ \boldsymbol{x}_2(k)\end{pmatrix}+\boldsymbol{v}(k) \tag{2-21}$$

式中，过程噪声和观测噪声的协方差矩阵分别为$\boldsymbol{Q}(k)=\begin{pmatrix}0.202 & 0.053\\ 0.053 & 0.136\end{pmatrix}$和$\boldsymbol{R}(k)=0.02$。

无线通信网络的带宽比特数$L=5$，为仿真方便，采用均匀量化的量化规则。考虑不同平均通信速率下估计器的性能，对事件触发条件敏感性参数ε分别取0.2和1.2进行估计器设计，平均的通信速率分别为0.71和0.33。由于所提算法得到的状态是二维椭球均值集合，因此将该椭球集合往一维上投影可得各状态的均值区间，仿真结果如图2-5～图2-8及表2-2、表2-3所示。

表 2-2　$\varepsilon=0.2$时状态估计误差的统计结果

平均绝对误差	状态 1	状态 2
算法一	0.1315	0.1712
算法二	0.1814	0.2401
算法三	0.1040	0.1422

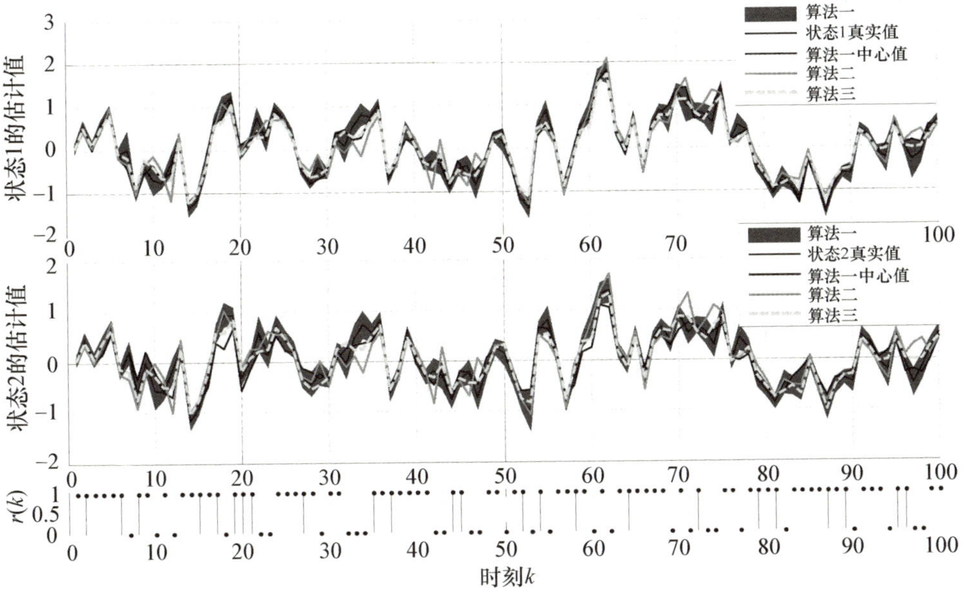

图 2-5 ε=0.2 时状态估计

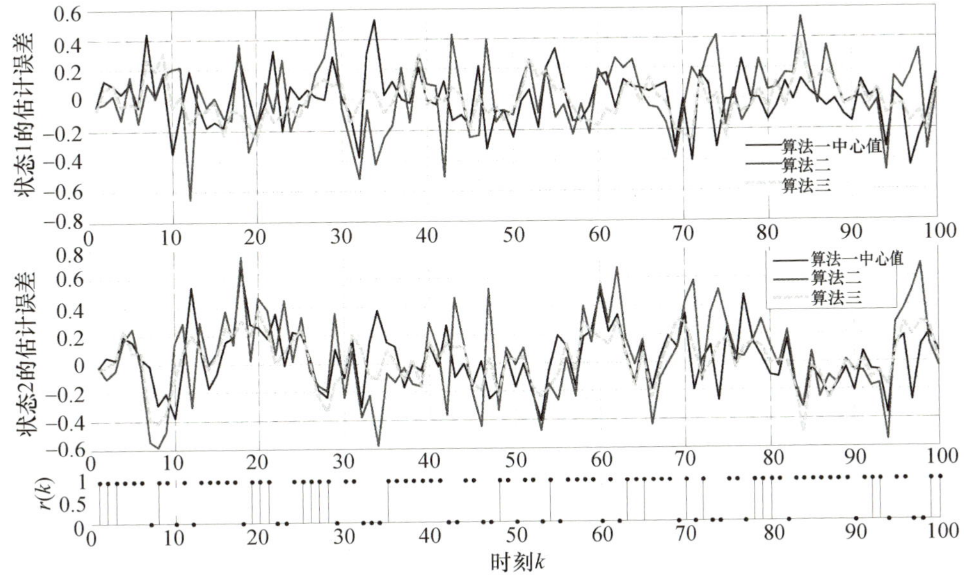

图 2-6 ε=0.2 时状态估计误差

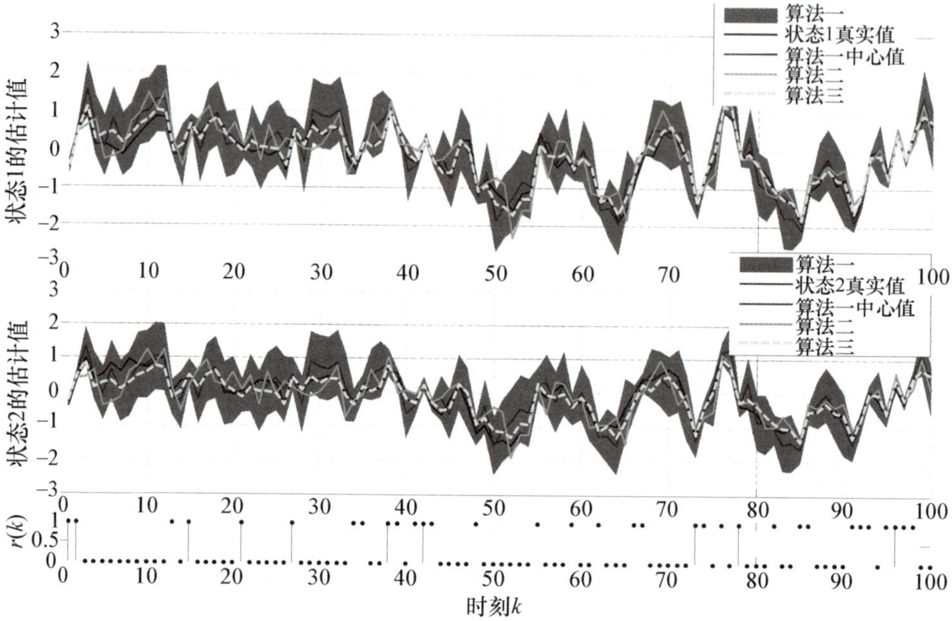

图 2-7 $\varepsilon=1.2$ 时状态估计

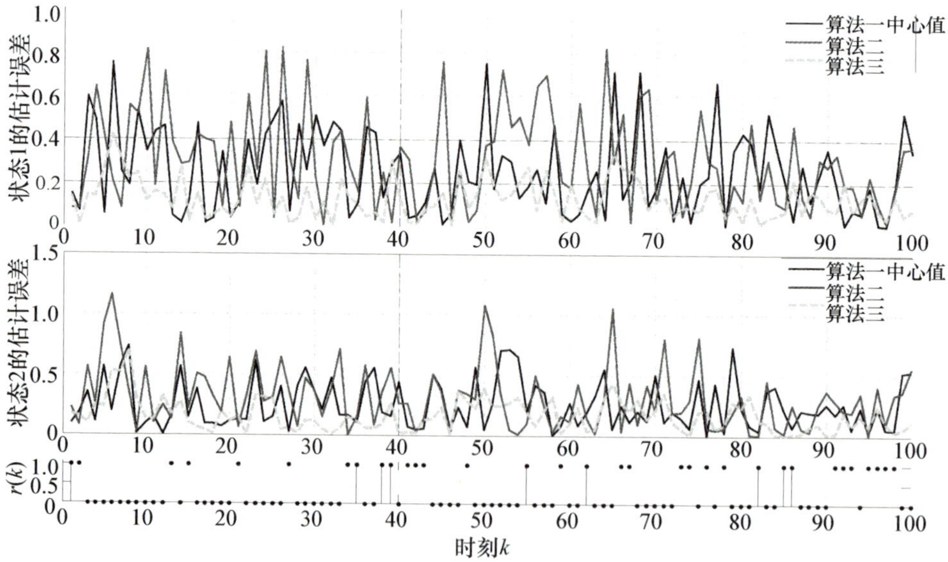

图 2-8 $\varepsilon=1.2$ 时状态估计误差

表 2-3　$\varepsilon=1.2$ 时状态估计误差的统计结果

平均绝对误差	状态 1	状态 2
算法一	0.2567	0.2534
算法二	0.3158	0.3185
算法三	0.1282	0.1639

虽然测量分量被量化器量化之后估计器不能获得原始测量值，但是在每个采样时刻可以利用事件触发条件和量化规则所包含的消息计算原始测量值所在的区间。在这种情况下，我们不能说在估计均值集中的哪个点具有最小的估计误差，但是可以用集值估计器的中心值作为点值估计结果。

从图 2-5 来看，事件触发敏感性参数 $\varepsilon=0.2$ 时，平均通信速率相对较高，集值卡尔曼估计器的估计均值集合较小，三种算法基本能跟踪目标实际的状态 1 和状态 2，从图 2-6 和表 2-2 状态估计误差的统计结果看，算法一的估计精度高于算法二，算法三的平均状态估计误差最小，这主要是由于算法三中用到的测量值是原始测量值，而原始测量值在带宽受限和传感器能量约束条件下是不可能得到的，该算法在本节中主要用作算法对比。

从图 2-7 来看，事件触发敏感性参数 $\varepsilon=1.2$ 时，平均通信速率相对较低，集值卡尔曼估计器的估计均值集合较大，尤其是在事件未触发时刻，状态估计均值区间明显大于事件触发时刻的状态均值区间。从图 2-8 和表 2-3 来看，算法一的估计误差明显小于算法二，这主要是因为算法二假设量化噪声不相关的高斯白噪声且把伪噪声协方差的上界作为测量噪声协方差，这种过高要求的假设和过于保守的噪声处理必然会影响算法的精度，而算法一不仅用到了接收到的量化消息值，还用到了包含在事件触发条件和量化规则内的额外消息，这些也正是采用集值卡尔曼估计算法的优势和动机。

2.1.5　小结

本节研究了网络带宽受限与传感器能量约束的远程状态估计问题，通过探索事件触发器与量化规则所包含的消息，给出了原始测量值所在的超级矩形区域，并基于凸优化理论给出了超级矩形区域的最紧近似椭球集；首次提出了网络带宽受限和传感器能量约束下基于事件触发和量化规则的集值卡尔曼估计算法，仿真例子证明了所提算法的有效性。

2.2 基于高阶无迹卡尔曼滤波的非线性系统状态估计

2.2.1 引言

1960 年，卡尔曼发表了著名的卡尔曼滤波，标志着现代滤波理论的建立[33-35]。卡尔曼滤波（KF）由于数值计算的发展而被广泛应用。卡尔曼滤波是处理线性系统中噪声干扰的基本方法。然而，在实际工程应用中，系统往往是非线性的，尤其是测量方程。由于非线性系统的滤波需要进行无穷维积分运算，因此很难获得精确的最优滤波解[36]。Bucy 和 Sunahara 提出了一种基于卡尔曼滤波和泰勒展开的扩展卡尔曼滤波（EKF）[37]。该算法首先通过泰勒展开对系统的非线性方程进行展开，然后对一阶线性展开式进行截断，达到线性逼近系统方程的目的，最后进行卡尔曼滤波。然而，扩展卡尔曼滤波存在稳定性差、精度低、对目标机动响应慢等缺点。Julier 等人提出了一种新的滤波估计算法，即无迹卡尔曼滤波（UKF）[38]。该方法基于采样点法，通过无迹变换计算目标的预测值和测量值，它不使用传统的线性化非线性函数的方法，如扩展卡尔曼滤波[39,40]。无迹卡尔曼滤波不像扩展卡尔曼滤波那样忽略了泰勒展开线性化的高阶项，它避免了截断误差，被广泛应用于目标跟踪和导航等领域[41,42]。

然而，无迹卡尔曼滤波在高维系统状态下容易出现维数灾难，导致滤波性能显著降低，从而跟不上目标。算法在迭代的过程中需要对矩阵进行平方根运算。如果矩阵是非正定的，则无迹卡尔曼滤波不适用。容积卡尔曼滤波（CKF）采用球面积分和径向积分准则对无迹卡尔曼滤波的 sigma 点采样策略和权值分配进行优化，解决了维数灾难的问题，提高了滤波的精度和稳定性[43,44]。容积卡尔曼滤波是自由参数等于零时无迹卡尔曼滤波的一种特殊情况，这为高维状态估计中自由度为零提供了严格的理论依据[45,46]。文献［47］提出了一种高阶无迹卡尔曼滤波（HUKF），其解析解基于五次容积变换。高阶无迹卡尔曼滤波引入了自由参数，消除了高阶无迹变换求解中的未知自由度。理论分析表明，高阶无迹卡尔曼滤波比上述滤波算法具有更高的滤波精度。因此，本节采用高阶无迹卡尔曼滤波框架来设计滤波器。

当针对非线性滤波问题时，上述算法需要系统噪声的统计特性[48]。然而，这种要求在实践中往往是无法承受的。由于系统噪声是时变且未知的，直接应用现有的滤波算法会遭受滤波发散。当系统噪声方差已知或很小时，文献［49，50］尝试使用 Sage - Husa 噪声估计器来估计噪声方差。但是，估计过程中的减法运算很容易造成估计噪声方差的正定性丢失。此外，采用指数加权法更新噪声的权值不会使权值知识的更新率随噪声的变化而变化。为了处理未知的噪声统计量，文献［51］推导出了常规的 Sage - Husa 噪声估计方法，它解决了线性系统噪声估计的问题。文献［52］指出，Sage - Husa 噪声估计器仅在系统噪声统计量已知的前提下对估计另一个未知噪声统计量有效。文献［53］研究了自适应无迹卡尔曼滤波（AUKF）算法及其应用。文献［54］对基于神经网络和贝叶斯法则的非线性方法进行了研究。因此，当 Sage - Husa 噪声估计器计算系统噪声统计量时，估计结果是不准确的。同时，Sage - Husa算法不能直接嵌入高阶无迹卡尔曼滤波算法。

为了充分利用高阶无迹卡尔曼滤波的优越性，本节研究未知系统噪声统计量下的高阶无迹卡尔曼滤波算法；在传统的 Sage - Husa 方法的基础上，结合高阶无迹变换规则，推导一种适用于非线性条件的噪声估计器；提出一种自适应高阶无迹卡尔曼滤波（AHUKF）算法，以实现实时估计和噪声统计校正的目的。

2.2.2 系统建模与问题描述

考虑离散非线性系统，有

$$\boldsymbol{x}_k = f(\boldsymbol{x}_{k-1}) + \boldsymbol{w}_k \tag{2-22}$$

$$\boldsymbol{z}_k = h(\boldsymbol{x}_k) + \boldsymbol{v}_k \tag{2-23}$$

式中，$\boldsymbol{x}_k \in \mathbb{R}^n$ 为状态向量；$\boldsymbol{z}_k \in \mathbb{R}^m$ 为观测向量；f 和 h 均为非线性函数；$\{w_k\}$ 为具有未知均值 q_k 和方差 Q_k 的独立高斯系统噪声序列；$\{v_k\}$ 为具有未知均值 r_k 和方差 R_k 的独立高斯系统噪声序列。

在实际应用中，系统噪声复杂，其统计特性难以实时知晓，即得不到实时的系统噪声均值 q_k 和方差 Q_k，在这种情况下，传统的滤波算法无法得到系统状态的最优估计。本节假设过程噪声的统计量是完全未知的，即其均值和方差是未知的。虽然基于 Sage - Husa 算法的滤波器能够估计未知的系统噪声特性，但当系统噪声特性实时变化时，估计结果就会不准确。所要解决的问题描述如下。

(1) 对于实时变化的系统噪声均值和方差，如何利用 Sage - Huas 算法给出噪声统计特性的准确估计结果。

(2) 如何设计自适应高阶无迹卡尔曼滤波器对系统噪声统计特性未知的非线性系统进行准确的状态估计。

2.2.3 自适应高阶无迹卡尔曼滤波算法

1. 高阶无迹变换规则

对于一般的高斯随机变量 $x \sim N(\bar{x}, P_x)$，其中 $\bar{x}$ 为均值，P_x 为方差。从理论上讲，高阶无迹变换能够匹配高斯随机向量 x 的全部四阶矩和六阶主矩，从而获得比二阶无迹变换更高的精度，下面通过引入自由参数 κ 来得到高阶无迹变换的解析解。

第一类 sigma 点及其权值：

$$\begin{cases} \boldsymbol{\chi}_0 = \bar{x} \\ \boldsymbol{w}_0 = \dfrac{-2n^2 + (4-2n)\kappa^2 + (4\kappa+4)n}{(n+\kappa)^2(4-n)} \end{cases} \tag{2-24}$$

第二类 sigma 点及其权值：

$$\begin{cases} \boldsymbol{\chi}_{i_1} = \bar{x} + \sqrt{\dfrac{(n+\kappa)(4-n)}{\kappa+2-n}} \boldsymbol{P}_x \boldsymbol{e}_{i_1} \\ \boldsymbol{\chi}_{i_1+n} = \bar{x} - \sqrt{\dfrac{(n+\kappa)(4-n)}{\kappa+2-n}} \boldsymbol{P}_x \boldsymbol{e}_{i_1} \\ \boldsymbol{w}_1 = \dfrac{(\kappa+2-n)^2}{2(n+\kappa)^2(4-n)} \end{cases} \tag{2-25}$$

式中，$\boldsymbol{e}_{i_1}(i_1 = 1, 2, \cdots, n)$ 为第 i_1 个单位列向量。

第三类 sigma 点及其权值：

$$
\begin{cases}
\boldsymbol{\chi}_{i_2}=\bar{x}+\sqrt{n+\kappa}\boldsymbol{P}_x\boldsymbol{s}_{i_2}^{+} \\
\boldsymbol{\chi}_{i_2+0.5n(n-1)}=\bar{x}-\sqrt{n+\kappa}\boldsymbol{P}_x\boldsymbol{s}_{i_2}^{+} \\
\boldsymbol{\chi}_{i_2+1.5n(n-1)}=\bar{x}-\sqrt{n+\kappa}\boldsymbol{P}_x\boldsymbol{s}_{i_2}^{-} \\
\boldsymbol{w}_2=\dfrac{1}{n+\kappa}
\end{cases}
\tag{2-26}
$$

式中，$i_2=1,2,\cdots,0.5n(n-1)$，$\boldsymbol{s}_{i_2}^{+}$ 和 $\boldsymbol{s}_{i_2}^{-}$ 分别为如下点集：

$$
\begin{cases}
\{s_{i_2}^{+}\}=\sqrt{1/2}(e_k+e_l),k<l, \quad k、l=1,2,\cdots,n \\
\{s_{i_2}^{-}\}=\sqrt{1/2}(e_k-e_l),k<l, \quad k、l=1,2,\cdots,n
\end{cases}
\tag{2-27}
$$

然后，经过简单的代数运算，得到如下关于 κ 的代数方程：

$$
(n-1)\kappa^2+(2n^2-14n)\kappa+n^3-13n^2+60n-60=0 \tag{2-28}
$$

注释 2-4：对于二维系统和三维系统，κ 存在最优值，而且当 κ 取最优值时，高阶无迹变换的精度高于五阶容积变换和五阶无迹变换的精度；对于四维系统，κ 只能取 2，此时，高阶无迹变换与五阶容积变换、五阶无迹变换等价；对于一维系统和四维以上的系统，从精度角度来看，不存在最优的 κ 值，但是从数值稳定的角度来看，可以设定 $\kappa=2$。

2. 自适应高阶无迹卡尔曼状态估计

为了方便噪声统计特性求解的描述，我们先给出自适应高阶无迹卡尔曼滤波算法。具体来说，自适应高阶无迹卡尔曼滤波算法包括三个步骤：状态的一步预测、量测的一步预测、状态估计更新。

(1) 状态的一步预测。

假设在 $k-1$ 时刻，系统的状态估计误差 $\boldsymbol{P}_{k-1|k-1}$ 已知，$\boldsymbol{S}_{k-1|k-1}$ 由 Cholesky（楚列斯基）分解得到：

$$
\boldsymbol{P}_{k-1|k-1}=\boldsymbol{S}_{k-1|k-1}\boldsymbol{S}_{k-1|k-1}^{\mathrm{T}} \tag{2-29}
$$

计算状态向量 $\boldsymbol{x}_{k-1}$ 的第一类 sigma 点 $\boldsymbol{\chi}_{00,k-1|k-1}$ 及其权值 $\boldsymbol{w}_0$：

$$
\boldsymbol{\chi}_{00,k-1|k-1}=\hat{\boldsymbol{x}}_{k-1|k-1} \tag{2-30}
$$

计算第二类 sigma 点 $\boldsymbol{\chi}_{1i_1,k-1|k-1}$ 和 $\boldsymbol{\chi}_{2i_1,k-1|k-1}\boldsymbol{\chi}_{2i_1,k-1|k-1}$ 及其权值 $\boldsymbol{w}_1$：

$$\begin{cases}\boldsymbol{\chi}_{1i_1,k-1|k-1}=\hat{\boldsymbol{x}}_{k-1|k-1}+\sqrt{\dfrac{(n+\kappa)(4-n)}{\kappa+2-n}}\boldsymbol{S}_{k-1|k-1}\boldsymbol{e}_{i_1}\\ \boldsymbol{\chi}_{2i_1,k-1|k-1}=\hat{\boldsymbol{x}}_{k-1|k-1}-\sqrt{\dfrac{(n+\kappa)(4-n)}{\kappa+2-n}}\boldsymbol{S}_{k-1|k-1}\boldsymbol{e}_{i_1}\end{cases}\tag{2-31}$$

计算第三类 sigma 点 $\boldsymbol{\chi}_{3i_2,k-1|k-1}$、$\boldsymbol{\chi}_{4i_2,k-1|k-1}$、$\boldsymbol{\chi}_{5i_2,k-1|k-1}$ 和 $\boldsymbol{\chi}_{6i_2,k-1|k-1}$ 及其权值 $\boldsymbol{w}_2$：

$$\begin{cases}\boldsymbol{\chi}_{3i_2,k-1|k-1}=\hat{\boldsymbol{x}}_{k-1|k-1}+\sqrt{(n+\kappa)}\boldsymbol{S}_{k-1|k-1}\boldsymbol{s}_{i_2}^{+}\\ \boldsymbol{\chi}_{4i_2,k-1|k-1}=\hat{\boldsymbol{x}}_{k-1|k-1}-\sqrt{(n+\kappa)}\boldsymbol{S}_{k-1|k-1}\boldsymbol{s}_{i_2}^{+}\\ \boldsymbol{\chi}_{5i_2,k-1|k-1}=\hat{\boldsymbol{x}}_{k-1|k-1}+\sqrt{(n+\kappa)}\boldsymbol{S}_{k-1|k-1}\boldsymbol{s}_{i_2}^{-}\\ \boldsymbol{\chi}_{6i_2,k-1|k-1}=\hat{\boldsymbol{x}}_{k-1|k-1}-\sqrt{(n+\kappa)}\boldsymbol{S}_{k-1|k-1}\boldsymbol{s}_{i_2}^{-}\end{cases}\tag{2-32}$$

通过非线性系统函数 $f(\cdot)$ 传播状态向量 $\boldsymbol{x}_{k-1}$ 的 sigma 点，得到如下变换的样本点：

$$\begin{cases}\boldsymbol{\chi}^{*}_{00,k|k-1}=f(\boldsymbol{\chi}_{00,k-1|k-1})+\hat{\boldsymbol{q}}_{k-1}\\ \boldsymbol{\chi}^{*}_{1i_1,k|k-1}=f(\boldsymbol{\chi}_{1i_1,k-1|k-1})+\hat{\boldsymbol{q}}_{k-1}\\ \boldsymbol{\chi}^{*}_{2i_1,k|k-1}=f(\boldsymbol{\chi}_{2i_1,k-1|k-1})+\hat{\boldsymbol{q}}_{k-1}\\ \boldsymbol{\chi}^{*}_{3i_2,k|k-1}=f(\boldsymbol{\chi}_{3i_2,k-1|k-1})+\hat{\boldsymbol{q}}_{k-1}\\ \boldsymbol{\chi}^{*}_{4i_2,k|k-1}=f(\boldsymbol{\chi}_{4i_2,k-1|k-1})+\hat{\boldsymbol{q}}_{k-1}\\ \boldsymbol{\chi}^{*}_{5i_2,k|k-1}=f(\boldsymbol{\chi}_{5i_2,k-1|k-1})+\hat{\boldsymbol{q}}_{k-1}\\ \boldsymbol{\chi}^{*}_{6i_2,k|k-1}=f(\boldsymbol{\chi}_{6i_2,k-1|k-1})+\hat{\boldsymbol{q}}_{k-1}\end{cases}\tag{2-33}$$

式中，$\hat{\boldsymbol{q}}_{k-1}$ 为估计的系统噪声均值。

计算 k 时刻状态的一步预测：

$$\hat{\boldsymbol{x}}_{k|k-1}=\boldsymbol{w}_0\boldsymbol{\chi}^{*}_{00,k|k-1}+\boldsymbol{w}_1\sum_{i_1=1}^{n}\left(\boldsymbol{\chi}^{*}_{1i_1,k|k-1}+\boldsymbol{\chi}^{*}_{2i_1,k|k-1}\right)+$$

$$w_2 \sum_{i_2=1}^{0.5n(n-1)} \left(\boldsymbol{\chi}^*_{3i_2,k|k-1} + \boldsymbol{\chi}^*_{4i_2,k|k-1} + \boldsymbol{\chi}^*_{5i_2,k|k-1} + \boldsymbol{\chi}^*_{6i_2,k|k-1} \right) \quad (2-34)$$

计算 k 时刻状态的一步预测估计误差协方差 $\boldsymbol{P}_{k|k-1}$：

$$\begin{aligned}\boldsymbol{P}_{k|k-1} = & w_0 \boldsymbol{\chi}^*_{00,k|k-1} \boldsymbol{\chi}^{*\mathrm{T}}_{00,k|k-1} + w_1 \sum_{i_1=1}^{n} \left(\boldsymbol{\chi}^*_{1i_1,k|k-1} \boldsymbol{\chi}^{*\mathrm{T}}_{1i_1,k|k-1} + \boldsymbol{\chi}^*_{2i_1,k|k-1} \boldsymbol{\chi}^{*\mathrm{T}}_{2i_1,k|k-1} \right) + \\ & w_2 \sum_{i_2=1}^{0.5n(n-1)} \left(\boldsymbol{\chi}^*_{3i_2,k|k-1} \boldsymbol{\chi}^{*\mathrm{T}}_{3i_2,k|k-1} + \boldsymbol{\chi}^*_{4i_2,k|k-1} \boldsymbol{\chi}^{*\mathrm{T}}_{4i_2,k|k-1} + \right. \\ & \left. \boldsymbol{\chi}^*_{5i_2,k|k-1} \boldsymbol{\chi}^{*\mathrm{T}}_{5i_2,k|k-1} + \boldsymbol{\chi}^*_{6i_2,k|k-1} \boldsymbol{\chi}^{*\mathrm{T}}_{6i_2,k|k-1} \right) - \\ & \hat{\boldsymbol{x}}_{k|k-1} \hat{\boldsymbol{x}}^{\mathrm{T}}_{k|k-1} + \widehat{\boldsymbol{Q}}_{k-1} \end{aligned} \quad (2-35)$$

式中，$\widehat{\boldsymbol{Q}}_{k-1}$ 为实时估计的系统噪声方差。

（2）量测的一步预测。

通过 Cholesky 分解 $\boldsymbol{P}_{k|k-1}$，得到 $\boldsymbol{S}_{k|k-1}$：

$$\boldsymbol{P}_{k|k-1} = \boldsymbol{S}_{k|k-1} \boldsymbol{S}^{\mathrm{T}}_{k|k-1} \quad (2-36)$$

计算状态向量 $\boldsymbol{x}_k$ 的第一类 sigma 点 $\boldsymbol{\chi}_{00,k|k-1}$：

$$\boldsymbol{\chi}_{00,k|k-1} = \hat{\boldsymbol{x}}_{k|k-1} \quad (2-37)$$

计算第二类 sigma 点 $\boldsymbol{\chi}_{1i_1,k|k-1}$ 和 $\boldsymbol{\chi}_{2i_1,k|k-1}$：

$$\begin{cases} \boldsymbol{\chi}_{1i_1,k|k-1} = \hat{\boldsymbol{x}}_{k|k-1} + \sqrt{\dfrac{(n+\kappa)(4-n)}{\kappa+2-n}} \boldsymbol{S}_{k|k-1} \boldsymbol{e}_{i_1} \\ \boldsymbol{\chi}_{2i_1,k|k-1} = \hat{\boldsymbol{x}}_{k|k-1} - \sqrt{\dfrac{(n+\kappa)(4-n)}{\kappa+2-n}} \boldsymbol{S}_{k|k-1} \boldsymbol{e}_{i_1} \end{cases} \quad (2-38)$$

计算第三类 sigma 点 $\boldsymbol{\chi}_{3i_2,k|k-1}$、$\boldsymbol{\chi}_{4i_2,k|k-1}$、$\boldsymbol{\chi}_{5i_2,k|k-1}$ 和 $\boldsymbol{\chi}_{6i_2,k|k-1}$：

$$\begin{cases} \boldsymbol{\chi}_{3i_2,k|k-1} = \hat{\boldsymbol{x}}_{k|k-1} + \sqrt{n+\kappa} \boldsymbol{S}_{k|k-1} \boldsymbol{s}^+_{i_2} \\ \boldsymbol{\chi}_{4i_2,k|k-1} = \hat{\boldsymbol{x}}_{k|k-1} - \sqrt{n+\kappa} \boldsymbol{S}_{k|k-1} \boldsymbol{s}^+_{i_2} \\ \boldsymbol{\chi}_{5i_2,k|k-1} = \hat{\boldsymbol{x}}_{k|k-1} + \sqrt{n+\kappa} \boldsymbol{S}_{k|k-1} \boldsymbol{s}^-_{i_2} \\ \boldsymbol{\chi}_{6i_2,k|k-1} = \hat{\boldsymbol{x}}_{k|k-1} - \sqrt{n+\kappa} \boldsymbol{S}_{k|k-1} \boldsymbol{s}^-_{i_2} \end{cases} \quad (2-39)$$

通过非线性量测函数 $h(\cdot)$ 传播状态向量 $\boldsymbol{x}_k$ 的 sigma 点，得到如下变换的样本点：

$$\begin{cases} \boldsymbol{Z}_{00,k|k-1}=h(\boldsymbol{\chi}_{00,k-1|k-1}) \\ \boldsymbol{Z}_{1i_1,k|k-1}=h(\boldsymbol{\chi}_{1i_1,k-1|k-1}) \\ \boldsymbol{Z}_{2i_1,k|k-1}=h(\boldsymbol{\chi}_{2i_1,k-1|k-1}) \\ \boldsymbol{Z}_{3i_2,k|k-1}=h(\boldsymbol{\chi}_{3i_2,k-1|k-1}) \\ \boldsymbol{Z}_{4i_2,k|k-1}=h(\boldsymbol{\chi}_{4i_2,k-1|k-1}) \\ \boldsymbol{Z}_{5i_2,k|k-1}=h(\boldsymbol{\chi}_{5i_2,k-1|k-1}) \\ \boldsymbol{Z}_{6i_2,k|k-1}=h(\boldsymbol{\chi}_{6i_2,k-1|k-1}) \end{cases} \tag{2-40}$$

计算 k 时刻量测的一步预测：

$$\begin{aligned} \hat{\boldsymbol{z}}_{k|k-1} = {} & \boldsymbol{w}_0\boldsymbol{Z}_{00,k|k-1}+\boldsymbol{w}_1\sum_{i_1=1}^{n}\left(\boldsymbol{Z}_{1i_1,k|k-1}+\boldsymbol{Z}_{2i_1,k|k-1}\right)+ \\ & \boldsymbol{w}_2\sum_{i_2=1}^{0.5n(n-1)}\left(\boldsymbol{Z}_{3i_2,k|k-1}+\boldsymbol{Z}_{4i_2,k|k-1}+\boldsymbol{Z}_{5i_2,k|k-1}+\boldsymbol{Z}_{6i_2,k|k-1}\right) \end{aligned} \tag{2-41}$$

计算 k 时刻量测的一步预测估计误差协方差矩阵 $\boldsymbol{P}_{zz,k|k-1}$：

$$\begin{aligned} \boldsymbol{P}_{zz,k|k-1} = {} & \boldsymbol{w}_0\boldsymbol{Z}_{00,k|k-1}\boldsymbol{Z}_{00,k|k-1}^{\mathrm{T}}+\boldsymbol{w}_1\sum_{i_1=1}^{n}\left(\boldsymbol{Z}_{1i_1,k|k-1}\boldsymbol{Z}_{1i_1,k|k-1}^{\mathrm{T}}+\boldsymbol{Z}_{2i_1,k|k-1}\boldsymbol{Z}_{2i_1,k|k-1}^{\mathrm{T}}\right)+ \\ & \boldsymbol{w}_2\sum_{i_2=1}^{0.5n(n-1)}\Big(\boldsymbol{Z}_{3i_2,k|k-1}\boldsymbol{Z}_{3i_2,k|k-1}^{\mathrm{T}}+\boldsymbol{Z}_{4i_2,k|k-1}\boldsymbol{Z}_{4i_2,k|k-1}^{\mathrm{T}}+ \\ & \boldsymbol{Z}_{5i_2,k|k-1}\boldsymbol{Z}_{5i_2,k|k-1}^{\mathrm{T}}+\boldsymbol{Z}_{6i_2,k|k-1}\boldsymbol{Z}_{6i_2,k|k-1}^{\mathrm{T}}\Big)- \\ & \hat{\boldsymbol{z}}_{k|k-1}\,\hat{\boldsymbol{z}}_{k|k-1}^{\mathrm{T}}+\boldsymbol{R}_k \end{aligned} \tag{2-42}$$

计算 k 时刻状态与量测的互相关协方差矩阵 $\boldsymbol{P}_{xz,k|k-1}$：

$$\begin{aligned} \boldsymbol{P}_{xz,k|k-1} = {} & \boldsymbol{w}_0\boldsymbol{\chi}_{00,k|k-1}^{*}\boldsymbol{Z}_{00,k|k-1}^{\mathrm{T}}+\boldsymbol{w}_1\sum_{i_1=1}^{n}\left(\boldsymbol{\chi}_{1i_1,k|k-1}^{*}\boldsymbol{Z}_{1i_1,k|k-1}^{\mathrm{T}}+\boldsymbol{\chi}_{2i_1,k|k-1}^{*}\boldsymbol{Z}_{2i_1,k|k-1}^{\mathrm{T}}\right)+ \\ & \boldsymbol{w}_2\sum_{i_2=1}^{0.5n(n-1)}\Big(\boldsymbol{\chi}_{3i_2,k|k-1}^{*}\boldsymbol{Z}_{3i_2,k|k-1}^{\mathrm{T}}+\boldsymbol{\chi}_{4i_2,k|k-1}^{*}\boldsymbol{Z}_{4i_2,k|k-1}^{\mathrm{T}}+ \\ & \boldsymbol{\chi}_{5i_2,k|k-1}^{*}\boldsymbol{Z}_{5i_2,k|k-1}^{\mathrm{T}}+\boldsymbol{\chi}_{6i_2,k|k-1}^{*}\boldsymbol{Z}_{6i_2,k|k-1}^{\mathrm{T}}\Big)- \\ & \hat{\boldsymbol{x}}_{k|k-1}\,\hat{\boldsymbol{z}}_{k|k-1}^{\mathrm{T}}+\boldsymbol{R}_k \end{aligned} \tag{2-43}$$

（3）状态估计更新。

计算 k 时刻高阶无迹卡尔曼滤波的增益矩阵 $\boldsymbol{W}_k$：

$$\boldsymbol{W}_k=\boldsymbol{P}_{xz,k|k-1}\boldsymbol{P}_{zz,k|k-1}^{-1} \tag{2-44}$$

计算 k 时刻高阶无迹卡尔曼滤波的状态估计：

$$\hat{\boldsymbol{x}}_{k|k}=\hat{\boldsymbol{x}}_{k|k-1}+\boldsymbol{W}_k\boldsymbol{\varepsilon}_k \tag{2-45}$$

式中，$\boldsymbol{\varepsilon}_k=\boldsymbol{z}_k-\hat{\boldsymbol{z}}_{k|k-1}$。

计算 k 时刻高阶无迹卡尔曼滤波的状态估计误差协方差矩阵 $\boldsymbol{P}_{k|k}$：

$$\boldsymbol{P}_{k|k}=\boldsymbol{P}_{k|k-1}-\boldsymbol{W}_k\boldsymbol{P}_{zz,k|k-1}\boldsymbol{W}_k^{\mathrm{T}} \tag{2-46}$$

注释 2-5： 对于式（2-22）和式（2-23），给定状态的初始状态，可以按上述三个步骤进行自适应高阶无迹卡尔曼滤波，得到状态估计值。

3. 非线性系统噪声估计

在常值噪声条件下，对于式（2-22）和式（2-23）描述的非线性系统，基于 Sage-Husa 算法的系统噪声均值估计算式为

$$\hat{\boldsymbol{q}}_k=\frac{1}{j}\sum_{k=1}^{j}[\hat{\boldsymbol{x}}_{k|k}-\boldsymbol{f}(\hat{\boldsymbol{x}}_{k-1|k-1})] \tag{2-47}$$

进而得到无迹变换规则下系统噪声均值的估计算式，即

$$\hat{\boldsymbol{q}}_k=\frac{1}{j}\sum_{k=1}^{j}\left[\hat{\boldsymbol{x}}_{k|k}-\sum_{i=0}^{2}\boldsymbol{w}_i\boldsymbol{f}(\hat{\boldsymbol{x}}_{k-1|k-1})\right] \tag{2-48}$$

系统噪声协方差矩阵的递推公式为

$$\hat{\boldsymbol{Q}}_k=\frac{1}{k}\Big[(k-1)\hat{\boldsymbol{Q}}_{k-1}+\boldsymbol{W}_k\boldsymbol{\varepsilon}_k\boldsymbol{\varepsilon}_k^{\mathrm{T}}\boldsymbol{W}_k^{\mathrm{T}}+\boldsymbol{P}_{k|k}-$$

$$\sum_{i_1=0}^{2}\boldsymbol{w}_i(\boldsymbol{\chi}_{i,k-1|k-1}^{*}\boldsymbol{\chi}_{i,k-1|k-1}^{*\mathrm{T}})\ \hat{\boldsymbol{x}}_{k|k-1}\ \hat{\boldsymbol{x}}_{k|k-1}^{\mathrm{T}}\Big] \tag{2-49}$$

式中，$\boldsymbol{\varepsilon}_k$ 为新息序列，即 $\boldsymbol{\varepsilon}_k=\boldsymbol{z}_k-\hat{\boldsymbol{z}}_{k|k-1}$。

当系统噪声的统计特性为时变且未知时，利用渐消记忆指数加权法得到的时变噪声统计估计器为

$$\hat{\boldsymbol{q}}_k=(1-d_k)\hat{\boldsymbol{q}}_{k-1}+d_k\left[\hat{\boldsymbol{x}}_{k|k}-\sum_{i=0}^{2}\boldsymbol{w}_i\boldsymbol{f}(\boldsymbol{\chi}_{i,k-1|k-1})\right] \tag{2-50}$$

$$\hat{Q}_k = (1-d_k)\hat{Q}_{k-1} + d_k\left[\boldsymbol{W}_k\boldsymbol{\varepsilon}_k\boldsymbol{\varepsilon}_k^{\mathrm{T}}\boldsymbol{W}_k^{\mathrm{T}} + \boldsymbol{P}_{k|k} - \sum_{i_1=0}^{2}\boldsymbol{w}_i(\boldsymbol{\chi}_{i,k-1|k-1}^{*}\boldsymbol{\chi}_{i,k-1|k-1}^{*\mathrm{T}})\ \hat{\boldsymbol{x}}_{k|k-1}\ \hat{\boldsymbol{x}}_{k|k-1}^{\mathrm{T}}\right] \tag{2-51}$$

式中，$d_k=(1-b)/(1-b^k)$，b 为遗忘因子，通常取 $0.95<b<0.99$，用于改变量测数据对当前估计的影响。

注释 2-6： 文献［55］基于卡尔曼滤波框架推导出了常规 Sage-Husa 噪声估计算法，并用来解决线性条件下噪声统计特性未知的滤波问题，然而当系统为非线性时该算法不再适用。我们在传统 Sage-Husa 噪声估计算法的基础上通过引入无迹变换规则对式（2-48）和式（2-51）的统计特性进行实时估计，最后将估计结果代入式（2-33）和式（2-35）。

2.2.4 示例

选用二维系统，目标在 $x-y$ 平面内做匀速运动，目标状态为四维向量 $\boldsymbol{x}(k)=(\boldsymbol{x}_k\quad \boldsymbol{v}_k^x\quad \boldsymbol{y}_k\quad \boldsymbol{v}_k^y)^{\mathrm{T}}$，其中 $\boldsymbol{x}_k$ 和 $\boldsymbol{y}_k$ 分别为目标正东和正北方向的位移，$\boldsymbol{v}_k^x$ 为目标在正东方向的速度分量，$\boldsymbol{v}_k^y$ 为目标在正北方向的速度分量，采样周期 $T=1\mathrm{s}$。这里的状态方程为

$$\boldsymbol{x}_k=\boldsymbol{F}_{k-1}\boldsymbol{x}_{k-1}+\boldsymbol{w}_{k-1} \tag{2-52}$$

其中

$$\boldsymbol{F}_{k-1}=\begin{pmatrix}1 & T & 0 & 0\\ 0 & 1 & 0 & 0\\ 0 & 0 & 1 & T\\ 0 & 0 & 0 & 1\end{pmatrix} \tag{2-53}$$

量测方程为

$$\boldsymbol{z}(k)=\begin{pmatrix}\sqrt{\boldsymbol{x}^2(k)+\boldsymbol{y}^2(k)}\\ \arctan\left[\dfrac{\boldsymbol{y}(k)}{\boldsymbol{x}(k)}\right]\end{pmatrix}+\boldsymbol{v}_k \tag{2-54}$$

假设系统噪声统计特性未知，其协方差矩阵为

$$Q_k=\begin{pmatrix}\frac{aT^3}{3} & \frac{aT^2}{2} & 0 & 0\\ \frac{aT^2}{2} & aT & 0 & 0\\ 0 & 0 & \frac{aT^3}{3} & \frac{aT^2}{2}\\ 0 & 0 & \frac{aT^2}{2} & aT\end{pmatrix} \tag{2-55}$$

先验系统噪声初值参数 $a=0.1$，实际系统噪声参数按如下规律变化：

$$a=\begin{cases}1 & 1\leqslant k\leqslant 40\\ 4 & 41\leqslant k\leqslant 70\\ 10 & 71\leqslant k\leqslant 100\end{cases} \tag{2-56}$$

量测噪声的协方差 $R_k=[0.15\quad 0.01;\quad 0.01\quad 0.01]$。均方根误差定义为

$$E_{\mathrm{RMSE}}=\sqrt{\frac{1}{N}\sum_{k=1}^{N}\left(\boldsymbol{x}_k-\hat{\boldsymbol{x}}_k\right)^2} \tag{2-57}$$

式中，N 为仿真次数。

仿真结果如图 2-9～图 2-13 和表 2-4～表 2-6 所示。

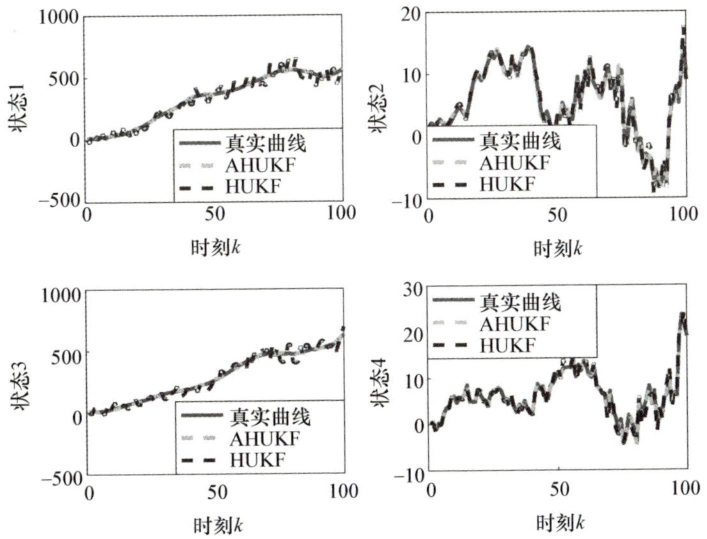

图 2-9　4 个状态的真实曲线与估计曲线

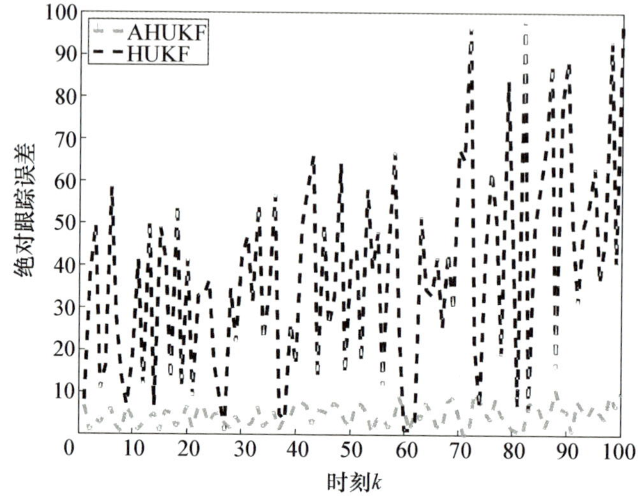

图 2-10　状态 1 的绝对跟踪误差

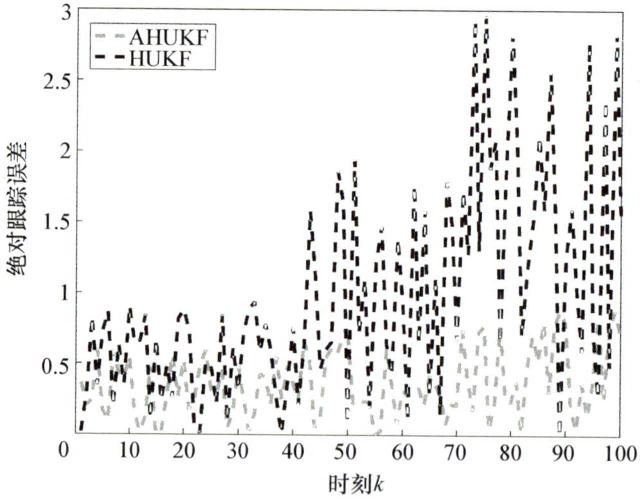

图 2-11　状态 2 的绝对跟踪误差

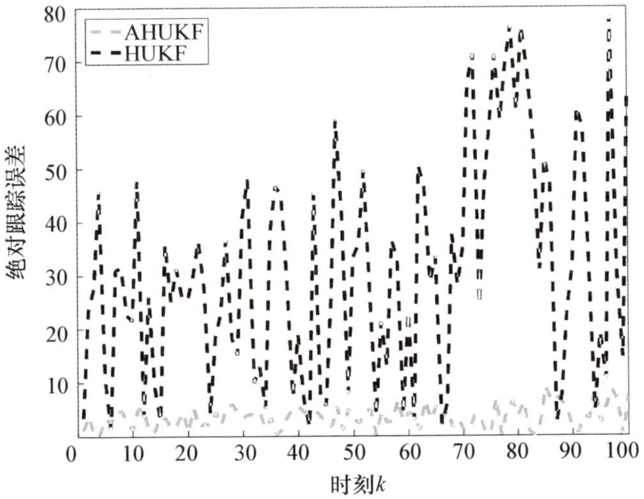

图 2-12　状态 3 的绝对跟踪误差

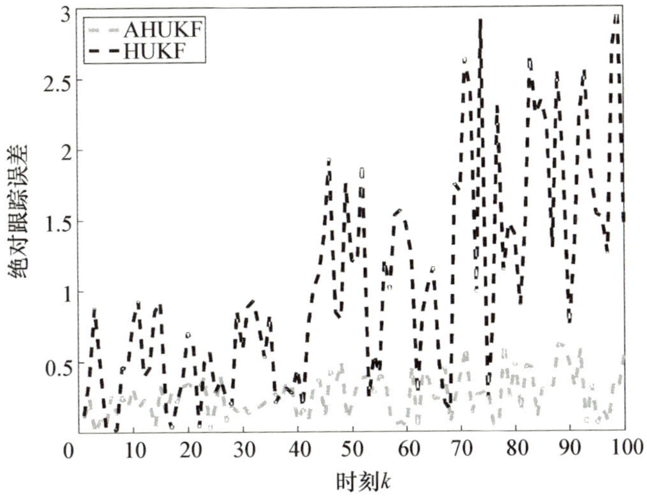

图 2-13　状态 4 的绝对跟踪误差

表 2-4　4 个状态的均方根误差比较

算法	状态 1	状态 2	状态 3	状态 4
AHUKF	5.2424	0.4358	4.0745	0.3021
HUKF	45.2371	1.2218	37.0694	1.2829

表 2-5 AHUKF 在不同阶段的均方根误差

阶段	状态 1	状态 2	状态 3	状态 4
1～40s	4.1951	0.3598	3.5098	0.2334
41～70s	5.5143	0.3820	3.8360	0.3080
71～100s	6.1430	0.5607	4.9192	0.3697

表 2-6 HUKF 在不同阶段的均方根误差

阶段	状态 1	状态 2	状态 3	状态 4
1～40s	32.3877	0.5904	27.7310	0.5418
41～70s	41.6727	1.1136	30.2155	0.8616
71～100s	60.7130	2.0668	51.4019	1.9354

从图 2-9 中的状态跟踪曲线可以看出，两种算法对目标的轨迹都能进行较好的跟踪。然而从图 2-10 至图 2-12 可以看出，与高阶无迹卡尔曼滤波（HUKF）算法相比，自适应高阶无迹卡尔曼滤波（AHUKF）算法对 4 个状态的平均绝对跟踪误差要小得多。总体上，误差曲线会随噪声的增大而上升，高阶无迹卡尔曼滤波算法的误差曲线会随噪声的增大明显上升，而自适应高阶无迹卡尔曼滤波算法对状态的估计误差上升缓慢，这主要是由于自适应高阶无迹卡尔曼滤波算法可以对噪声进行实时估计，而高阶无迹卡尔曼滤波不能对噪声进行实时估计。具体地，根据表 2-4，自适应高阶无迹卡尔曼滤波算法对位置的均方根误差约为高阶无迹卡尔曼滤波算法的 1/10，对速度的均方根误差约为高阶无迹卡尔曼滤波算法的 1/8。从表 2-5 和表 2-6 各阶段均方根误差的统计结果来看，自适应高阶无迹卡尔曼滤波算法对 4 个状态的均方根误差值变化缓慢，而随着噪声的变化，高阶无迹卡尔曼滤波算法对状态的均方根误差均显著变大，特别在 71～100s 阶段，均方根误差比在 41～70s 阶段增大得快，这是由于在噪声统计特性未知的条件下高阶无迹卡尔曼滤波算法无法及时跟踪噪声的实际值，而自适应高价无迹卡尔曼滤波算法对未知噪声具有较好的估计性能。

2.2.5 小结

本节给出了一种基于改进 Sage - Husa 的 AHUKF 算法。使用高阶无迹变换来改进具有未知系统噪声统计特性的传统 Sage - Husa 算法，实现了未知系统噪声统计特性的实时准确估计。此外，仿真示例也验证了所提算法可以有效克服传统非线性算法在系统噪声未知的情况下滤波精度低和发散的缺点。同时，所提算法提高了滤波器的自适应性和稳定性。在某些实际应用中，系统噪声是非高斯的。在非高斯噪声的情况下，解决非线性系统的状态估计问题尤为重要。因此，我们将在未来的工作中研究非线性非高斯系统的滤波问题。

2.3 基于多核函数自适应融合的非线性系统状态估计

2.3.1 引言

随着科学技术和工业的发展，控制对象的物理模型不断趋向复杂化[56,57]。线性系统模型已经不能对系统物理模型进行准确的解析和描述，相应的线性控制理论也面临新的挑战。虽然线性系统的经典控制理论相对成熟，但实际中我们面对的往往是不同类型的非线性系统，其特点包括模型非线性、时变性和不确定性等[58-60]。针对参数未知的非线性系统，具有参数逼近的自适应控制是一个很好的选择，可以用来实现稳定的控制效果；而对于模型完全未知的非线性系统，神经网络的函数逼近理论可以作为一个有效的逼近工具。

核函数是神经网络的核心，对于核函数类型的选择[61-66]，最常用的一种方法是交叉验证（cross - validation），该方法试用不同的核函数分别对样本进行训练，并将总体误差最小的核函数选取为最优核函数。基于单特征空间的单一核函数构建的支持向量机在处理样本分布不均匀等问题时有很大的缺陷，比如，特征是由两个特征融合而成的，第一个特征服从多项式分布，而第二个特征服从正态分布。如果采用单一核函数，则只能刻画数据某一方面的特性，而无法对不同分布的特征进行恰当的表示[67]。文献［68－70］提出了用处理局部信息和全局信息能力都很强的混合核函数来处理分类问题。虽然这种方法可以弥补单一核函数在处理样本局部信息和全局信息方面的不足，但是缺乏有效的方法对两个基础核函数的加权系数进行优化。目前，核函数按局部信息与全局信息的处理能力可分为局部核函数和全局核函数。局部核函数学习能力较强，而全局核函数外推能力较强[71,72]。现有的核函数有很多种，各有各的特性，不同的核函数具有不同的非线性处理能力，在保持原有核函数基本特性的基础上，将多个局部核函数和全局核函数线性融合构成新的核函数，即多核函数。多核函数吸取了局部核函数和全局核函数的优点，能够准确地反映样本的实际特性[73,74]。因此，如何对多核函数的权重进行选择是一个具有挑战性的问题。

1960 年，卡尔曼将状态变量引入滤波理论，提出了著名的卡尔曼滤波；但其针对的是线性定常系统模型。对于非线性系统，研究者们先后提出了扩展卡尔曼滤波、无迹卡尔曼滤波、容积卡尔曼滤波等[75-77]。对于未知模型非线性系统的状态估计问题，已有不少学者将无迹卡尔曼滤波算法和神经网络结合起来解决实际问题。文献［76，78－79］利用神经网络建立了一个一维非线性时间序列模型，该模型的输入和输出分别是时间序列在当前时刻的值和下一时刻的值，用无迹卡尔曼滤波算法同时对网络权值和时间序列进行实时更新，并将该方法与标准神经网络学习算法和单独的无迹卡尔曼滤波算法进行比较，证明该方法的估计效果更好。然而，当系统的维数较高时，无迹卡尔曼滤波会面临维数灾难问题，导致其估计性能大大降低。为了进一步提高滤波精度，文献［80］提出了任意阶容积规则的高阶容积卡尔曼滤波算法，利用径向积分规则来最优化 sigma 点及其权值，大大增强了处理高维非线性系统的能力，估计精度和稳定性也得到了明显提高。

多核函数融合系数的选择实际上是权值不断调整的过程，本节将融合系数看作系统状态的一部分，由于多核函数往往是非线性的，因此神经网络的训练可以看作非线性系统的状态估计问题，也就是将多核函数的融合系数与系统状态的估计看作滤波中状态向量的最优估计问题。因此，本节利用多核函数对未知系统进行建模，并通过高阶容积卡尔曼滤波对多核函数的融合系数与系统状态进行实时估计，提出基于多核函数自适应融合的非线性系统状态估计方法，选择最优的神经网络多核函数融合系数，提高状态估计精度。

2.3.2　问题描述

用 $K_l^{t1}(x_i, x_j)$ 和 $K_g^{t2}(x_i, x_j)$ 分别表示局部核函数和全局核函数，假设有 M 个局部核函数，N 个全局核函数，wl^{t1} 和 wg^{t2} $(t1=1,2,\cdots,M; t2=1,2,\cdots,N)$ 分别表示局部核函数的权值系数和全局核函数的权值系数，则多核函数 $K_m(x_i, x_j)$ 可表示为

$$K_m(x_i, x_j) = \sum_{t1=1}^{M} wl^{t1} \cdot K_l^{t1}(x_i, x_j) + \sum_{t2=1}^{N} wg^{t2} \cdot K_g^{t2}(x_i, x_j) \tag{2-58}$$

基于混合核函数的神经网络模型结构如图 2-14 所示。

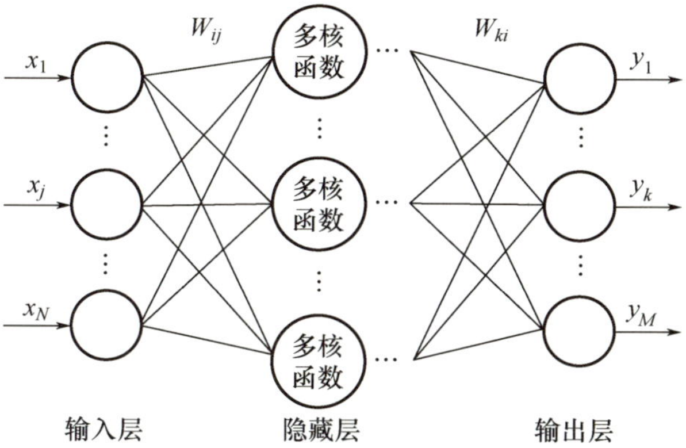

图 2-14　基于混合核函数的神经网络模型结构

图中，样本输入节点用 $x_1, \cdots, x_j, \cdots, x_N$ 表示，输出节点用 $y_1, \cdots, y_k, \cdots, y_M$ 表示，W_{ij} 和 W_{ki} 表示各层之间的权值系数。神经网络模型结构具有三个节点层，即输入层、隐藏层和输出层，它们通过权值系数连接，输入层和输出层在两端，中间隐藏层的节点数根据实际需要选择。

由于系统模型未知，因此本节使用基于多核函数的神经网络对其进行逼近。具体来说，非线性系统可以描述为

$$\boldsymbol{x}_k = f(\boldsymbol{x}_{k-1}) + \boldsymbol{w}_k \tag{2-59}$$

$$\boldsymbol{z}_k = h(\boldsymbol{x}_k) + \boldsymbol{v}_k \tag{2-60}$$

式中，$\boldsymbol{x}_k$ 为 n 维状态向量；$\boldsymbol{z}_k$ 为 m 维观测向量；函数 f、h 为已知的非线性函数；$\{w_k\}$ 和 $\{v_k\}$ 为独立的零均值高斯白噪声。

对于一般非线性系统，在高斯假设下，可以将贝叶斯估计的基本理论与任意阶容积规则相结合，推导出一个高阶容积卡尔曼滤波算法。与无迹卡尔曼滤波算法类似，高阶容积卡尔曼滤波算法可分为两个步骤：状态预测（时间更新）和量测更新。高阶容积卡尔曼滤波器利用相位差容积法则来解决高维系统中的维数灾难问题。高阶容积规则满足：

$$\begin{aligned}\boldsymbol{I}_{U_n} = \bar{\boldsymbol{w}}_{s1} \sum_{j=1}^{n(n-1)} [g_s(\boldsymbol{s}_j^+) + g_s(-\boldsymbol{s}_j^+) + g_s(\boldsymbol{s}_j^-) + g_s(-\boldsymbol{s}_j^-)] + \\ \bar{\boldsymbol{w}}_{s2} \sum_{j=1}^{n} [g_s(\boldsymbol{e}_j) + g_s(-\boldsymbol{e}_j)]\end{aligned} \tag{2-61}$$

式中，$\boldsymbol{s} = (s_1, s_1, \cdots, s_n)^{\mathrm{T}}$；$U_n = \{\boldsymbol{s} \in \mathbb{R}^n : \boldsymbol{s}_1^2 + \boldsymbol{s}_2^2 + \cdots + \boldsymbol{s}_n^2 = 1\}$；$\boldsymbol{e}_j$ 为 n 维空间 $\mathbb{R}^n$ 单位向量矩阵的第 j 列；$g_s(\ )$为一般非线性函数，在不同的滤波步骤中具有不同的形式。

$\boldsymbol{s}_j^+$ 和 $\boldsymbol{s}_j^-$ 为如下所示的点集合：

$$\{s_j^+\} = \{\sqrt{1/2}(\boldsymbol{e}_k + \boldsymbol{e}_l):\quad k < l, k、l = 1, 2, \cdots, n\} \tag{2-62}$$

$$\{s_j^-\} = \{\sqrt{1/2}(\boldsymbol{e}_k - \boldsymbol{e}_l):\quad k < l, k、l = 1, 2, \cdots, n\} \tag{2-63}$$

权值系数 $\bar{\boldsymbol{w}}_{s1}$ 和 $\bar{\boldsymbol{w}}_{s2}$ 分别为

$$\bar{\boldsymbol{w}}_{s1} = A_n / [n(n+2)] \tag{2-64}$$

$$\bar{\boldsymbol{w}}_{s2} = (4-n)A_n / [2n(n+2)] \tag{2-65}$$

式中，$A_n = 2\sqrt{\pi^n}/\Gamma(n/2)$ 为单位球体的表面积，且 $\Gamma(z) = \int_0^{\infty} \exp(-\lambda)\lambda^{z-1}\mathrm{d}\lambda$。

根据矩匹配法，当 $n = 2$ 时，权值为

$$\begin{cases}\boldsymbol{w}_1 = \Gamma(n/2)/(n+2) \\ \boldsymbol{w}_2 = n\Gamma(n/2)/(n+2)\end{cases} \tag{2-66}$$

本节研究如何结合高阶容积滤波器和神经网络对未知的非线性系统建模

及如何估计系统的状态。因此，所解决的问题可以总结如下。

（1）如何构建多核函数的权值和状态变量组合的统一模型以满足滤波器的要求。

（2）如何设计高阶容积滤波器来自适应地估计系统状态和多核函数的权值。

2.3.3 基于多核函数自适应融合的状态估计

1. 非线性系统模型的建立

当系统模型未知时，需要利用神经网络逼近系统模型，以求解最优网络节点权值系数。由于系统状态是未知的，系统状态和权值系数是相关的，因此首先将原始状态 x_{k-1} 和多核函数的权值系数 wl^{t1}、wg^{t2} 结合起来作为一个新的状态 $\boldsymbol{x}_k^a=[x_{k-1},wl_k^1,\cdots,wl_k^M,wg_k^1,\cdots,wg_k^N]$；然后，将原系统方程和权值系数方程的增广方程视为一个新的系统模型：

$$\boldsymbol{x}_k^a=\begin{pmatrix}\boldsymbol{x}_k\\ \boldsymbol{wl}_k^1\\ \vdots\\ \boldsymbol{wl}_k^M\\ \boldsymbol{wg}_k^1\\ \vdots\\ \boldsymbol{wg}_k^N\\ \end{pmatrix}=\begin{pmatrix}f^1(\boldsymbol{x}_{k-1})\\ f^2(\boldsymbol{x}_{k-1})\\ \vdots\\ \boldsymbol{wl}_{k-1}^1\\ \vdots\\ \boldsymbol{wl}_{k-1}^M\\ \boldsymbol{wg}_{k-1}^1\\ \vdots\\ \boldsymbol{wg}_{k-1}^N\end{pmatrix}+\boldsymbol{w}_{k-1}=\begin{pmatrix}f(\boldsymbol{x}_{k-1})\\ \vdots\\ \boldsymbol{wl}_{k-1}^M\\ \boldsymbol{wg}_{k-1}^1\\ \vdots\\ \boldsymbol{wg}_{k-1}^N\end{pmatrix}+\boldsymbol{w}_{k-1}=f^a(\boldsymbol{x}_{k-1}^a)+\boldsymbol{w}_{k-1} \tag{2-67}$$

$$\boldsymbol{z}_k=h(\boldsymbol{x}_k^a)+\boldsymbol{v}_k \tag{2-68}$$

式中，$f^j(\boldsymbol{x}_{k-1})$ 为利用神经网络（非线性系统）建立的数学模型。

此数学模型可表示为

$$f^{j}(\boldsymbol{x}_{k})=\sum_{l=i}^{L}\left[\boldsymbol{W}_{j,l}^{2}g\left(\sum_{i=1}^{N}\boldsymbol{x}_{i,k}\boldsymbol{W}_{i,l}^{1}\right)\right],\quad j=1,2,\cdots,N \tag{2-69}$$

式中，$g(x)$ 为神经网络的 sigmoid 核函数，在神经网络的应用中已被证明具有良好的全局分类性能，这是因为它是一个便于求导的平滑函数[81]；$\boldsymbol{W}_k$ 为神经网络的权值系数。

新系统的过程噪声 $\boldsymbol{w}_k$ 和观测噪声 $\boldsymbol{v}_k$ 是独立的零均值高斯白噪声，对应的协方差矩阵是 $\boldsymbol{Q}_k$ 和 $\boldsymbol{R}_k$。

注释 1：由于使用了基于多核函数的神经网络来逼近非线性系统，因此需要求解局部核函数和全局核函数的权值系数。通过假设权值系数受到高斯白噪声的干扰，可以将权值系数和状态组合成一个增广状态向量，从而建立基于增广状态的非线性系统模型。

2. 自适应融合滤波

扩展卡尔曼滤波器早已被广泛应用于神经网络的训练，并作为模糊分类器的模糊隶属函数的优化器。支持向量机多参数的整定问题可以看作非线性动态系统的辨识问题，可以用扩展卡尔曼滤波算法来解决。由于扩展卡尔曼滤波算法在对非线性系统进行线性化时会引入截断误差，因此状态估计精度较低。高阶容积卡尔曼滤波算法比扩展卡尔曼滤波算法具有更高的估计精度，因为它使用径向积分规则来优化 sigma 点及其权值，所以可用来估计增强状态。

上一小节建立了参数估计模型，下面将给出权值系数的自适应选择方法，整个扩展状态的估计过程如图 2-15 所示。首先从常用的核函数中选择同时

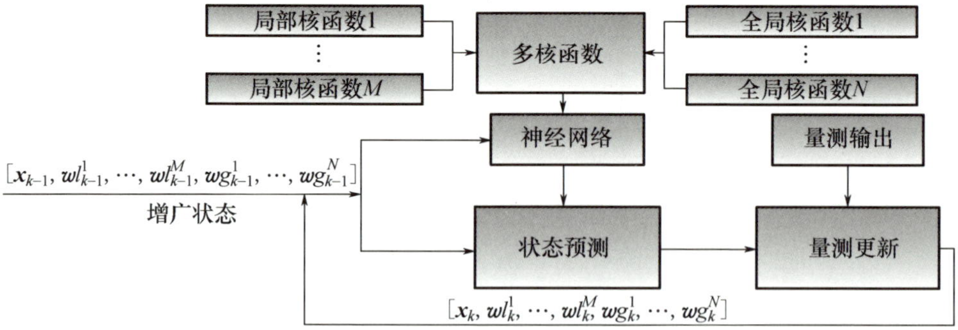

图 2-15　整个扩展状态的估计过程

具有学习能力的局部核函数和具有泛化能力的全局核函数组成多核函数，将权重系数与原始状态组成增广状态向量 $\boldsymbol{x}_k^a$ 进行高阶容积卡尔曼滤波状态预测，然后利用数据集的真实输出值进行高阶容积卡尔曼滤波量测更新。

状态预测如下。

（1）在 k 时刻，假设 $k-1$ 时刻的误差协方差 $\boldsymbol{P}_{k-1|k-1}$ 已知：

$$\boldsymbol{P}_{k-1|k-1}=\boldsymbol{S}_{k-1|k-1}\boldsymbol{S}_{k-1|k-1}^{\mathrm{T}} \tag{2-70}$$

式中，$\boldsymbol{S}_{k-1|k-1}$ 为 $\boldsymbol{P}_{k-1|k-1}$ 的 Cholesky 分解。

（2）计算容积点：

$$\boldsymbol{X}_{i,k-1|k-1}^a=\boldsymbol{S}_{k-1|k-1}\boldsymbol{\xi}_i+\hat{\boldsymbol{x}}_{k-1|k-1}^a\ (i=1,2,\cdots,m) \tag{2-71}$$

式中，$m=2n$，且向量 $\boldsymbol{\xi}_i$ 为

$$\boldsymbol{\xi}_i=\begin{cases}[0\quad 0,\cdots,0]^{\mathrm{T}}, & i=0\\ \beta\boldsymbol{s}_i^+, & i=1,2,\cdots,n(n-1)/2\\ -\beta\boldsymbol{s}_{i-n(n-1)/2}^+, & i=n(n-1)/2+1,\cdots,n(n-1)\\ \beta\boldsymbol{s}_{i-n(n-1)}^-, & i=n(n-1)+1,\cdots,3n(n-1)/2\\ -\beta\boldsymbol{s}_{i-3n(n-1)/2}^-, & i=3n(n-1)/2+1,\cdots,2n(n-1)\\ \beta\boldsymbol{e}_{i-2n(n-1)}, & i=2n(n-1)+1,\cdots,n(2n-1)\\ -\beta\boldsymbol{e}_{i-n(2n-1)}, & i=n(2n-1)+1,\cdots,2n^2\end{cases} \tag{2-72}$$

式中，$\beta=\sqrt{n+2}$；$\boldsymbol{e}_i$ 为 n 维单位向量且它的第 i 个元素为 1；$\boldsymbol{s}_j^+$ 和 $\boldsymbol{s}_j^-$ 分别为

$$\begin{cases}\boldsymbol{s}_j^+=\sqrt{1/2}(\boldsymbol{e}_p+\boldsymbol{e}_q), & p<q,p、q=1,2,\cdots,n\\ \boldsymbol{s}_j^-=\sqrt{1/2}(\boldsymbol{e}_p-\boldsymbol{e}_q), & p<q,p、q=1,2,\cdots,n\end{cases} \tag{2-73}$$

（3）计算经过状态方程传播之后的容积点($i=1,2,\cdots,m$)：

$$\boldsymbol{X}_{i,k|k-1}^{a*}=f(\boldsymbol{X}_{i,k-1|k-1}^a) \tag{2-74}$$

（4）计算一步预测状态：

$$\hat{\boldsymbol{x}}_{k|k-1}^a=\sum_{i=1}^{m}\boldsymbol{w}_i\boldsymbol{X}_{i,k|k-1}^{a*} \tag{2-75}$$

式中，权值 $\boldsymbol{w}_i$ 为

$$w_i=\begin{cases}2/n+2, & i=0\\ 1/(n+2)^2, & i=1,2,\cdots,2n(n-1)\\ (4-n)/(n+2)^2, & \\ i=2n(n-1)+1,2n(n-1)+2,\cdots,2n^2 & \end{cases} \tag{2-76}$$

（5）计算一步预测误差协方差矩阵：

$$\boldsymbol{P}_{k|k-1}=\sum_{i=1}^{m}\boldsymbol{w}_i\boldsymbol{X}_{i,k|k-1}^{a*}\boldsymbol{X}_{i,k|k-1}^{a*\mathrm{T}}-\hat{\boldsymbol{x}}_{k|k-1}^{a}(\hat{\boldsymbol{x}}_{k|k-1}^{a})^{\mathrm{T}}+\boldsymbol{Q}_{k,k-1} \tag{2-77}$$

量测更新如下。

（1）按下式进行 Cholesky 分解：

$$\boldsymbol{P}_{k|k-1}=\boldsymbol{S}_{k|k-1}\boldsymbol{S}_{k|k-1}^{\mathrm{T}} \tag{2-78}$$

（2）计算更新后的状态容积点：

$$\boldsymbol{X}_{i,k|k-1}=\boldsymbol{S}_{k|k-1}\boldsymbol{\xi}_i+\hat{\boldsymbol{x}}_{k|k-1}^{a}\quad(i=1,2,\cdots,m) \tag{2-79}$$

（3）计算经过量测方程传播后的容积点：

$$\boldsymbol{Z}_{i,k|k-1}=h(\boldsymbol{X}_{i,k|k-1}^{a}) \tag{2-80}$$

（4）计算 k 时刻一步量测和预测：

$$\hat{\boldsymbol{z}}_{k|k-1}=\sum_{i=1}^{m}\boldsymbol{w}_i\boldsymbol{Z}_{i,k|k-1} \tag{2-81}$$

（5）计算新息协方差矩阵：

$$\boldsymbol{P}_{zz,k|k-1}=\sum_{i=1}^{m}\boldsymbol{w}_i\boldsymbol{Z}_{i,k|k-1}\boldsymbol{Z}_{i,k|k-1}^{\mathrm{T}}-\hat{\boldsymbol{z}}_{k|k-1}\hat{\boldsymbol{z}}_{k|k-1}^{\mathrm{T}}+\boldsymbol{R}_k \tag{2-82}$$

（6）计算一步预测误差协方差矩阵：

$$\boldsymbol{P}_{xz,k|k-1}=\sum_{i=1}^{m}\boldsymbol{w}_i\boldsymbol{X}_{i,k|k-1}\boldsymbol{Z}_{i,k|k-1}^{\mathrm{T}}-\hat{\boldsymbol{x}}_{k|k-1}^{a}\hat{\boldsymbol{z}}_{k|k-1}^{\mathrm{T}} \tag{2-83}$$

（7）计算增益矩阵：

$$\boldsymbol{K}_k=\boldsymbol{P}_{xz,k|k-1}\boldsymbol{P}_{zz,k|k-1}^{-1} \tag{2-84}$$

（8）按如下公式更新状态：

$$\hat{\boldsymbol{x}}_{k|k}=\hat{\boldsymbol{x}}_{k|k-1}^{a}+\boldsymbol{K}_k(\boldsymbol{z}_k-\hat{\boldsymbol{z}}_{k|k-1}) \tag{2-85}$$

（9）计算误差协方差矩阵：

$$\boldsymbol{P}_{k|k}=\boldsymbol{P}_{k|k-1}-\boldsymbol{K}_k\boldsymbol{P}_{zz,k|k-1}\boldsymbol{K}_k^{\mathrm{T}} \tag{2-86}$$

注释 2：对于式（2－67）和式（2－68）描述的已知非线性系统，给定状态的初始状态，根据上述状态预测和量测更新两个过程进行高阶容积卡尔曼滤波，得到一个增广状态向量值。

2.3.4 示例

采用基于卡尔曼滤波框架的非线性滤波算法对系统模型进行神经网络逼近具有很多实际应用，如解决二维平面内匀速运动目标的跟踪问题[82]、非等温化学搅拌塔反应器中反应物浓度和温度的状态估计问题[83]等。本节考虑的例子是一个常用的非线性系统离散模型[84]：

$$\boldsymbol{x}(k+1)=\begin{pmatrix}0.8+0.05\sin(0.1k) & 0.06\\ 0.1 & -0.3+0.2\sin(0.1k)\end{pmatrix}\times x(k)+w(k) \tag{2-87}$$

$$\boldsymbol{y}(k)=\boldsymbol{x}_1(k)+\boldsymbol{x}_2(k)+\boldsymbol{v}(k) \tag{2-88}$$

式中，过程噪声 $\boldsymbol{w}(k)$ 和观测噪声 $\boldsymbol{v}(k)$ 均为独立的零均值高斯白噪声。

其方差分别为 $\boldsymbol{Q}(k)=\begin{pmatrix}2.3478 & 0.7314\\ 0.7314 & 2.6532\end{pmatrix}$ 和 $\boldsymbol{R}(k)=0.8$。初始状态 $\boldsymbol{x}_0=(9.5\quad 4.5)^{\mathrm{T}}$，其估计值为 $\hat{\boldsymbol{x}}_0=[6.5\quad 2.2]^{\mathrm{T}}$。初始状态误差协方差矩阵为 $\boldsymbol{P}_0=\begin{pmatrix}0.2 & 0\\ 0 & 0.3\end{pmatrix}$。神经网络模型有两个输入节点、两个输出节点和两个隐藏节点。仿真环境为 Intel i5 CPU，内存为 4G，仿真软件使用 Matlab R2013a。

在本次仿真中，选择高斯核函数、傅里叶核函数和线性核函数的线性组合作为多核函数，权值系数分别记为 wl^1、wl^2、wg^1。为了便于比较，将平均绝对估计误差表示为 MAEE，将以下算法简单标记如下。

基于多核函数自适应融合的估计算法：EAFMKF。

基于单个 sigmoid 核函数的估计算法：ESKF。

仿真结果如图 2－16～图 2－20 和表 2－7 所示。

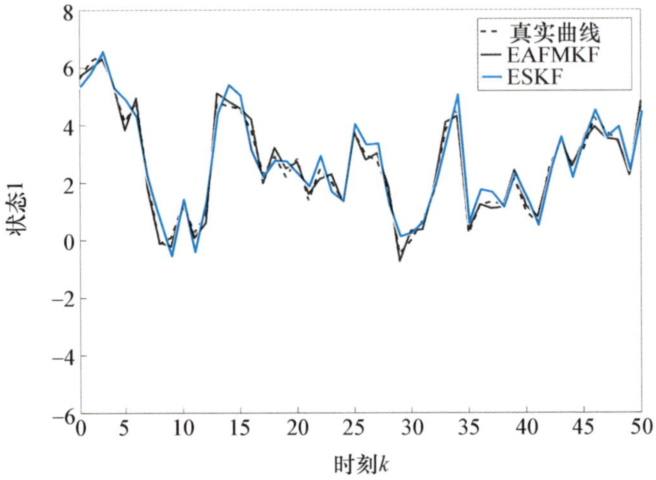

图 2-16 状态 1 的估计曲线

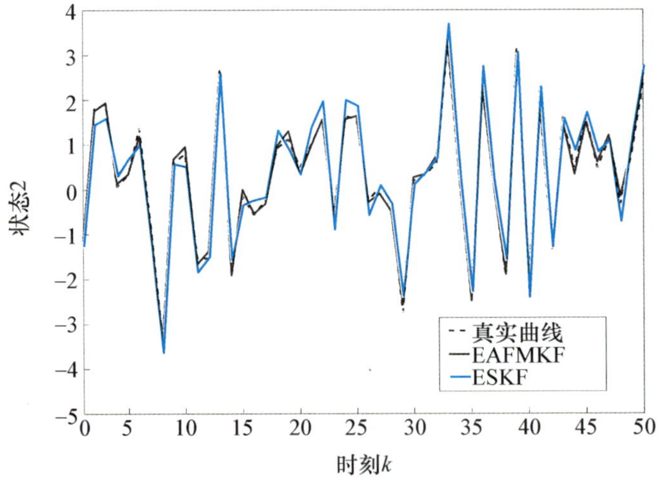

图 2-17 状态 2 的估计曲线

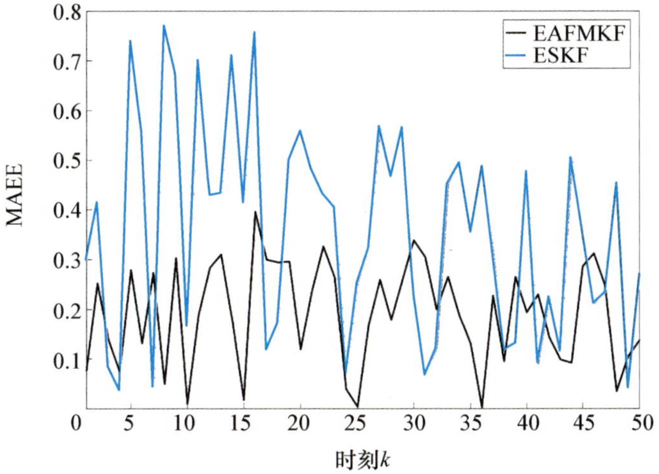

图 2-18　状态 1 的绝对估计误差曲线

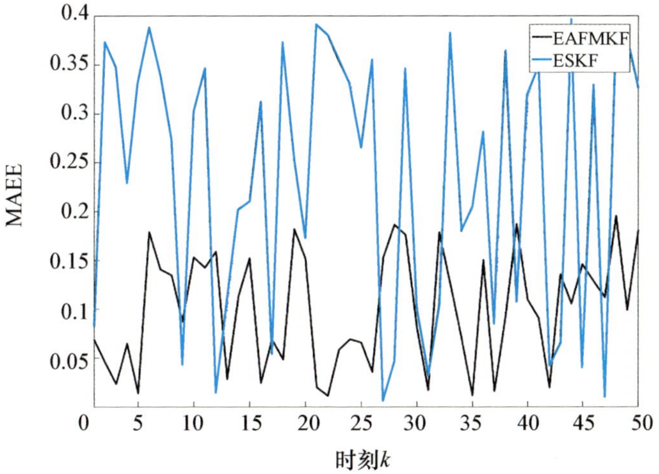

图 2-19　状态 2 的绝对估计误差曲线

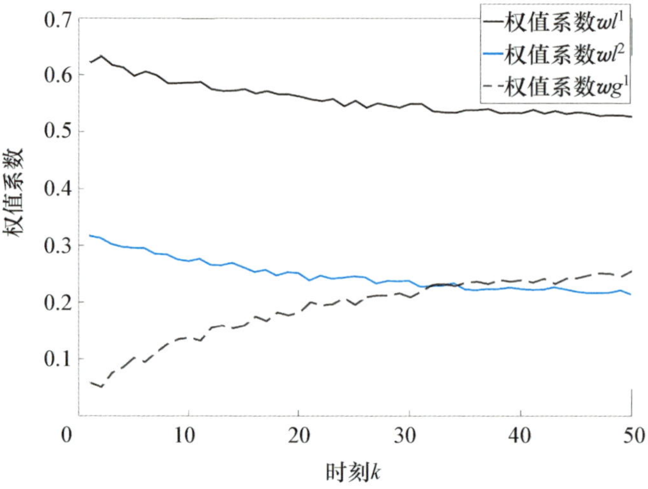

图 2-20 权值系数曲线

表 2-7 状态误差和耗时比较

算法	状态 1 的 MAEE	状态 2 的 MAEE	算法耗时/s
EAFMKF	0.1811	0.0984	0.912
ESKF	0.3323	0.2290	0.610

从图 2-16 和图 2-17 的估计曲线来看，EAFMKF 和 ESKF 都可以对这两种状态进行很好的跟踪估计，说明这两种算法都是有效的。从图 2-18 和图 2-19 的 MAEE 曲线来看，ESKF 的 MAEE 曲线几乎都在 EAFMKF 以上，也就是说 ESKF 的误差明显大于 EAFMKF。从表 2-7 的统计数据可以看出，EAFMKF 的耗时略高于 ESKF，但 EAFMKF 的状态估计精度远高于 ESKF。具体来说，ESKF 的估计误差是 EAFMKF 的两倍多，这主要是因为多核函数可以通过自适应调整权值系数来准确描述样本的特征，从而使建立的状态模型更加准确。如图 2-20 所示，神经网络的权值在整个估计过程中是一个自适应调整的过程，它们可以很快稳定到对应的值（0.52、0.21 和 0.27）。这些均证明了高阶容积卡尔曼滤波和神经网络估计算法的有效性。

2.3.5 小结

针对状态模型未知的非线性系统，本节首先提出了一种基于多核函数自适应融合的状态估计算法。系统状态模型是利用多个核函数构建的，由一些局部核函数和全局核函数构成，在这种情况下可以充分表征实际样本的特性。然后，我们将多核函数的权值和原始状态放在一起作为增广状态；此外，采用高阶容积卡尔曼滤波算法对增广状态进行实时估计，这样就可以通过多核函数的自适应融合得到最优的权值系数，显著提高原始状态的准确性。最后，本节通过仿真示例验证了所提算法的有效性。

参考文献

[1] CHEN B, ZHANG W A, YU L. Distributed finite - horizon fusion Kalman filtering for bandwidth and energy constrained wireless sensor networks [J]. IEEE transactions on signal processing, 2014, 62 (4): 797 - 812.

[2] HADJIDJ A, SOUIL M, BOUABDALLAH A. Wireless sensor networks for rehabilitation applications: challenges and opportunities [J]. Journal of network and computer applications, 2013, 36 (1): 1 - 15.

[3] YANG G, HE S B, SHI Z G, et al. Promoting cooperation by the social incentive mechanism in mobile crowdsensing [J]. IEEE communications magazine, 2017, 55 (3): 86 - 92.

[4] CHEN B, HO D W C, ZHANG W A, et al. Networked fusion estimation with bounded noises [J]. IEEE transactions on automatic control, 2017, 62 (10): 5415 - 5421.

[5] DUAN X M, ZHAO C C, HE S B, et al. Distributed algorithms to compute Walrasian equilibrium in mobile crowdsensing [J]. IEEE transactions on industrial electronics, 2017, 64 (5): 4048 - 4057.

[6] ZHANG H, MENG W C, QI J J, et al. Distributed load sharing under false data injection attack in inverter - based microgrid [J]. IEEE transactions on industrial electronics, 2019, 66 (2): 1543 - 1551.

[7] ZHU Y Z, ZHONG Z X, ZHENG W X, et al. HMM - based H_∞ filtering for discrete - time Markov jump LPV systems over unreliable communication channels [J]. IEEE transactions on systems, man and cybernetics: systems, 2018, 48 (12): 2035 - 2046.

[8] SUI T J, YOU K Y, FU M Y. Optimal sensor scheduling for state estimation over lossy channel [J]. IET control theory & applications, 2015, 9 (16): 2458 - 2465.

[9] YANG G, HE S B, SHI Z G. Leveraging crowdsourcing for efficient malicious users detection in large - scale social networks [J]. IEEE internet of things journal, 2017, 4 (2):330 - 339.

[10] ZHANG H, ZHENG W X. Denial - of - service power dispatch against linear quadratic control via a fading channel [J]. IEEE transactions on automatic control, 2018, 63 (9): 3032 - 3039.

[11] ZHOU H, XU S Z, REN D, et al. Analysis of event - driven warning message propagation in vehicular ad hoc networks [J]. Ad Hoc networks, 2017 (55): 87 - 96.

[12] HE S B, SHIN D H, ZHANG J S, et al. Full - view area coverage in camera sensor networks: dimension reduction and near - optimal solutions [J]. IEEE transactions on vehicular technology, 2016, 65 (9): 7448 - 7461.

[13] ZHU Y Z, ZHANG L X, ZHENG W X. Distributed H_∞ filtering for a class of discrete - time Markov jump Lur'e systems with redundant channels [J]. IEEE transactions on industrial electronics, 2016, 63 (3): 1876 - 1885.

[14] CHEN J M, HU K, WANG Q, et al. Narrow - band internet of things: implementations and applications [J]. IEEE internet of things journal, 2017, 4 (6): 2309 - 2314.

[15] LUO Z Q. Universal decentralized estimation in a bandwidth constrained sensor network [J]. IEEE transactions on information theory, 2005, 51 (6): 2210 - 2219.

[16] WEN C L, GE Q B, TANG X F. Kalman filtering in a sensor bandwidth constrained network [J]. Chinese of Journal Electronics, 2009, 18 (4): 713 - 718.

[17] XIAO J J, CUI S, LUO Z Q. Power scheduling of universal decentralized estimation in sensor networks [J]. IEEE transactions on signal processing, 2006, 54 (2): 413 - 422.

[18] DONG H L, WANG Z D, DING S X, et al. Finite - horizon reliable control with randomly occurring uncertainties and nonlinearities subject to output quantization [J]. Automatica, 2015, 52: 355 - 362.

[19] SUN S, LIN J, XIE L, et al. Quantized Kalman filtering [C]. 2007 IEEE 22nd International Symposium on Intelligent Control, 2007: 7 - 12.

[20] ZHOU Y, HUANG C, JIANG T, et al. Wireless sensor networks and the internet of things: optimal estimation with nonuniform quantization and bandwidth allocation [J]. IEEE sensors journal, 2013, 13 (10): 3568 - 3574.

[21] SHI D W. Event - based state estimation in cyber - physical systems [D]. Edmonton: University of Alberta, 2014.

[22] WU J F, JIA Q S, JOHANSSON K H, et al. Event - based sensor data scheduling: trade - off between communication rate and estimation quality [J]. IEEE transactions

on automatic control, 2013, 58 (4): 1041 - 1046.

[23] CHEN B, ZHANG W A, YU L. Distributed fusion estimation with missing measurements, random transmission delays and packet dropouts [J]. IEEE transactions on automatic control, 2014, 59 (7): 1961 - 1967.

[24] TANG Z, PARK J H, FENG J W. Impulsive effects on quasi - synchronization of neural networks with parameter mismatches and time - varying delay [J]. IEEE transactions on neural networks and learning systems, 2018, 29 (4): 908 - 919.

[25] TANG Z, PARK J H, FENG J W. Novel approaches to pin cluster synchronization on complex dynamical networks in Lur'e forms [J]. Communications in nonlinear science and numerical simulation, 2018, 57: 422 - 438.

[26] MISKOWICZM. Send - on - delta concept: an event - based data reporting strategy [J]. Sensors, 2016, 6 (1): 49 - 63.

[27] CHEN B, HU G Q, ZHANG W A, et al. Distributed mixed H_2/H_∞ fusion estimation with limited communication capacity [J]. IEEE transactions on automatic control, 2016, 61 (3): 805 - 810.

[28] ZHANG H, QI Y F, ZHOU H, et al. Testing and defending methods against DoS attack in state estimation [J]. Asian journal of control, 2017, 19 (4): 1295 - 1305.

[29] ZHANG H, QI Y F, WU J F, et al. DoS attack energy management against remote state estimation [J]. IEEE transactions on control of network systems, 2018, 5 (1): 383 - 394.

[30] MORRELL D R, STIRLING W C. Set - valued filtering and smoothing [J]. IEEE transactions on systems man and cybernetics, 1991, 21 (1): 184 - 193.

[31] NOACK B, KLUMPP V, HANEBECK U D. State estimation with sets of densities considering stochastic and systematic errors [C]. 2009 12th International Conference on Information Fusion, 2009: 1751 - 1758.

[32] SHI D W, CHEN T W, SHI L. On set - valued Kalman filtering and its application to event - based state estimation [J]. IEEE transactions on automatic control, 2015, 60 (5): 1275 - 1290.

[33] ALLADI T, KOHLI V, CHAMOLA V, et al. Artificial intelligence (AI) - empowered intrusion detection architecture for the internet of vehicles [J]. IEEE wireless communications, 2021, 28 (3): 144 - 149.

[34] SHU T, HE J, DAKULAGI V. 3 - D near - field source localization using a spatially spread acoustic vector sensor [J]. IEEE transactions on aerospace and electronic systems, 2022, 58 (1): 180 - 188.

[35] PAK J M. Switching extended Kalman filter bank for indoor localization using wireless sensor networks [J]. Electronics, 2021 (10): 718.

[36] MUSUNURI Y R, KWON O S. State estimation using a randomized unscented Kalman filter for 3D skeleton posture [J]. Electronics, 2021, 10 (8): 971.

[37] BUCY R S, SENNE K D. Digital synthesis of nonlinear filter [J]. Automatica, 1971, 7 (3): 287 - 298.

[38] JULIER S, UHLMAN J, DURRANT - WHYTE, H F. A new method for the nonlinear transformation of means and covariances in filters and estimators [J]. IEEE on automatic control, 2000, 45 (3): 477 - 482.

[39] GAO X J, ZHAI L P. GPS/INS integrated navigation system [J]. Optics and precision engineering, 2004, 12 (2): 146 - 150.

[40] XU X L. A comparative analysis of unscented Kalman filter (UKF) [J]. Journal of Xi'an university of arts & science: natural science edition, 2011, 14 (2): 57 - 60.

[41] SUN S, DONG K, GUO C, et al. A wind estimation based on unscented Kalman filter for standoff target tracking using a fixed - wing UAV [J]. International journal of aeronautical and space sciences, 2021, 22 (2): 366 - 375.

[42] WEI Y, HONG T, KADOCH M. Improved Kalman filter variants for UAV tracking with radar motion models [J]. Electronics, 2020, 9 (5): 768.

[43] CHANG L B, HU B Q, LI A, et al. Transformed unscented Kalman filter [J]. IEEE transactions on automatic control, 2012, 58 (1): 252 - 257.

[44] MENEGAZ H M T, ISHIHARA J Y, BORGES G A, et al. A systematization of the unscented Kalman filter theory [J]. IEEE transactions on automatic control, 2015, 60 (10): 2583 - 2598.

[45] ARASARATNAM I, HAYKIN S. Cubature Kalman filters [J]. IEEE transactions on automatic control, 2009, 54 (6): 1254 - 1269.

[46] KANDEPU R, FOSS B, IMSLAND L. Applying the unscented Kalman filter for nonlinear state estimation [J]. Journal of process control, 2008, 18 (7 - 8): 753 - 768.

[47] ZHANG Y G, HUANG Y L, WU Z M, et al. A high order unscented Kalman filtering method [J]. Acta automatica sinica, 2014, 40 (5): 838 - 848.

[48] GUAN B L, TANG X F, GE Q B. Square - root high - degree cubature Kalman filter with unknown measurement noise covariance [J]. Application research of computer, 2015, 32 (9): 2626 - 2629.

[49] LUO Z Y, FU Z H, XU Q W. An Adaptive multi - dimensional vehicle driving state observer based on modified Sage - Husa UKF algorithm [J]. Sensors (Basel, Switzerland), 2020, 20 (23): 6889.

[50] YANG R, ZHANG A J, ZHANG L F, et al. A novel adaptive H - Infinity cubature Kalman filter algorithm based on Sage - Husa estimator for unmanned underwater vehicle [J]. Mathematical problems in engineering, 2020, 2020 (2): 1 - 10.

[51] SAGE A P, HUSA G W. Algorithms for sequential adaptive estimation of prior statistics [C]. 1969 IEEE Symposium on Adaptive Processes (8th) Decision and Control, 1969: 61.

[52] YANG Y X, GAO W G. An optimal adaptive Kalman filter [J]. Journal of Geodesy, 2006 (80): 177 - 183.

[53] ZHAO L, WANG, X X, SUN M, et al. Adaptive UKF filtering algorithm based on maximum a posterior estimation and exponential weighing [J]. Acta automatica sinica, 2010, 36 (7): 1007 - 1019.

[54] YU Z J, WEI J M, LIU H T. A new adaptive maneuvering target Tracking algorithm using artificial neural networks [C]. 2008 IEEE International Joint Conference on Neural Networks (IEEE World Congress on Computational Intelligence), 2008: 901 - 905.

[55] SAGE A P, HUSA G W. Adaptive filtering with unknown prior statistics [C]. Joint Automatic Control Conference, 1969.

[56] ZHU H B, DING J B. A dynamic variance - based triggering scheme for distributed cooperative state estimation over wireless sensor networks [J]. Complexity, 2021 (1): 1 - 12.

[57] WANG H, XIE S S, WANG W X, et al. Investigation of unmeasured parameters estimation for distributed control systems [J]. Complexity, 2020 (2029): 1 - 15.

[58] PRASAD L B, GUPTA H O, TYAGI B. Intelligent control of nonlinear inverted pendulum dynamical system with disturbance input using fuzzy logic systems [C]. 2011 International Conference on Recent Advances in Electrical and Electronic Engineering, 2011: 136 - 141.

[59] ZHAO W, TANG L, LIU Y J. Disturbance observer - based adaptive neural network control of marine vessel systems with time - varying output constraints [J]. Complexity, 2020 (3): 1 - 12.

[60] KHANNA G, CHATURVEDI S K, SOH S. Two - terminal reliability analysis for time - evolving and predictable delay - tolerant networks [J]. Recent advances in electrical & electronic engineering, 2020, 13 (3): 396 - 404.

[61] ISLAS M A, DE JESÚS RUBIO J. MUÑIZ S, et al. A fuzzy logic model for hourly electrical power demand modeling [J]. Electronics, 2021, 10 (4): 448.

[62] DE JESÚS RUBIO J. SOFMLS: online self - organizing fuzzy modified least - squares network [J]. IEEE transactions on fuzzy systems, 2009, 17 (6): 1296 - 1309.

[63] CHIANG H S, CHEN M Y, HUANG Y J. Wavelet - based EEG processing for epilepsy detection using fuzzy entropy and associative petri net [J]. IEEE access, 2019, 7: 103255 - 103262.

[64] DE JESÚS RUBIO J. Stability analysis of the modified levenberg - marquardt algorithm for the artificial neural network training [J]. IEEE transactions on neural networks and learning systems, 2020, 32 (8): 3510 - 3524.

[65] MEDA - CAMPAÑA J A. On the estimation and control of nonlinear systems with parametric uncertainties and noisy outputs [J]. IEEE access, 2018, 6: 31968 - 31973.

[66] FURLÁN F, RUBIO E, SOSSA H, et al. CNN based detectors on planetary environments: a performance evaluation [J]. Frontiers in neurorobotics, 2020 (14): 590371.

[67] HSU C W, CHANG C C, LIN C J. A practical guide to support vector classification [J]. BJU international, 2003, 101 (1): 1396 - 1400.

[68] HUERTA E B, DUVAL B, HAO J K. A hybrid GA/SVM approach for gene selection and classification of microarray data [J]. Lecture notes in computer science, 2006, 3907 (1): 34 - 44.

[69] ZHOU J G, BAI T, SUO C. The SVM optimized by culture genetic algorithm and its application in forecasting share price [C]. 2008 IEEE Conference on Granular Computing, 2008: 838 - 843.

[70] ZHOU J G, BAI T, ZHANG A G, et al. The integrated methodology of wavelet transform and GA based - SVM for forecasting share price [C]. 2008 International Conference on Information and Automation, 2008: 729 - 733.

[71] KUANG F J, ZHANG S Y, JIN Z, et al. A novel SVM by combining kernel principal component analysis and improved chaotic particle swarm optimization for intrusion detection [J]. Soft computing, 2015, 19 (5): 1187 - 1199.

[72] XU Z, DONG Z Y, LIU W Q. Short - term electricity price forecasting using wavelet and SVM techniques [C]. Proceedings of the 3rd International DCDIS Conference on Engineering Applications and Computational Algorithms, 2003.

[73] AGGARWAL S K, SAINI L M, KUMAR A. Electricity price forecasting in deregulated markets: a review and evaluation [J]. International journal of electric power energy system, 2009, 31 (1): 13 - 22.

[74] MU T T, NANDI A K. Automatic tuning of L_2 - SVM parameters employing the extended Kalman filter [J]. Expert systems, 2009, 26 (2): 160 - 175.

[75] HE Y, ZHOU C, ZHENG L Y, et al. Detection method against false data injection attack based on extended Kalman filter [J]. Electric power, 2017, 50 (10): 35 - 40.

[76] WU X D, WANG Y N. Extended and unscented Kalman filtering based feedforward neural networks for time series prediction [J]. Applied mathematical modelling, 2012, 36 (3): 1123 - 1131.

[77] HU Z T, YUAN G Y, HU Y M, et al. Training method of neural network based on cubature Kalman filter [J]. Control and decision, 2016, 31 (2): 355 - 360.

[78] LI H L，WANG J，CHE Y Q，et al. On neural network training algorithm based on the unscented Kalman filter [C]. The 29th Chinese Control Conference，2020：1447 - 1450.

[79] ZHAN R H，WAN J W. Neural network - aided adaptive unscented Kalman filter for nonlinear state estimaiion [J]. IEEE signal processing letters，2006，13 (7)：445 - 448.

[80] JIA B，XIN M，CHENG Y. High - degree cubature Kalman filter [J]. Automatica，2013，49 (2)：510 - 518.

[81] ITO Y. Representation of functions by superpositions of a step or sigmoid function and their applications to neural network theory [J]. Neural networks，1991，4 (3)：385 - 394.

[82] HU Z T，YUAN G Y，HU Y M，et al. Training method of neural network based on cubature Kalman filter [J]. Control and decision，2016，31 (2)：355 - 360.

[83] SALAHSHOOR K，KAMALABADY A S. On - line multivariable identification by adaptive RBF neural networks based on UKF learning algorithm [C]. 2008 Chinese Control and Decision Conference，2008：4754 - 4759.

[84] ZHOU J L，ZHOU D H，WANG H，et al. Distribution function tracking filter design using hybrid characteristic functions [J]. Automatica，2010，46 (1)：101 - 109.

第3章　基于人工噪声加密策略的分布式安全融合估计

3.1 引　　言

在信息论安全中，如果窃听者接收到的消息包含原始消息的信息量为零，或随着代码字块长度的增加而变得很小[1,2]，则认为通信系统是安全的。物理层安全是指使用无线通信网络的物理层特性（如衰落、干扰和噪声）来实现信息论安全的方法[3,4]。由第1章的分析可知，目前已有学者将物理层安全的思想运用到状态估计的安全性问题中，其目的是为传感器发送的数据设计加密策略，以便用户得到状态隐私信息，而任何窃听者都无法获得真实的状态信息。随着NMFES的广泛应用，融合估计系统的状态隐私安全尤其重要；然而针对NMFES的隐私安全研究还处于起步阶段，现有的成果较少。由于窃听者可以同时窃听多传感器发送的数据，任何一个局部传感器的数据泄露都会威胁系统安全，同时窃听者可以将窃听到的多个数据进行融合估计以得到精确的状态信息，这给分布式融合估计系统的状态隐私安全带来了巨大挑战。

传统上，信息安全是在密码学[5,6]中研究的。然而，由于传感器端的计算能力有限[7]，很难使用强加密的方法，因此，仅使用加密方法来实现安全性可能是不够的，或许可以利用物理层信息来实现加密。文献［7－9］研究了防窃听的估计问题，其中窃听者被建模为通过另一个无线通信网络窃听通信数据。具体地说，文献［8］设计了一个估计误差一致有界的估计器，而对于足够大的编码长度，窃听者的估计误差协方差矩阵迹是无界的。对于不稳定系统，文献［7］推导出了合法用户的估计误差协方差矩阵迹保持有界，但通过设计带反馈的保留传输方案，窃听者的估计误差协方差矩阵迹变得无界。同时，在没有反馈的情况下，用数据通信速率给出了与文献［9］类似的结果。此外，在无线通信网络中插入人工噪声被认为是实现物理层安全的最有效技术之一[10]。在文献［10］中，人工噪声被用来保证数据的保密性，其中噪声被人为地注入用户无线通信网络的零空间，只有窃听者的无线通信网络被退化。此外，在文献［12］中考虑了多个发射天线，该研究表明，在充分的发射能量和人工噪声能量下，窃听者的估计误差协方差矩阵迹可以保证为无界，而合法用户的估计误差协方差矩阵迹保持有界。多传感器融合估计利用多个数据集中包含的有用信息来估计一个量或者一个参数，NMFES在目标跟踪和导航等领域的广泛应用中发挥着重要作用[13-16]。因此，它使安全成为可靠服务的根本问题。假设窃听者可以对每个无线通信网络进行监听，以实现准确状态估计，将人工噪声技术引入NMFES的分布式安全融合估计中，设计基于人工噪声的加密策略，其中噪声被人为地注入用户无线通信网络的零空间，因此噪声会影响窃听者而不影响合法用户。

本章涉及基于人工噪声的加密策略，在各局部估计信号发送到融合中心之前注入一定能量的人工噪声，利用零空间理论设计依赖于系统参数的人工噪声加密策略，然后将干扰处理后的信号发送到融合中心，融合中心对接收到的带有噪声的信号进行解码，进而利用矩阵加权融合估计理论得到最终的状态估计值。为了保证隐私保护策略的有效性，本章将给出人工噪声能量的选择条件，在此条件下合法用户的融合估计性能不受人工噪声影响，而窃听者得不到状态的有效信息。

3.2　系统建模与问题描述

3.2.1　系统建模

考虑图3－1所示的系统模型结构，用如下状态空间模型进行描述：

$$\boldsymbol{x}(t+1)=\boldsymbol{A}\boldsymbol{x}(t)+\boldsymbol{w}(t) \tag{3-1}$$

$$\boldsymbol{y}_i(t)=\boldsymbol{C}_i\boldsymbol{x}(t)+\boldsymbol{v}_i(t) \quad (i=1,2,\cdots,L) \tag{3-2}$$

式中，t 为离散时间指标；$\boldsymbol{x}(t)\in\mathbb{R}^n$ 为系统状态向量；$\boldsymbol{y}_i(t)\in\mathbb{R}^{q_i}$ 为传感器 i 的观测输出；L 为传感器的数量；$\boldsymbol{w}(t)$ 和 $\boldsymbol{v}_i(t)$ 分别为过程噪声和观测噪声，并且是均值都为零、方差分别为 Q 和 R_i 的互不相关的高斯白噪声；$\boldsymbol{A}$ 和 $\boldsymbol{C}_i$ 均为具有适当维数的时不变矩阵，假设矩阵对（C_i,A）是可检测的且（A，$Q^{1/2}$）是可控的。

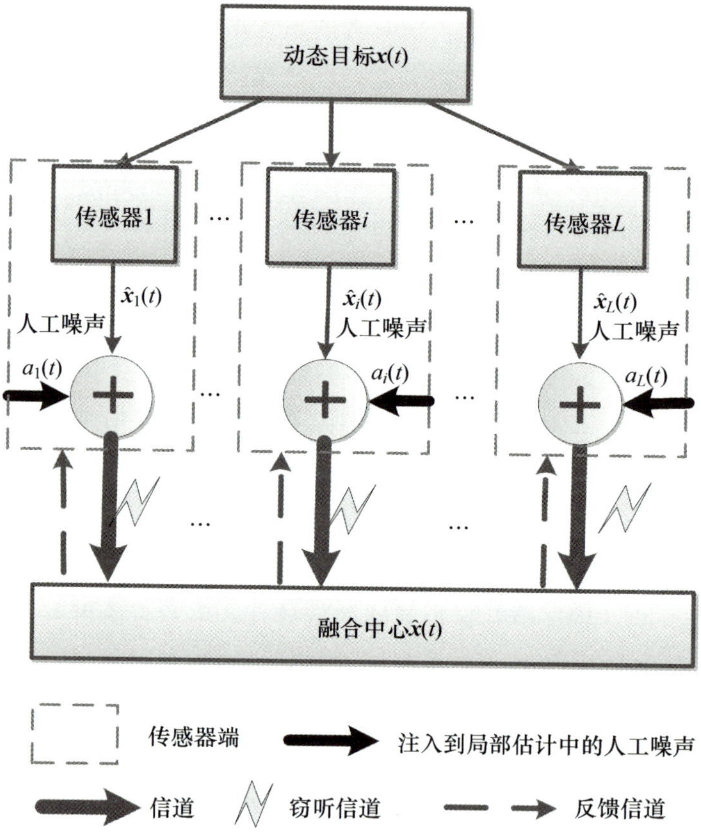

图 3-1　系统模型结构

在我们的场景中，传感器 i 具有计算能力[17]，也就是智能传感器，它通过对物理过程的观测获得在 t 时刻的观测值 $\boldsymbol{y}_i(t)$。$Y_i=\{y_i(1),\cdots,y_i(t)\}$表示

直到 t 时刻的所有观测值，第 i 个传感器的局部估计由标准卡尔曼滤波器[2]给出，即

$$\hat{\boldsymbol{x}}_i^-(t)=\boldsymbol{A}\hat{\boldsymbol{x}}_i(t-1) \tag{3-3}$$

$$\boldsymbol{P}_i^-(t)=\boldsymbol{A}\boldsymbol{P}_i(t-1)\boldsymbol{A}^{\mathrm{T}}+Q \tag{3-4}$$

$$\boldsymbol{K}_i(t)=\boldsymbol{P}_i^-(t)\boldsymbol{C}_i^{\mathrm{T}}(\boldsymbol{C}_i\boldsymbol{P}_i^-(t)\boldsymbol{C}_i^{\mathrm{T}}+\boldsymbol{R}_i)^{-1} \tag{3-5}$$

$$\hat{\boldsymbol{x}}_i(t)=\hat{\boldsymbol{x}}_i^-(t)+\boldsymbol{K}_i(t)\boldsymbol{\Gamma}_i(t) \tag{3-6}$$

$$\boldsymbol{P}_i(t)=[\boldsymbol{I}_n-\boldsymbol{K}_i(t)\boldsymbol{C}_i]\boldsymbol{P}_i^-(t) \tag{3-7}$$

式中，$\boldsymbol{\Gamma}_i(t)=\boldsymbol{y}_i(t)-\boldsymbol{C}_i\hat{\boldsymbol{x}}_i^-(t)$，为测量新息矩阵；$\hat{\boldsymbol{x}}_i^-(t)$ 和 $\hat{\boldsymbol{x}}_i(t)$ 分别为状态 $\boldsymbol{x}(t)$ 在 t 时刻的先验最小均方误差估计和后验最小均方误差估计；$\boldsymbol{P}_i^-(t)$ 和 $\boldsymbol{P}_i(t)$ 分别为相应的误差协方差矩阵；$\boldsymbol{I}_n$ 为维数为 n 的单位矩阵。

此外，利用文献［18］并结合式（3-3）～式（3-7），可以得出第 i 个传感器和第 j 个传感器子系统之间的误差互协方差矩阵 $\boldsymbol{P}_{ij}(t)(i\neq j)$：

$$\boldsymbol{P}_{ij}(t)=[\boldsymbol{I}_n-\boldsymbol{K}_i(t)\boldsymbol{C}_i][\boldsymbol{A}\boldsymbol{P}_{ij}(t-1)\boldsymbol{A}^{\mathrm{T}}+Q][\boldsymbol{I}_n-\boldsymbol{K}_j(t)\boldsymbol{C}_j]^{\mathrm{T}} \tag{3-8}$$

根据文献［19］，$\boldsymbol{P}_i(t)$ 和 $\boldsymbol{P}_{ij}(t)$ 以指数形式收敛到稳态值，往往只需几步迭代即可。因此，为简洁起见，假设传感器 i 的初始误差协方差矩阵 $\boldsymbol{P}_i(0)=\bar{\boldsymbol{P}}_{ii}$，第 i 个传感器和第 j 个传感器子系统之间的初始误差互协方差矩阵 $\boldsymbol{P}_{ij}(0)=\bar{\boldsymbol{P}}_{ij}$。进而我们可以很容易地知道，在传感器端对于所有时刻都有 $\boldsymbol{P}_i(t)=\bar{\boldsymbol{P}}_{ii}$ 及 $\boldsymbol{P}_{ij}(t)=\bar{\boldsymbol{P}}_{ij}$。为了简化记号，定义函数 h 和 h^k 分别为 $h(\boldsymbol{X})\triangleq\boldsymbol{AXA}^{\mathrm{T}}+Q$ 和 $h^k(\boldsymbol{X})\triangleq\underbrace{h\circ h\circ\cdots\circ h}_{k\text{次}}(\boldsymbol{X})$。根据文献［20］，有如下结论：如果 $t_1\leqslant t_2$ 且 $t_1,t_2\in Z^+$，那么 $\bar{\boldsymbol{P}}_{ii}<h^{t_1}(\bar{\boldsymbol{P}}_{ii})\leqslant h^{t_2}(\bar{\boldsymbol{P}}_{ii})$。

考虑窃听者可能会通过另一个无线通信网络窃听各传感器的传输数据，为了实现局部估计传输的安全性，对各局部估计 $\hat{\boldsymbol{x}}_i(t)$ 注入人工噪声 $\boldsymbol{a}_i(t)$，$i=1,2,\cdots,L$，即

$$\boldsymbol{z}_i(t)=\hat{\boldsymbol{x}}_i(t)+\boldsymbol{a}_i(t) \tag{3-9}$$

然后将处理后的信号 $\boldsymbol{z}_i(t)$ 通过相应的无线通信网络传送到融合中心。注意这里 $\boldsymbol{a}_i(t)$ 是均值为零且具有一定方差（能量）的高斯白噪声。

假设 3-1 假设无线通信网络是理想的，即没有噪声干扰。

假设 3-2 窃听者不会同时知道所有参数信息（包括系统参数 A 和 C_i、噪声统计特性 Q 和 R_i）。

注释 3-1 为了便于分析，假设无线通信网络是理想的，这也是很多学者常用的技巧，实际应用中对于有噪声干扰的情况，仍然不影响本章的结果。另外，假设窃听者有较强的窃听能力，可以窃听每个无线通信网络以获得更准确的状态融合估计值，但由于窃听者很难同时知道所有的系统信息和干扰噪声的统计特性，因此假设 3-2 在实际应用中是合理的。

3.2.2 基于加权矩阵的分布式融合估计

在融合中心，为了获得状态的精确估计，需要对接收到的信号解码以得到局部估计值$\hat{\boldsymbol{x}}_i(t)$，并基于加权矩阵融合方法得到最终的最优状态估计$\hat{\boldsymbol{x}}(t)$：

$$\hat{\boldsymbol{x}}(t)=\sum_{i=1}^{L}\boldsymbol{W}_i(t)\hat{\boldsymbol{x}}_i(t) \tag{3-10}$$

其中，

$$\sum_{i=1}^{L}\boldsymbol{W}_i(t)=\boldsymbol{I}_n \tag{3-11}$$

根据参考文献［17］，式（3-10）中的最优加权矩阵 $\boldsymbol{W}_1(t),\boldsymbol{W}_2(t),\cdots,\boldsymbol{W}_L(t)$可通过下式计算：

$$[\boldsymbol{W}_1(t),\cdots,\boldsymbol{W}_L(t)]=[\boldsymbol{I}_a^{\mathrm{T}}\boldsymbol{\Sigma}^{-1}(t)\boldsymbol{I}_a]^{-1}\boldsymbol{I}_a^{\mathrm{T}}\boldsymbol{\Sigma}^{-1}(t) \tag{3-12}$$

式中，$\boldsymbol{I}_a=(\boldsymbol{I}_n,\mathbf{K},\boldsymbol{I}_n)^{\mathrm{T}}\in\mathbb{R}^{nL\times n}$，且 $\boldsymbol{\Sigma}(t)=(\boldsymbol{P}_{ij}(t))$，因为 $\boldsymbol{P}_i(0)=\bar{\boldsymbol{P}}_{ii}$，$\boldsymbol{P}_{ij}(0)=\bar{\boldsymbol{P}}_{ij}$，所以

$$\boldsymbol{\Sigma}(0)=\begin{pmatrix}\bar{\boldsymbol{P}}_{11} & \bar{\boldsymbol{P}}_{12} & \cdots & \bar{\boldsymbol{P}}_{1L}\\ \bar{\boldsymbol{P}}_{21} & \bar{\boldsymbol{P}}_{22} & \cdots & \bar{\boldsymbol{P}}_{2L}\\ \vdots & \vdots & \vdots & \vdots\\ \bar{\boldsymbol{P}}_{L1} & \bar{\boldsymbol{P}}_{L2} & \cdots & \bar{\boldsymbol{P}}_{LL}\end{pmatrix} \tag{3-13}$$

进而，估计误差协方差矩阵 $\boldsymbol{P}(k)\triangleq E\{[\boldsymbol{x}(k)-\hat{\boldsymbol{x}}(k)][\boldsymbol{x}(k)-\hat{\boldsymbol{x}}(k)]^{\mathrm{T}}\}$可通过下

式计算：

$$\boldsymbol{P}(k)=(\boldsymbol{I}_a^{\mathrm{T}}\boldsymbol{\Sigma}^{-1}(k)\boldsymbol{I}_a)^{-1} \tag{3-14}$$

注释 3-2　如果窃听者可以同时在多个无线通信网络上窃听局部传感器传输的数据，那么其可以通过融合估计方法利用窃听信息中包含的有用信息获得更准确的状态估计结果，这会给安全融合估计带来挑战。

3.2.3　问题描述

为了方便对问题的描述，引入如下定义。

定义 3-1　完美的期望加密[9]。如果对于任何初始条件 $\boldsymbol{P}(0)$，以下两个条件都成立，则可以称这种加密机制实现了完美的期望加密。

$$\lim_{t\to\infty}\mathrm{Sup}\,\mathrm{Tr}\{E\{\boldsymbol{P}(t)\}\}<\infty \tag{3-15}$$

$$\lim_{t\to\infty}\mathrm{Tr}\{E\{\boldsymbol{P}^e(t)\}\}=\infty \tag{3-16}$$

式中，$\boldsymbol{P}^e(t)$ 为窃听者的估计误差协方差矩阵；Sup 表示上界；Tr 为估计误差协方差矩阵迹的运算。

注释 3-3　上述定义可以这样理解，对于任意的系统初始估计误差协方差，当对系统传输的数据按某种加密机制加密后，用户的估计误差协方差矩阵迹在期望意义下随时间变化趋于有界，而窃听者对系统状态的估计误差协方差矩阵迹在期望意义下随时间变化趋于无界，即对状态的估计误差是无穷大的，获取不到系统状态的准确信息，可以称这种加密机制实现了完美的期望加密。

接下来，我们要解决的问题如下。

（1）对于分布式安全融合估计，如何在传感器端设计人工噪声 $\boldsymbol{a}_i(t)$，使对合法用户的估计性能不会退化，而使窃听者的估计误差协方差矩阵迹变得无界，即获得完美的期望加密。

（2）从防御者的角度来看，如何为待设计的人工噪声能量找到充分条件来保证噪声注入策略的有效性，并基于所设计的隐私保护策略给出安全的融合估计算法。

3.3 基于人工噪声的隐私保护策略设计

对于分布式安全融合估计系统，我们的直观想法是利用包含所有动态系统的信息来设计人工噪声，因为使用的信息越多，窃听者就越难破解。尽管窃听者获取所有信息几乎是不可能的，但用户很难直接使用过多的系统参数来设计人工噪声。一个可替代的选择是估计误差协方差矩阵，它包含了所有动态系统的信息，并且可以通过使用系统初始参数信息计算获得。

具体地，取估计误差协方差矩阵 $\boldsymbol{P}(t)$ 的对角线元素构成一个行向量，用 $\boldsymbol{\Theta}(t)=[\boldsymbol{\Theta}_1(t),\boldsymbol{\Theta}_2(t),\cdots,\boldsymbol{\Theta}_n(t)]$表示，$\mathbb{N}(\boldsymbol{\Theta}(t))$ 表示向量 $\boldsymbol{\Theta}(t)$ 的零空间。然后，我们选择式（3-9）中的人工噪声，使它位于 $\boldsymbol{\Theta}(t)$ 的零空间，从而有 $\boldsymbol{\Theta}(t)\boldsymbol{a}_i(t)=0$。进而，利用矩阵正交基的知识，可以得到 $\boldsymbol{\Theta}(t)$ 的零空间的正交基，记为 $\boldsymbol{\Psi}(t)$，而且 $\boldsymbol{\Psi}(t)\in\mathbb{R}^{n\times(n-1)}$ 和 $\boldsymbol{\Psi}(t)$ 满足

$$\boldsymbol{\Psi}^{\mathrm{T}}(t)\boldsymbol{\Psi}(t)=\boldsymbol{I}_{n-1} \tag{3-17}$$

进而，按下式选择人工噪声 $\boldsymbol{a}_i(t)$：

$$\boldsymbol{a}_i(t)=\boldsymbol{\Psi}(t)\boldsymbol{s}_i(t) \tag{3-18}$$

式中，$\boldsymbol{s}_i(t)\in\mathbb{R}^{n-1}$为独立同分布的（i. i. d.）且具有零均值和方差 $\boldsymbol{\sigma}_i^2(t)$ 的高斯白噪声。

在假设 3-1 下，式（3-9）可被改写为

$$\boldsymbol{z}_i(t)=\hat{\boldsymbol{x}}_i(t)+\boldsymbol{\Psi}(t)\boldsymbol{s}_i(t) \tag{3-19}$$

显然，融合中心接收到的信号包含人工噪声。对于合法用户来说，接收到的信号可以在解码前乘以已知的 $\boldsymbol{\Theta}(t)$，即

$$\boldsymbol{z}_i^u(t)=\boldsymbol{\Theta}(t)\boldsymbol{z}_i(k)=\boldsymbol{\Theta}(t)\hat{\boldsymbol{x}}_i(t) \tag{3-20}$$

注释 3-4 对于合法用户，可以根据动力学模型的先验参数信息和观测方程来计算 $\boldsymbol{P}(t)$，并且可以通过使用反馈信道将 $\boldsymbol{\Theta}(t)$ 发送到传感器端。实际上，如果每个智能传感器具有足够的计算能力和系统模型的所有参数信息，则可以在每个局部传感器端计算估计误差协方差矩阵 $\boldsymbol{P}(t)$。

假设智能传感器 i 在 t 时刻以功率 $\delta_i(t)$ 向融合中心发送数据包，则融合

中心的 SNR 为

$$\varepsilon_i(t)=\frac{\delta_i(t)G_i(t)}{\sigma_i^2(t)} \quad i=1,2,\cdots,L \tag{3-21}$$

式中，$G_i(t)$ 为从传感器 i 到融合中心的信道增益；$\sigma_i^2(t)$ 为在 t 时刻第 i 个信道的人工噪声能量。

根据式（3－19）～式（3－21），我们发现窃听者融合中心接收到的信号始终包含人工噪声，其 SNR 跟噪声的能量成反比，而用户融合中心接收到的信号不含人工噪声，因此其 SNR 可以看作无穷大。

在我们的场景中，传感器和融合中心之间的通信是通过使用二进制相移键控调制的加性高斯白噪声网络进行的。令 $\gamma_i(t)$ 为一个二值变量，表示融合中心接收到的数据在 t 时刻是否被成功解码。如果 $\gamma_i(t)=0$，则解码有错误，可视为丢包；如果 $\gamma_i(t)=1$，则融合中心对接收到的数据解码成功，可视为一次成功的数据包接收。根据文献［21］，成功解码的概率函数为

$$p(\gamma_i(t)=1\,|\,\varepsilon_i(t))=f(\varepsilon_i(t))=\left[1-\mathcal{Q}\left(\sqrt{2\varepsilon_i(t)}\right)\right]^m \tag{3-22}$$

式中，m 为传感器的数据包长度；$\mathcal{Q}(x)=\int_x^{\infty}\frac{1}{\sqrt{2\pi}}\exp\left(-\frac{t^2}{2}\right)\mathrm{d}t$，为高斯函数。

注释 3－5　由于用户融合中心信号的 SNR 为无穷大，根据式（3－22）可以知道，用户融合中心可以以概率为 1 成功解码接收到的信号，因此，注入的人工噪声不会导致用户的估计性能降低，因为它们不会影响传输数据的成功接收。然而，对于强大的窃听者来说，根据假设 3－2，他不可能得到关键的加密矩阵 $\boldsymbol{P}(t)$，因为该加密矩阵与所有系统参数有关。在这种情况下，窃听者可能解码数据失败，从而导致其估计性能降低。

3.4　基于人工噪声加密策略的分布式安全融合估计

考虑一个不稳定的系统，即它的谱半径 $\rho(A)>1$。正如文献［8，9］指出的，不稳定系统的问题比稳定系统更有趣，因为对于后者，窃听者总是可以预测状态甚至无须窃听，而且预测状态的误差协方差矩阵迹总是有界的。

下面我们将在一定条件下设计实现完美期望加密的分布式安全融合估计算法。

根据上面的分析，我们知道在所设计的对状态隐私进行加密保护的策略下，由于用户融合中心对各局部传感器信号的实时成功解码，它总可以直接利用融合估计算法［式（3－10）～式（3－14）］进行状态估计。因此，用户融合中心的估计误差协方差是满足完美期望加密条件［式（3－15）］的。而窃听者融合中心由于可能解码失败，因此并不能直接进行融合估计，为了得到最优的状态估计，它必须对解码失败的局部估计进行再估计。窃听者融合中心最终的局部估计$\hat{\boldsymbol{x}}_i^e(t)$、对应的误差协方差矩阵$\boldsymbol{P}_i^e(t)$和误差互协方差矩阵$\boldsymbol{P}_{ij}^e(t)$一般采用如下补偿方法：

$$
(\hat{\boldsymbol{x}}_i^e(t),\boldsymbol{P}_i^e(t),\boldsymbol{P}_{ij}^e(t))=
$$

$$
\begin{cases}(\boldsymbol{A}\hat{\boldsymbol{x}}_i^e(t-1),h(\boldsymbol{P}_i^e(t-1)),h(\boldsymbol{P}_{ij}^e(t-1))), & \text{如果 } \gamma_i^e(t)=0\\ (\hat{\boldsymbol{x}}_i^e(t),\bar{\boldsymbol{P}}_{ii},\bar{\boldsymbol{P}}_{ij}), & \text{其他情况}\end{cases}
\tag{3-23}
$$

进而，可以利用融合估计算法［式（3－10）～式（3－14）］进行状态估计。

下面我们首先提出一个关于成功解码数据包概率的充分条件，以使窃听者融合中心估计误差协方差矩阵迹的期望变得无界。

定理 3－1 对于一个具有隐私保护策略［式（3－16）和式（3－17）］的不稳定系统，假设窃听者融合中心成功解码数据包的概率满足

$$
p((\gamma^e(t)=1|\varepsilon_i^e(t))<1-\rho(A)^{-\frac{2}{L}},\quad \forall\,\varepsilon_i^e(t),\quad i=1,2,\cdots,L \tag{3-24}
$$

式中，$(\gamma^e(t)$表示是否在t时刻通过信道i传输的局部估计被窃听者融合中心成功解码，有

$$
\lim_{t\to\infty}\mathrm{Tr}\{E\{\boldsymbol{P}^e(t)\}\}=\infty,\quad \forall\,\boldsymbol{P}_0 \tag{3-25}
$$

证明 令Ξ代表所有传输数据都被窃听者融合中心解码失败的事件，以及$\Xi^{\perp}$表示它的补。然后，对于有限域N，有

$$
p_e(\Xi)=p_e((\gamma^e(t)=0,t=1,2,\cdots,N)
$$

$$= \prod_{i=1}^{L} \prod_{t=1}^{N} p((\gamma^e(t) = 0) \tag{3-26}$$

根据式（3-14）和式（3-21），窃听者的初始估计误差协方差矩阵为$\boldsymbol{P}^e(0) = (\boldsymbol{I}_a^{\mathrm{T}}\boldsymbol{\Sigma}(0)\boldsymbol{I}_a)^{-1}$。由$\Xi$的定义和式（3-23），可以得到

$$\boldsymbol{\Sigma}^e(N) = (h^N(\bar{\boldsymbol{P}}_{ij})) \triangleq h^N(\boldsymbol{\Sigma}(0)) \tag{3-27}$$

式中，$h^N(\bar{\boldsymbol{P}}_{ij}) = \boldsymbol{A}^N \bar{\boldsymbol{P}}_{ij} (\boldsymbol{A}^{\mathrm{T}})^N + \sum_{s=0}^{N-1} \boldsymbol{A}^s Q (\boldsymbol{A}^{\mathrm{T}})^s$。

结合式（3-23），可以得到

$$\begin{aligned}
\mathrm{Tr}\{E\{\boldsymbol{P}^e(N)\}\} &= \mathrm{Tr}\{E\{\boldsymbol{P}^e(N)\,|\,\Xi\}\}p_e(\Xi) + \mathrm{Tr}\{E\{\boldsymbol{P}^e(N)\,|\,\Xi^{\perp}\}\}p_e(\Xi^{\perp}) \\
&> \mathrm{Tr}\{(\boldsymbol{I}_a^{\mathrm{T}}(\boldsymbol{\Sigma}^e(N))^{-1}\boldsymbol{I}_a)^{-1}\}p_e(\Xi) \\
&> \frac{1}{L} Tr\{\boldsymbol{A}^N \bar{\boldsymbol{P}}_{ii}(\boldsymbol{A}^{\mathrm{T}})^N\}p_e(\Xi),\text{对于某个 } i \\
&> \frac{1}{L} \mathrm{Tr}\{\boldsymbol{A}^N \bar{\boldsymbol{P}}_{ii}(\boldsymbol{A}^{\mathrm{T}})^N \boldsymbol{A}^N\} \prod_{i=1}^{L}\prod_{k=1}^{N} p((\gamma_(^e t) = 0) \\
&> \frac{1}{L\rho(\boldsymbol{A})^{2N}} \mathrm{Tr}\{\bar{\boldsymbol{P}}_{ii}(\boldsymbol{A}^{\mathrm{T}})^N \boldsymbol{A}^N\}
\end{aligned} \tag{3-28}$$

因此，当$N \to \infty$时，$\mathrm{Tr}\{E\{\boldsymbol{P}^e(N)\}\} \to \infty$，也就是说$\lim_{t \to \infty} \mathrm{Tr}\{E\{\boldsymbol{P}^e(t)\}\} = \infty$。

注释 3-6　上述定理表明，如果窃听者融合中心对每个数据传输通道上的局部估计的成功解码概率小于$1-\rho(\mathbf{A})^{-\frac{2}{L}}$，则窃听者估计误差协方差矩阵迹的期望将变得无界。从用户的角度来看，为了保证状态数据的机密性，应设计可控的参数（如人工噪声能量、数据包发送能量及信道增益等），使充分条件[式（3-24）]得到满足。另外，当传感器数量L越多，也就是说窃听者可能解获的局部估计越多时，用户需要在更大程度上调整可控参数，以更大程度降低窃听者的解码成功率，从而保证机密性。在只有单一传感器的特殊情况下，即$L=1$，$1-\rho(\mathbf{A})^{-\frac{2}{L}}$将退化为$1-\frac{1}{\rho^2(\mathbf{A})}$，这和文献［22］的结果一致。对于单一传感器的估计问题，虽然充分条件更容易满足，但是隐私保护策略的保密性将会受限，因为单一传感器系统的信息相对容易被窃听者掌握。

基于定理3-1的结果，定理3-2提供了选择人工噪声能量的方法。

定理 3-2 若系统矩阵 $\boldsymbol{A}$ 不稳定且满足式（3-24）的条件，则设计的人工噪声能量应满足

$$\sigma_i^2(t) > \frac{1}{\varepsilon_i^{e*}}\delta_i(t)G_i(t) \tag{3-29}$$

式中，ε_i^{e*} 为窃听者通过信道 i 成功解码数据包概率 $1-\rho(\boldsymbol{A})^{-\frac{2}{L}}$ 的 SNR。

证明 根据式（3-22）中成功解码数据包的概率函数的单调递增性质和 SNR 方程［式（3-21）］，不难推导出该定理的结论，此处证明省略。

上面我们提供了一般 NMFES 的隐私保护策略和安全融合估计的充分条件，下面的算法 3-1 将给出分布式安全融合估计算法的步骤。

算法 3-1 无资源约束的分布式安全融合估计算法

步骤 1：给定系统初始值 $\boldsymbol{A}$、$\boldsymbol{C}_i$、$\boldsymbol{Q}$、$\boldsymbol{R}_i$、$\boldsymbol{P}_i(0)$、$\boldsymbol{P}_{ij}(0)$、$G_i(t)$、$\delta_i(t)$（$i=1, 2, \cdots, L$）。

步骤 2：用户融合中心计算各局部估计系统稳定的 $\bar{\boldsymbol{P}}_{ii}$ 及 $\boldsymbol{\Theta}(t)$ 的零空间正交基 $\boldsymbol{\Psi}(t)$。

步骤 3：用户融合中心根据式（3-22）和式（3-27）选择人工噪声能量 $\sigma_i^2(t)$，并将其和 $\boldsymbol{\Psi}(t)$ 一起反馈到各局部传感器。

步骤 4：各局部传感器根据式（3-16）产生能量为 $\sigma_i^2(t)$ 的人工噪声 $\boldsymbol{a}_i(t)$，并将其注入局部估计，然后发送到融合中心。

步骤 5：用户融合中心对接收到的信号按式（3-18）处理后进行解码，并按式（3-10）～式（3-14）进行状态估计。

步骤 6：返回步骤 2，继续按以上步骤计算下一时刻的融合估计值。

3.5 示　　例

考虑具有两个传感器的分布式融合估计问题，系统具体参数如下：

$$\boldsymbol{A}=\begin{pmatrix}1.2 & 1\\ 0.3 & 1.1\end{pmatrix},\ \boldsymbol{C}_1=(1\quad 0),\ \boldsymbol{C}_2=(1\quad 1)$$

$$\boldsymbol{Q}=\begin{pmatrix}1 & 0.5\\ 0.5 & 2\end{pmatrix},\ R_1=1,\ R_1=2$$

为了保护系统的状态隐私不被窃听者通过融合估计算法得到，在发送的局部估计上按式（3－18）和式（3－19）产生并注入人工噪声，这里的目标是设计所注入的人工噪声能量，使窃听者的估计误差协方差矩阵迹是无界的，而用户的估计性能不受人工噪声的干扰。下面将分别选择不同的人工噪声能量对用户和窃听者的估计性能进行仿真对比，并对定理3－1和定理3－2的结论进行验证。

通过求解离散时间代数Riccati（里卡蒂）方程，我们可以得到如下稳态协方差矩阵：

$$\bar{\boldsymbol{P}}_1=\begin{pmatrix}0.8656 & 0.6412\\ 0.6412 & 2.6544\end{pmatrix},\ \bar{\boldsymbol{P}}_2=\begin{pmatrix}1.1354 & -0.3315\\ -0.3315 & 1.1855\end{pmatrix},$$

$$\bar{\boldsymbol{P}}_{12}=\begin{pmatrix}0.0080 & 0.0602\\ -0.9288 & 1.2829\end{pmatrix}$$

假设功率 $\boldsymbol{\delta}_i(t)$ 和信道增益矩阵 $\boldsymbol{G}_i(t)$ 是固定的，都选1；包长 $m=5$，概率 $1-\dfrac{1}{\rho^2(\mathbf{A})}=0.6540$。由定理3－1可计算出充分条件［式（3－22）］中 $1-\rho(\mathbf{A})^{-\frac{2}{L}}$ 的值为0.4118。在我们的场景中，假设两个信道都被窃听。

首先，考虑人工噪声能量为常数 $\sigma_i^2(t)=1.5291$；然后根据式（3－19）和式（3－20），可以得到成功解码数据包的概率 $p((\gamma_{(}^{e}t)=1|\varepsilon_i^e(t))=0.5$。仿真结果如图3－2所示。

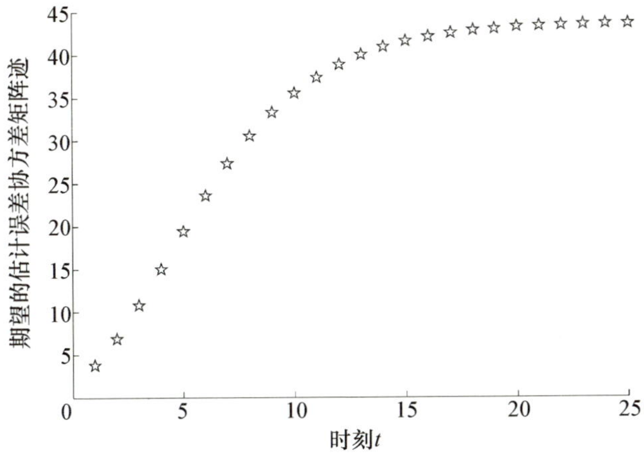

图3－2　当人工噪声能量 $\sigma_i^2(t)=1.5291$ 时，窃听者的融合估计性能

从图 3－2 可以看出，窃听者期望的估计误差协方差矩阵迹是有界的，这就意味着窃听者得到的状态误差是有界的，因此状态隐私会被泄露。当系统是单一传感器时，数据包的解码成功率只要低于 0.6540，估计误差协方差矩阵迹就会发散，然而对于本系统，尽管对各局部传感器的数据包解码成功率都低于 0.6540，但窃听者仍然可以通过使用融合估计算法获得有界的估计误差协方差矩阵迹，因此当选择的人工噪声能量较小时，式（3－24）和式（3－28）的条件不被满足，导致设计的隐私保护策略无效，从而泄露了系统的状态隐私。

进一步地，选择人工噪声能量 $\sigma_i^2(t)=4$，计算得到成功解码数据包的概率 $p((\gamma^{e}_{(}t)=1|\varepsilon_i^e(t))=0.2540$，充分条件［式（3－24）］是满足的。仿真结果如图 3－3所示。

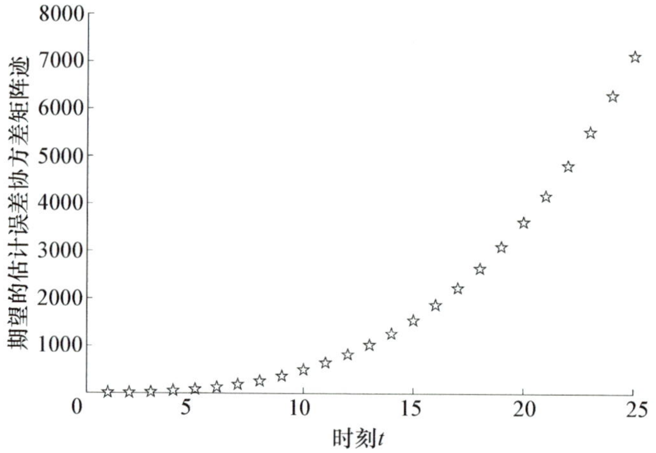

图 3－3　当人工噪声能量 $\sigma_i^2(t)=4$ 时，窃听者的融合估计性能

从图 3－3 可以看出，在所设计的隐私保护策略下，窃听者期望的估计误差协方差矩阵迹以指数速率无限增长，也就是说窃听者对状态的估计误差是不断增大的，最终得不到真实状态的信息，从而认为系统状态是安全的。这主要是因为当注入局部估计中的人工噪声能量较大时，窃听者融合中心对接收到的各局部估计信号的成功解码率降低，这使得窃听者虽然可以通过融合估计对系统状态进行再估计，但是由于条件［式（3－22）］是满足的，因此

根据定理 3 - 1 的结果，窃听者的估计误差协方差矩阵迹在期望意义下仍然是发散的，最终实现了完美的期望加密。

3.6 小　　结

本章针对分布式安全融合估计系统，研究了实现状态数据保密的安全融合估计问题，其目标是使窃听者期望的估计误差协方差矩阵迹随时间趋于无界；利用零空间理论设计了依赖于估计误差协方差矩阵的人工噪声加密隐私保护方法；建立了人工噪声能量与估计性能的关系；进而推导出了保证隐私性的充分条件和人工噪声能量的选择范围，并给出了分布式安全融合估计算法的步骤；最后，采用仿真示例验证了所提方法的有效性。

参 考 文 献

[1] WEST R，TURNER L H. Introducing communication theory：analysis and application [M]. 5th ed. New York：McGraw - Hill，2013.

[2] WYNER A D. The wire - tap channel [J]. Bell system technical journal，1975，54 (8)：1355 - 1387.

[3] LIANG Y B，POOR H V，SHAMAI S. Secure communication over fading channels [J]. IEEE transactions on information theory，2008，54 (6)：2470 - 2492.

[4] ZHOU X Y，SONG L Y，ZHANG Y. Physical layer security in wireless communications [M]. Boca Raton：CRC Press，2013.

[5] SHANNON C E. Communication theory of secrecy systems [J]. Bell system technical journal，1949，28 (4)：656 - 715.

[6] WILLIAM S. Cryptography and network security：principles and practices [M]. 7th ed. Essex：Pearson Education Limited，2017.

[7] LEONG A S，QUEVEDO D E，DOLZ D. Remote state estimation over packet dropping links in the presence of an eavesdropper[EB/OL]. (2017 - 02 - 09) [2024 - 12 - 17]. https：//arxiv. org/pdf/1702. 02785.

[8] WIESE M，JOHANSSON K H，OECHTERING T J，et al. Secure estimation for unstable systems [C]. 2016 IEEE 55th International Conference on Decision and Control，2016：5059 - 5064.

[9] TSIAMIS A，GATSIS K，PAPPAS G J. State estimation with secrecy against eaves-

droppers [J]. IFAC－papers online, 2017, 50 (1): 8385－8392.

[10] NEGI R, GOEL S. Secret communication using artificial noise [C]. 2005 IEEE 62nd Vehicular Technology Conference, 2005: 1906－1910.

[11] GOEL S, NEGI R. Guaranteeing secrecy using artificial noise [J]. IEEE transactions on wireless communications, 2007, 7 (6): 2180－2189.

[12] LEONG A S, REDDER A, QUEVEDO D E, et al. On the use of artificial noise for secure state estimation in the presence of eavesdroppers [C]. 2018 European Control Conference, 2018: 325－330.

[13] CHEN B, HU G Q, HO D W C, et al. Distributed covariance intersection fusion estimation for cyber－physical systems with communication constraints [J]. IEEE transactions on automatic control, 2016, 61 (12): 4020－4026.

[14] CHEN B, HO D W C, HU G Q, et al. Secure fusion estimation for bandwidth constrained cyber－physical systems under replay attacks [J]. IEEE transactions on cybernetics, 2018, 48 (6): 1862－1876.

[15] CHEN B, HU G Q, HO D W C, et al. Distributed robust fusion estimation with application to state monitoring systems [J]. IEEE transactions on systems, man, and cybernetics: systems, 2017, 47 (11): 2994－3005.

[16] ZHANG H, MENG W C, QI J J, et al. Distributed load sharing under false data injection attack in inverter based microgrid [J]. IEEE transactions on industrial electronics, 2019, 66 (2): 1543－1551.

[17] WU J F, YUAN Y, ZHANG H S, et al. How can online schedules improve communication and estimation tradeoff? [J]. IEEE transactions on signal processing, 2013, 61 (7): 1625－1631.

[18] SUN S L, DENG Z L. Multi－sensor optimal information fusion Kalman filter [J]. Automatica, 2004, 40 (6): 1017－1023.

[19] JAZWINSKI A H. Stochastic processes and filtering theory [M]. New York: Academic Press, 1970.

[20] SHI L, CHENG P, CHEN J M. Sensor data scheduling for optimal state estimation with communication energy constraint [J]. Automatica, 2011, 47 (8): 1693－1698.

[21] SIMON M K, ALOUINI M S. Digital communication over fading channels a: unified approach to performance analysis [M]. New York: John Wiley & Sons, Inc. , 2000.

[22] SINOPOLI B, SCHENATO L, FRANCESCHETTI M, et al. Kalman filtering with intermittent observations [J]. IEEE transactions on automatic control, 2004, 49 (9): 1453－1464.

第 4 章　基于信道增益加密的电力系统分布式安全融合估计

4.1 引　言

上一章介绍了如何用系统动态信息设计基于人工噪声的状态隐私保护策略，系统的动态过程信息只是物理信息的一部分，本章介绍如何利用信道增益设计人工噪声及对应的安全融合估计算法，并以电力系统为例具体讲述。融合估计充分利用多个传感器的观测信息获得对测量对象的一致描述，它可以实现优于单一传感器估计精度的性能，因此被广泛应用于电力系统、精确制导和目标跟踪等领域[1-5]。状态融合估计对电力系统的安全稳定运行至关重要。如果电力系统状态的估计结果不准确，任何后续的分析和计算都无法获得准确的结果。与传统电力系统相比，现代电力系统部署了大量的智能仪表设备，通过无线通信网络收集大量数据，实现快速实时的信息交换。然而，电力系统中的通信协议、设备认证和数据网络传输存在安全漏洞，这不可避免地使其面临数据欺骗攻击、DoS 攻击等网络攻击。恶意网络攻击可能会破坏电力系统的安全和经济运行，这将造成无法弥补的巨大损失。因此，研究电力系统的状态安全融合估计具有重要的理论意义与现实意义。

电力系统数据的保密性是其安全性的一个基本特征。为了保护最基本的数据隐私，从源头防止恶意网络攻击，从主动防御的角度设计可靠的隐私保护策略，以减少网络攻击对估计性能的损害，这一点尤为重要。文献［6］提出了一种对称加密算法，通过在每一轮加密过程中动态引入额外的密钥进行模糊处理，增强电力系统数据传输的安全性。文献［7］提出了一种基于深度学习和同态加密的数据聚合模型，以增强智能电网系统的安全性。文献［8］讨论了一种通过使用同态加密来保护智能电网隐私的方法，对各种系统设计和密码系统进行了比较。尽管研究人员提出了许多加密算法和方案，但设计的算法操作很复杂，它需要大量的计算资源，加密效率较低。

传统加密是一种通用的方法，加密过程独立于电力系统的物理过程，而且不利用来自物理层的任何信息；传统加密假定窃听者的计算资源是有限的。而物理层加密是一种新颖的无线安全机制，其有效利用物理层信息的随机性来降低窃听者可以接收到的信息强度。随着大数据时代的到来，计算能力大大提高，高级加密方法可以通过多次计算进行解密。数据扰动是一种广泛使用的隐私保护方法，它通过向数据中注入随机序列来增加信息的不确定性。差分隐私方法通过引入适当的噪声来隐藏真实信息，其计算复杂度低，能够满足传感器能量限制的要求。目前，已经有研究人员充分研究了基于高斯噪声[9]、拉普拉斯噪声[10]、均匀分布噪声[11]和指数分布噪声[12]的差分隐私方法。注入人工噪声是一种典型的通信信号加密方法。文献［13］将人工噪声注入传输信号，然后对用户接收到的信号的零空间矩阵和人工噪声能量进行运算，消除注入的人工噪声，因此不影响用户对加密数据的解密。文献［14］设计了依赖于物理过程和所有系统参数信息的人工噪声，结果表明，在降维融合估计框架下，只有窃听者的估计误差协方差矩阵迹变得无界。随后，在文献［15］中，随机传感器数据触发器和传感器侧的人工噪声被联合设计，获得了完美的期望加密。此外，文献［16］提出了在传感器能量约束下的人工噪声能量分配和数据调度策略。

系统的动态过程信息只是物理信息的一部分，传输过程中的信道增益受到信号散射、多径衰落和距离功率衰减的影响，使窃听者更难获得有效信息。因此，本章将研究电力系统中基于信道矩阵加密的状态安全融合估计算法。具体来说，在传感器端基于信道增益矩阵设计人工噪声，使窃听者期望的估计误差协方差矩阵迹变得无界，而防御者期望的估计误差协方差矩阵迹在一定的充分条件下保持有界。

4.2　系统建模与问题描述

4.2.1　电力系统建模

由于实际电力系统具有复杂性和多样性，对其进行理论研究相当困难。因此，研究者通常以单机无穷大电力系统作为研究对象。单机无穷大电力系统如图 4-1 所示。

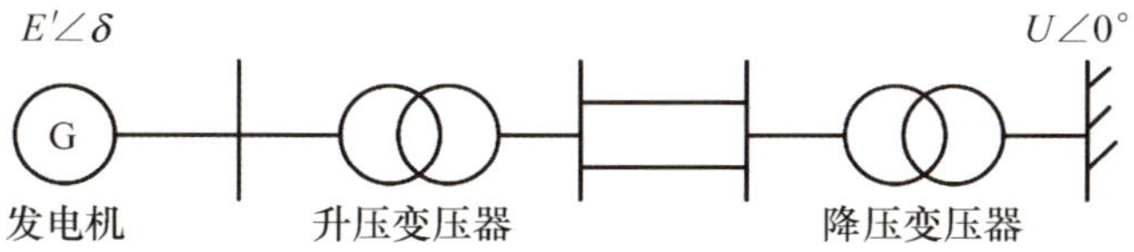

图 4-1　单机无穷大电力系统

无随机扰动的单机无穷大电力系统的模型为

$$\begin{cases} \dot{\theta} = \omega - \omega_0 \\ \dot{\omega} = -\dfrac{D}{M}(\omega - \omega_0) - \dfrac{P_m}{M} + \dfrac{P_e}{M} \end{cases} \tag{4-1}$$

式中，θ 为发电机功角；ω 为转子角速度；ω_0 为同步角速度；D 为阻尼系数；M 为惯性时间常数；P_m 为发电机输入机械功率；P_e 为发电机输出的电磁功率。同时，有如下关系：

$$\begin{cases} P_m = \dfrac{E'U\sin\theta_0}{X_\Sigma} \\ P_e = \dfrac{E'U\sin\theta}{X_\Sigma} \end{cases} \tag{4-2}$$

式中，E' 为发电机内电势；U 为无穷大母线电压；θ_0 为系统平衡状态对应的功角；X_Σ 为系统总电抗。

进而考虑新能源发电、电动汽车等对电力系统造成的随机扰动，并将其近似看作高斯过程，因此单机无穷大电力系统的随机动态模型可以表示为

$$\begin{cases} \dot{\theta} = \omega - \omega_0; \\ \dot{\omega} = -\dfrac{D}{M}(\omega - \omega_0) - \dfrac{P_{\mathrm{m}}}{M} + \dfrac{P_{\mathrm{e}}}{M} + \boldsymbol{w}(t) \end{cases} \tag{4-3}$$

式中，$\boldsymbol{w}(t)$ 为白噪声。

将系统在平衡点处进行线性化，同时有如下关系：

$$\begin{cases} \Delta\dot{\theta} = \Delta\omega \\ \Delta\dot{\omega} = -\dfrac{E'U\cos\theta_0\Delta\theta}{MX_{\Sigma}} - \dfrac{D}{M}\Delta\omega + \boldsymbol{w}(t) \end{cases} \tag{4-4}$$

因此，上述随机动态系统模型可重写为

$$\dot{\boldsymbol{x}}(t) = \begin{bmatrix} 0 & 1 \\ -\dfrac{E'U\cos\theta_0}{MX_{\Sigma}} & -\dfrac{D}{M} \end{bmatrix} \boldsymbol{x}(t) + \boldsymbol{w}(t) \tag{4-5}$$

式中，$\dot{\boldsymbol{x}}(t) = (\Delta\theta, \Delta\omega)^{\mathrm{T}}$；$\Delta\theta$ 和 $\Delta\omega$ 分别为发电机功率角和转子角速度的导数。

通过离散化式（4-5）并结合观测方程，单机无穷大电力系统模型框图如图 4-2 所示，具体数学模型如下：

$$\begin{cases} \boldsymbol{x}(t+1) = \boldsymbol{A}\boldsymbol{x}(t) + \boldsymbol{w}(t) \\ \boldsymbol{y}_i(t) = \boldsymbol{C}_i\boldsymbol{x}(t) + \boldsymbol{v}_i(t) \quad (i = 1, 2, \cdots, L) \end{cases} \tag{4-6}$$

式中，$\boldsymbol{x}(t)$ 为 t 时刻的电力系统状态向量；$\boldsymbol{y}_i(t)$ 为第 i 个智能传感器的观测值；L 为传感器的数量；$\boldsymbol{w}(t)$ 和 $\boldsymbol{v}(t)$ 分别为具有零均值、方差为 Q 和 R_i 的不相关高斯白噪声；$\boldsymbol{A}$ 和 $\boldsymbol{C}_i$ 为具有电力系统参数的时不变矩阵。

直到 t 时刻为止，第 i 个传感器的所有观测值由 $Y_i = \{y_i(1), \cdots, y_i(t)\}$ 表示。然后，通过执行标准卡尔曼滤波算法过程，获得第 i 个传感器的局部估计：

$$\begin{cases} \hat{\boldsymbol{x}}_i^-(t) = \boldsymbol{A}\hat{\boldsymbol{x}}_i(t-1) \\ \boldsymbol{P}_i^-(t) = \boldsymbol{A}\boldsymbol{P}_i(t-1)\boldsymbol{A}^{\mathrm{T}} + Q \\ \boldsymbol{K}_i(t) = \boldsymbol{P}_i^-(t)\boldsymbol{C}_i^{\mathrm{T}}(\boldsymbol{C}_i\boldsymbol{P}_i^-(t)\boldsymbol{C}_i^{\mathrm{T}} + R_i)^{-1} \\ \hat{\boldsymbol{x}}_i(t) = \hat{\boldsymbol{x}}_i^-(t) + \boldsymbol{K}_i(t)(\boldsymbol{y}_i(t) - \boldsymbol{C}_i\hat{\boldsymbol{x}}_i^-(t)) \\ \boldsymbol{P}_i(t) = [\boldsymbol{I}_n - \boldsymbol{K}_i(t)\boldsymbol{C}_i]\boldsymbol{P}_i^-(t) \end{cases} \tag{4-7}$$

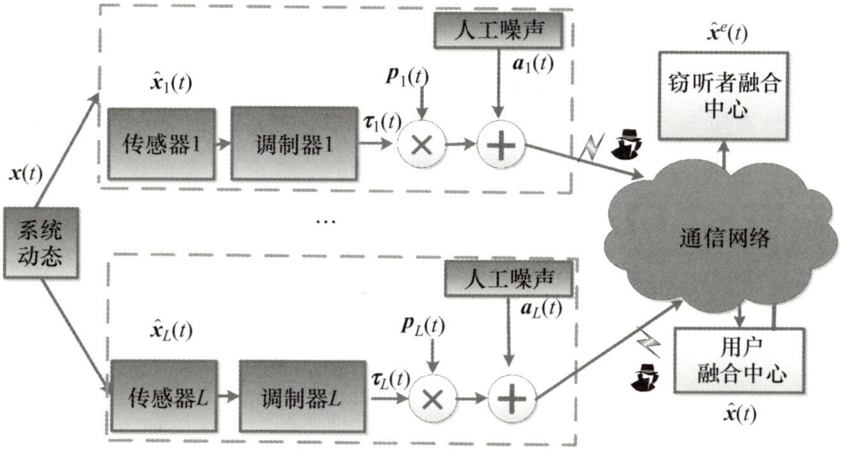

图 4－2　系统模型框图

式中，$\hat{\boldsymbol{x}}_i^-(t)$ 和 $\hat{\boldsymbol{x}}_i(t)$ 分别为状态 $\boldsymbol{x}(t)$ 的先验最小均方误差估计和后验最小均方误差估计；$\boldsymbol{P}_i^-(t)$ 和 $\boldsymbol{P}_i(t)$ 为相应的估计误差协方差矩阵。

此外，根据式（4－7），第 i 个传感器和第 j 个传感器子系统之间的估计误差互协方差矩阵 $\boldsymbol{P}_{ij}(t)(i\neq j)$ 可通过以下公式计算：

$$\boldsymbol{P}_{ij}(t)=[\boldsymbol{I}_n-\boldsymbol{K}_i(t)\boldsymbol{C}_i][\boldsymbol{A}\boldsymbol{P}_{ij}(t-1)\boldsymbol{A}^{\mathrm{T}}+Q][\boldsymbol{I}_n-\boldsymbol{K}_j(t)\boldsymbol{C}_j]^{\mathrm{T}} \tag{4-8}$$

$\boldsymbol{P}_i(t)$ 和 $\boldsymbol{P}_{ij}(t)$ 以指数形式收敛到稳态值 $\overline{\boldsymbol{P}}_{ii}$ 和 $\overline{\boldsymbol{P}}_{ij}$。

定义矩阵运算 $f(\boldsymbol{M})\triangleq \boldsymbol{A}\boldsymbol{M}\boldsymbol{A}^{\mathrm{T}}+Q$ 和 $f^n(\boldsymbol{M})\triangleq \underbrace{h\circ h\circ\cdots\circ h}_{n次}(\boldsymbol{M})$，有 $\overline{\boldsymbol{P}}_{ii}<h^{t_1}(\overline{\boldsymbol{P}}_{ii})\leqslant h^{t_2}(\overline{\boldsymbol{P}}_{ii})$，$t_1\leqslant t_2\in Z^+$。

4.2.2　基于人工噪声的数据加密方法

为了防止局部估计被窃听，当每个传感器生成局部估计时，将人工噪声注入传输的数据，人工噪声依赖于实时信道矩阵。首先，通过调制器将局部估计应用于已知的映射 $\mathcal{F}_i(\hat{\boldsymbol{x}}_i(t))$，生成一维复信号 $\boldsymbol{z}_i(t)\in\mathbb{C}$；然后，在波束成形操作和注入人工噪声之后，发送的信号可以被写成以下形式：

$$\bar{\boldsymbol{z}}_i(t)=\boldsymbol{p}_i(t)\boldsymbol{z}_i(t)+\boldsymbol{a}_i(t) \tag{4-9}$$

式中，$\boldsymbol{p}_i(t)$ 为 $N_T\times 1$ 维的波束成形向量，满足 $E\{\boldsymbol{p}_i(t)\boldsymbol{p}_i^{\dagger}(t)\}=\boldsymbol{I}_{N_T}$，† 表示厄尔半特转置；$\boldsymbol{a}_i(t)$ 为 $N_T\times 1$ 维的人工噪声向量。

4.2.3 分布式安全融合估计

在窃听者融合中心，尽管窃听者可能由于数据包解码失败而无法获得局部估计，但窃听者可以补偿尚未成功解码的数据。具体来说，通过一步预测补偿可以获得最终的局部估计$\hat{\boldsymbol{x}}_i(t)$ 和相应的估计误差协方差矩阵 $\boldsymbol{P}_i(t)$，如下所示：

$$(\hat{\boldsymbol{x}}_i^e(t),\boldsymbol{P}_{ii}^e(t))=\begin{cases}(\boldsymbol{A}\,\hat{\boldsymbol{x}}_i^e(t-1),h(\boldsymbol{P}_{ii}^e(t-1))),\text{当 }\boldsymbol{\varphi}_i(t)=0\\(\hat{\boldsymbol{x}}_i(t),\overline{\boldsymbol{P}}_{ii}),\text{其他}\end{cases}\tag{4-10}$$

首先，将每个局部估计与权值矩阵 $\boldsymbol{W}_i(t)$ 相乘，得到窃听器的最终状态估计，公式如下：

$$\hat{\boldsymbol{x}}^e(t)=\sum_{i=1}^{L}\boldsymbol{W}_i(t)\,\hat{\boldsymbol{x}}_i^e(t)\tag{4-11}$$

式中，$\sum_{i=1}^{L}\boldsymbol{W}_i(t)=\boldsymbol{I}_n$。

然后，$\boldsymbol{\Sigma}_e(t)=(\boldsymbol{P}_{ij}^e(t)),\Xi=(\boldsymbol{I}_n,\cdots,\boldsymbol{I}_n)^{\mathrm{T}}$，根据线性最小方差准则计算最优加权矩阵：

$$[\boldsymbol{W}_1(t),\cdots,\boldsymbol{W}_L(t)]=\left(\Xi^{\mathrm{T}}\boldsymbol{\Sigma}_e^{-1}(t)\Xi\right)^{-1}\Xi^{\mathrm{T}}\boldsymbol{\Sigma}_e^{-1}(t)\tag{4-12}$$

最后，窃听者的估计误差协方差矩阵可用以下公式计算：

$$\boldsymbol{P}_e(t)=\left(\Xi^{\mathrm{T}}\boldsymbol{\Sigma}_e^{-1}(t)\Xi\right)^{-1}\tag{4-13}$$

4.2.4 问题描述

本章讨论的两个问题描述如下。

(1) 如何为每个依赖物理信息的传感器设计人工噪声，以确保用户融合中心接收到的数据质量不受影响，而窃听者截获的数据包含噪声干扰。

(2) 基于式 (4-9) 设计的人工噪声加密策略，如何在设计的人工噪声中找到充分条件以保证窃听者期望的估计误差协方差矩阵满足式 (3-15)。

4.3 基于信道增益的人工噪声注入方法

假设通信方式为多输入单输出模式，即有 N_T 个发射天线和一个接收天线。因此，我们可以将从第 i 个传感器到用户融合中心的信道增益矩阵表示为 $\boldsymbol{\Theta}_i^u(t) \in \mathbb{C}^{N_T \times 1}$。基于矩阵理论，我们可以将 $\boldsymbol{\Theta}_i^u(t)$ 的零空间的正交基表示为 $\boldsymbol{\Psi}_i(t)$，它的维数为 $N_T \times (N_T-1)$ 且满足 $\boldsymbol{\Psi}_i^{\mathrm{T}}(t)\boldsymbol{\Psi}_i(t)=\boldsymbol{I}_{N_T-1}$。假设 $\boldsymbol{\xi}_i$ 的维数为 $(N_T-1)\times 1$，并且是均值和方差均为零的高斯白噪声序列 $E\{\boldsymbol{\xi}_i(t)\boldsymbol{\xi}_i^{\dagger}(t)\}=\alpha_i \boldsymbol{I}_{N_T-1}$，设计的人工噪声为

$$\boldsymbol{a}_i(t)=\boldsymbol{\Psi}_i(t)\boldsymbol{\xi}_i(t) \tag{4-14}$$

在用户融合中心，来自第 i 个传感器的接收信号 $\boldsymbol{d}_i^u(t)$ 可以写为 $\boldsymbol{d}_i^u(t)=\boldsymbol{\Theta}_i^u(t)[\boldsymbol{p}_i(t)\boldsymbol{\tau}_i(t)+\boldsymbol{a}_i(t)]$，结合式（4－9）和式（4－16），有

$$\boldsymbol{d}_i^u(t)=\boldsymbol{\Theta}_i^u(t)\boldsymbol{p}_i(t)\boldsymbol{\tau}_i(t) \tag{4-15}$$

为了分析窃听者的估计性能，假设来自第 i 个传感器窃听者接收到的信号为 $\boldsymbol{d}_i^e(t)$。类似地，$\boldsymbol{d}_i^u(t)$，$\boldsymbol{d}_i^e(t)$ 可以表示为

$$\boldsymbol{d}_i^e(t)=\boldsymbol{\Theta}_i^e(t)\boldsymbol{p}_i(t)\boldsymbol{\tau}_i(t)+\boldsymbol{\Theta}_i^e(t)\boldsymbol{\psi}_i(t)\boldsymbol{\xi}_i(t) \tag{4-16}$$

注释 4－1： 根据式（4－9），可以得出 $\boldsymbol{\Theta}_i^u(t)\boldsymbol{a}_i(t)=0$，这意味着所选择的人工噪声位于第 i 个传感器的信道增益矩阵 $\boldsymbol{\Theta}_i^u(t)$ 的零空间中。在这种情况下，用户接收到的信号不包含人工噪声。然而，对于窃听者来说，接收到的信号 $\boldsymbol{d}_i^e(t)$ 总是包含人工噪声的。

当融合中心对接收到的信号进行译码时，其译码成功概率取决于信号的 SNR。假设第 i 个传感器使用能量 α_i 对信号进行加密，并向融合中心发送具有发射能量 β_i 的数据分组，则窃听者的 SNR 为

$$\varepsilon_i^e(t)=\frac{\beta_i E\{|\boldsymbol{\Theta}_i^e(t)\boldsymbol{p}_i(t)|^2\}}{E\{|\boldsymbol{\Theta}_i^e(t)\boldsymbol{a}_i(t)|^2\}}=\frac{\beta_i}{\alpha_i} \tag{4-17}$$

接收到的信号的译码成功概率与 $\varepsilon_i(t)$ 相关，并且具有如下关系：

$$\boldsymbol{p}(\boldsymbol{\varphi}_i(t)=1|\varepsilon_i(t))=[1-\zeta\sqrt{2\varepsilon_i(t)}]^m \tag{4-18}$$

式中，m 为数据分组长度；$\boldsymbol{\zeta}(\boldsymbol{x})=\int_{x}^{\infty}\frac{1}{\sqrt{2\pi}}\exp\left(-\frac{t^2}{2}\right)\mathrm{d}t$；$\boldsymbol{\varphi}_i(t)$ 为指示所接收到的数据包是否被成功解码的二进制变量，$\boldsymbol{\varphi}_i(t)=1$ 表示数据包解码成功，$\boldsymbol{\varphi}_i(t)=0$ 表示数据包解码失败。

注释 4-2：根据式（4-17）和式（4-18）可以得出，窃听者融合中心解码成功的概率取决于能量 α_i、发射能量 β_i 和数据分组长度 m。对于用户来说，由于接收到的信号中没有噪声，可以认为接收到的信号的 SNR 是无穷大的。在这种情况下，根据式（4-18），用户总能以概率 1 成功地解码接收到的数据，这意味着所设计的人工噪声不会损害用户融合中心的解码成功概率。

4.4 基于信道增益加密的安全融合估计

根据注释 4-2 的分析，我们知道注入的人工噪声对用户融合中心中的数据解码成功概率没有影响。可以说，人工噪声不会降低合法用户的估计性能。因此，完美的期望加密条件［式（3-16）］成立。在本节中，我们将设计人工噪声能量，使窃听者的估计误差协方差矩阵迹随时间发散，从而满足式（3-15）的条件。

定理 4-1：考虑具有保密机制的单机无穷大电力系统［式（4-9）和式（4-16）］，如果窃听者融合中心对截获的传感器数据的成功解码概率满足

$$\boldsymbol{p}(\boldsymbol{\varphi}_i^e(t)=1|\varepsilon_i^e(t))<1-\rho(\mathbf{A})^{-\frac{2}{L}},\quad \forall\,\varepsilon_i^e(t) \tag{4-19}$$

式中，$\boldsymbol{\varphi}_i^e(t)$ 为窃听者是否能够在 t 时刻成功解码第 i 个传感器发送的截获数据。则完美的期望加密条件［式（3-16）］成立，即

$$\lim_{k\to\infty}\mathrm{t}\ \mathrm{Tr}\ \{E\{\boldsymbol{P}_e(t)\}\}=\infty \tag{4-20}$$

在这种情况下，第 i 个传感器的注入能量 α_i 应满足

$$\alpha_i^2(t)>\frac{1}{\varepsilon_i^{e\,*}}\beta_i(t)\boldsymbol{\Theta}_i(t) \tag{4-21}$$

式中，$\varepsilon_i^{e\,*}$ 为当窃听者成功解码来自第 i 个传感器的数据的概率为 $1-\rho(\mathbf{A})^{-\frac{2}{L}}$ 时对应的 SNR。

证明　设$\wp$表示窃听者未能对有限域 N 上的所有接收到的传输数据进行

解码，$\aleph^{\perp}$表示其补码，有

$$\begin{aligned}\boldsymbol{p}_e(\aleph)&=\boldsymbol{p}_e(\boldsymbol{\varphi}_i^e(t)=0)\\&=\prod_{i=1}^{L}\prod_{t=1}^{N}\boldsymbol{p}(\boldsymbol{\varphi}_i^e(t)=0)\end{aligned}\tag{4-22}$$

根据式（4－13）、式（4－17）及式（4－10），可以得到$\boldsymbol{\Sigma}_e(N)=(h^t(\overline{\boldsymbol{P}}_{ij}))\triangleq h^t(\boldsymbol{\Sigma}_e(0))$，其中

$$h^t(\overline{\boldsymbol{P}}_{ij})=\boldsymbol{A}^t\overline{\boldsymbol{P}}_{ij}(\boldsymbol{A}^{\mathrm{T}})^t+\sum_{s=0}^{t-1}\boldsymbol{A}^sQ(\boldsymbol{A}^{\mathrm{T}})^s\tag{4-23}$$

进一步地，可以得到

$$\boldsymbol{\Sigma}_e(N)>\begin{pmatrix}\boldsymbol{A}^N\overline{\boldsymbol{P}}_1(\boldsymbol{A}^{\mathrm{T}})^N&&&\\&\boldsymbol{A}^N\overline{\boldsymbol{P}}_2(\boldsymbol{A}^{\mathrm{T}})^N&&\\&&\ddots&\\&&&\boldsymbol{A}^N\overline{\boldsymbol{P}}_L(\boldsymbol{A}^{\mathrm{T}})^N\end{pmatrix}\tag{4-24}$$

然后，根据式（4－15），可以得到

$$\begin{aligned}\mathrm{Tr}E\{\boldsymbol{P}_e(N)\}&=\mathrm{Tr}E\{\boldsymbol{P}_e(N)\mid\aleph\}\boldsymbol{p}_e(\aleph)+\mathrm{Tr}E\{\boldsymbol{P}_e(N)\mid\aleph^{\perp}\}\boldsymbol{p}_e(\aleph^{\perp})\\&>\frac{1}{L}\mathrm{Tr}(\boldsymbol{A}^N\overline{\boldsymbol{P}}_i(\boldsymbol{A}^{\mathrm{T}})^N)\boldsymbol{p}_e(\aleph),\quad\text{对于某个 } i\\&>\frac{1}{L}\mathrm{Tr}(\overline{\boldsymbol{P}}_i(\boldsymbol{A}^{\mathrm{T}})^N\boldsymbol{A}^N)\prod_{i=1}^{L}\prod_{t=1}^{N}\boldsymbol{p}(\boldsymbol{\varphi}_i(t)=0)\\&>\frac{1}{L\rho(\mathbf{A})^{2N}}\mathrm{Tr}(\overline{\boldsymbol{P}}_i(\boldsymbol{A}^{\mathrm{T}})^N\boldsymbol{A}^N)\end{aligned}$$

由此得出结论：随着$N\to\infty$，有$\mathrm{Tr}E\{\boldsymbol{P}_e(N)\}\to\infty$，即$\lim_{t\to\infty}\mathrm{Tr}E\{\boldsymbol{P}_e(t)\}=\infty$。

最后，根据式（4－22）及式（4－18）中成功解码概率函数的递增性质，可以很容易地推导出式（4－21）的结论。

注释 4－3　上述定理表明，只要数据包成功解码的概率小于$1-\rho(\mathbf{A})^{-\frac{2}{L}}$，窃听者的估计误差协方差矩阵迹就趋于无界。在这种情况下，每个传感器都需要注入大于$\frac{1}{\varepsilon_i^{e*}}\beta_i(t)\boldsymbol{\Theta}_i(t)$的能量。此外，当本地信道被更多地监听，即$L$较大时，需要用户使用可控参数来降低窃听者的成功解码概率，以确保机密性。

在特殊情况下，数据值将退化为一个传感器的 $1-\frac{1}{\rho^2(\boldsymbol{A})}$，即 $L=1$。

4.5 示　　例

对于单机无穷大电力系统模型［式（4－5）和式（4－6）］，我们将模拟参数设置如下：

$$
\begin{aligned}
&E'=0.5, U=1, M=0.0875, X_{\Sigma}=0.8\\
&\delta_0=74.3674°, D=0.2625, \boldsymbol{C}_1=(1,0)\\
&\boldsymbol{C}_2=(1,1), \boldsymbol{Q}=\begin{pmatrix}1,0.3\\0.3,2\end{pmatrix}, R_1=1.2, R_2=2.5
\end{aligned}
\tag{4-25}
$$

对于传感器 1，考虑注入两个不同的人工噪声能量，即 0.5 和 5。对于传感器 2，考虑分别注入 0.9 和 8 的人工噪声能量。我们可以验证定理 4－1 中的充分条件［式（4－19）］对于注入了不同能量组合的两个传感器是否成立。具体的仿真结果如图 4－3 和图 4－4 所示。

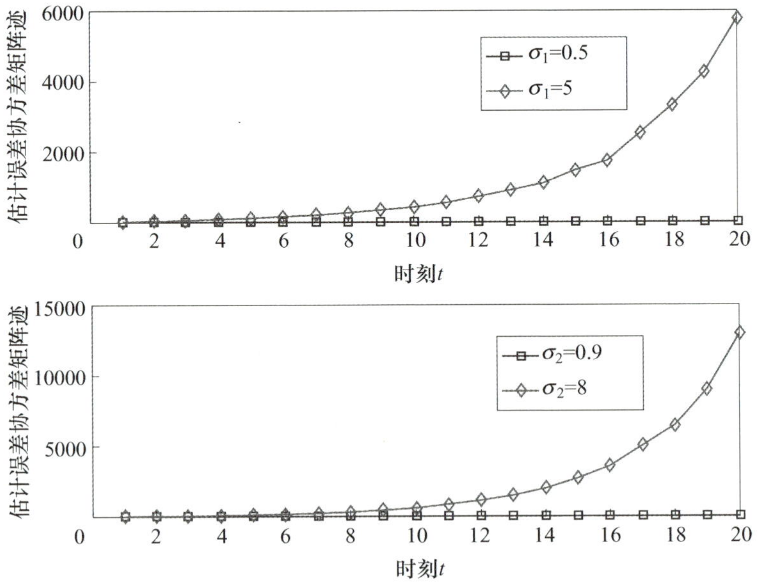

图 4－3　不同人工噪声能量下局部传感器的估计性能

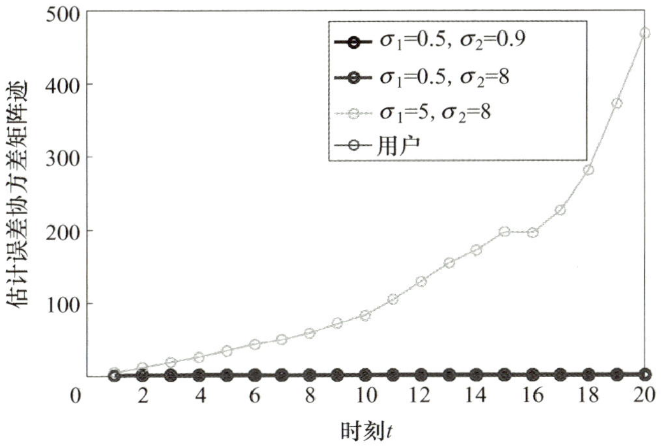

图 4-4 不同人工噪声能量组合下的融合估计性能

两个局部传感器的估计误差协方差矩阵迹在人工噪声能量为 0.5 和 0.9 时出现分歧，而在人工噪声能量为 5 和 8 时收敛，这是因为当人工噪声能量为 0.3 和 0.7 时，它们的值小于每个传感器实现完美期望加密所需的能量下限。根据定理 4-1，可以得出结论：在传感器组合 $\sigma_1=5$，$\sigma_2=8$ 的情况下，可以实现完美的期望加密。在注入的人工噪声能量组合为 $\sigma_1=5$，$\sigma_2=8$ 的情况下，满足式（4-19）的条件。

4.6 小 结

本章考虑了分布式安全融合估计问题的保密性，其目标是使窃听者期望的估计误差协方差矩阵迹是无界的；提出了一种利用信道增益矩阵的人工噪声能量注入方法，推导出了保证保密性的充分条件。在未来的工作中，我们将针对更一般的信道模型来解决具有保密性的分布式安全融合估计问题。

参考文献

[1] DING X L, WANG Z P, ZHANG L, et al. Longitudinal vehicle speed estimation for four-wheel-independently-actuated electric vehicles based on multi-sensor fusion [J]. IEEE transactions on vehicular technology, 2020, 69 (11): 12797-12806.

[2] YANG Q M, JAGANNATHAN S. Reinforcement learning controller design for affine nonlinear discrete - time systems using online approximators [J]. IEEE transactions on systems, man and cybernetics, part B: cybernetics, 2012, 42 (2): 377 - 390.

[3] YANG Q M, CAO W W, MENG W C, et al. Reinforcement - learning - based tracking control of waste water treatment process under realistic system conditions and control performance requirements [J]. IEEE transactions on systems, man and cybernetics: systems, 2022, 52 (8): 5284 - 5294.

[4] RUAN Z W, YANG Q M, GE S S, et al. Adaptive fuzzy fault tolerant control of uncertain MIMO nonlinear systems with output constraints and unknown control directions [J]. IEEE transactions on fuzzy systems, 2022, 30 (5): 1224 - 1238.

[5] QIN Y, ARUNAN A, YUEN C. Digital twin for real - time Li - ion battery state of health estimation with partially discharged cycling data [J]. IEEE transactions on industrial informatics, 2023, 19 (5): 7247 - 7257.

[6] ZHANG H, LANG W M, LIU C M, et al. A blockchain - based security approach architecture for the Internet of Things [C]. IEEE Information Technology, Networking, Electronic and Automation Control Conference, 2020: 310 - 313.

[7] SINGH P, MASUD M, HOSSAIN M S, et al. Blockchain and homomorphic encryption - based privacy - preserving data aggregation model in smart grid [J]. Computers & electrical engineering, 2021, 93: 107209.

[8] HUSSAIN I, SAMARA G, ULLAH I, et al. Encryption for end - user privacy: a cyber - secure smart energy management system [C]. 2021 22nd International Arab Conference on Information Technology, 2021: 1 - 6.

[9] DWORK C, ROTH A, The algorithmic foundations of differential privacy [J] . Foundations and trends in theoretical computer science, 2013, 9 (3 - 4): 211 - 487.

[10] DWORK C, MCSHERRY F, NISSIM K, et al. Calibrating noise to sensitivity in private data analysis [J] . Theory of cryptography, 2006, 3876: 265 - 284.

[11] GENG Q, VISWANATH P. Optimal noise adding mechanisms for approximate differential privacy [J] . IEEE transactions on information theory, 2016, 62 (2): 952 - 969.

[12] MCSHERRY F, TALWAR K. Mechanism design via differential privacy [C] . 48th Annual IEEE Symposium on Foundations of Computer Science, 2007: 94 - 103.

[13] DARUP M S, ALEXANDRU A B, QUEVEDO D E, et al. Encrypted control for networked systems: an illustrative introduction and current challenges [J]. IEEE control sytems magazine, 2021, 41 (3): 58 - 78.

[14] XU D X, CHEN B, YU L, et al. Secure dimensionality reduction fusion estimation against eavesdroppers in cyber - physical systems [J]. ISA transactions, 2020, 104: 154 - 161.

[15] XU D X, YAN X H, CHEN B, et al. Energy - constrained confidentiality fusion estimation against eavesdroppers [J]. IEEE transactions on circuits and systems, part Ⅱ: express briefs, 2022, 69 (2): 624 - 628.

[16] TSIAMIS A, GATSIS K, PAPPAS G J. State estimation with secrecy against eavesdroppers [J]. IFAC - papers online, 2017, 50 (1): 8385 - 8392.

[17] XU D X, CHEN B, ZHANG Y C, et al. Distributed anti - Eavesdropping fusion estimation under energy constraints [J]. IEEE transactions on automatic control, 2023, 68 (12): 1 - 8.

第 5 章　带宽受限下基于降维的分布式安全融合估计

5.1 引　言

在 NMFES 中，所有传感器节点共享一个有限带宽的无线通信网络[1-3]。随着传感器节点数量的增加，所需的网络带宽极易超出系统所能提供的带宽，进而导致数据的丢失与延迟等网络现象，从而恶化系统的性能。面对网络带宽受限的情况，目前常用的解决方法是数据量化和数据降维，由于实际中 NMFES 的局部传感器传输的信号大多是多维的，直接对多维信号进行量化是困难的，而采用数据降维方法对传输信号进行降维压缩后再发送会更简便、更直接。因此，研究带宽受限条件下 NMFES 的分布式安全融合估计问题具有重要的理论意义与现实意义。

分布式融合估计通信能力有限的问题已经得到了很好的研究。数据量化和数据阵维在大多已有的工作中都可以找到。从通信的角度来看，带宽受限意味着传感器在每个数据传输时刻只能向目的地发送某些二进制位[4-8]。考虑实值消息数量有限的带宽约束，文献［9－12］提出了基于不同降维策略的分布式融合估计算法。此外，为了满足一定的传感器到融合中心的通信速率，文献［13，14］根据不同的判断标准研究了分布式融合估计问题。然而，由于高度的开放性，NMFES 很容易受到恶意攻击[15-17]。特别地，机密性是一个根本性的弱点。由于无线通信是通过广播实现的，因此，通过将接收天线放置在无线广播信号经过的区域中，可以很容易地截取所发送的数据。因此，保密性成为 NMFES 的一个基本要求和根本问题。

传统的基于信息安全的密码学已在文献［18，19］中进行了研究。由于传感器的计算资源有限，因此对保密通信的强加密很难实现。此外，如果窃听者具有足够强大的计算能力，弱加密方案可能会导致信息泄露。文献［20－25］从信号处理的角度研究了安全融合估计问题，利用物理层信息和人工噪声能量实现加密。文献［20］提出了一种基于服务质量的秘密发射波束形成方法，它通过注入大量的人工噪声能量来阻止窃听。在物理层安全思想的启发下，通过最小化估计误差协方差矩阵迹的期望，同时使窃听者的估计误差协方差矩阵迹的期望保持在某个水平之上，文献［21］得到了一种带反馈的最优传输调度。文献［22］中没有反馈的数据通信速率也得到了类似的结果；但是，由于随机传输，合法用户的估计性能降低了。文献［23］提出了在信息承载信号中添加人工噪声能量的加密方法，在这种方法中，目标接收者的通信信道没有恶化。此外，文献［24］对多个发射天线给出了类似的结果，证明了人们可以保持窃听者期望的估计误差协方差矩阵迹是无界的，而合法用户期望的估计误差协方差矩阵迹仍然是通过向传感器注入人工噪声能量来保持有界的。对于分布式安全融合估计问题，基于估计误差协方差矩阵迹的人工噪声能量在文献［25］中获得了完美的期望加密。

上述工作假设带宽充足，然而，带宽受限下的分布式安全融合估计问题并没有得到充分的研究。文献［26－29］指出，在解决带宽受限问题时，相比于文献［30］中的向量量化方法，降维方法具有更大的优势。在降维融合框架下，传感器只将局部传感器估计的部分分量传输到融合中心，因此，具有带宽受限的 NMFES，降维融合估计的保密性问题具有挑战性。本章将基于物理过程和系统动态信息设计人工噪声能量注入方法，使估计误差协方差矩阵迹在一定条件下对窃听者是无界的，但其对合法用户是有界的。为了保证人工噪声能量的有效注入，本章将给出人工噪声的一些充分条件和功率，最后，通过对不同能量大小的人工噪声进行仿真，验证所提加密策略是否能够实现完美的期望加密。

5.2 系统建模与问题描述

5.2.1 系统建模

基于注入人工噪声能量进行加密的降维分布式安全融合估计系统结构如图 5-1 所示，其状态空间模型为

$$\boldsymbol{x}(t+1)=\boldsymbol{A}\boldsymbol{x}(t)+\boldsymbol{w}(t) \tag{5-1}$$

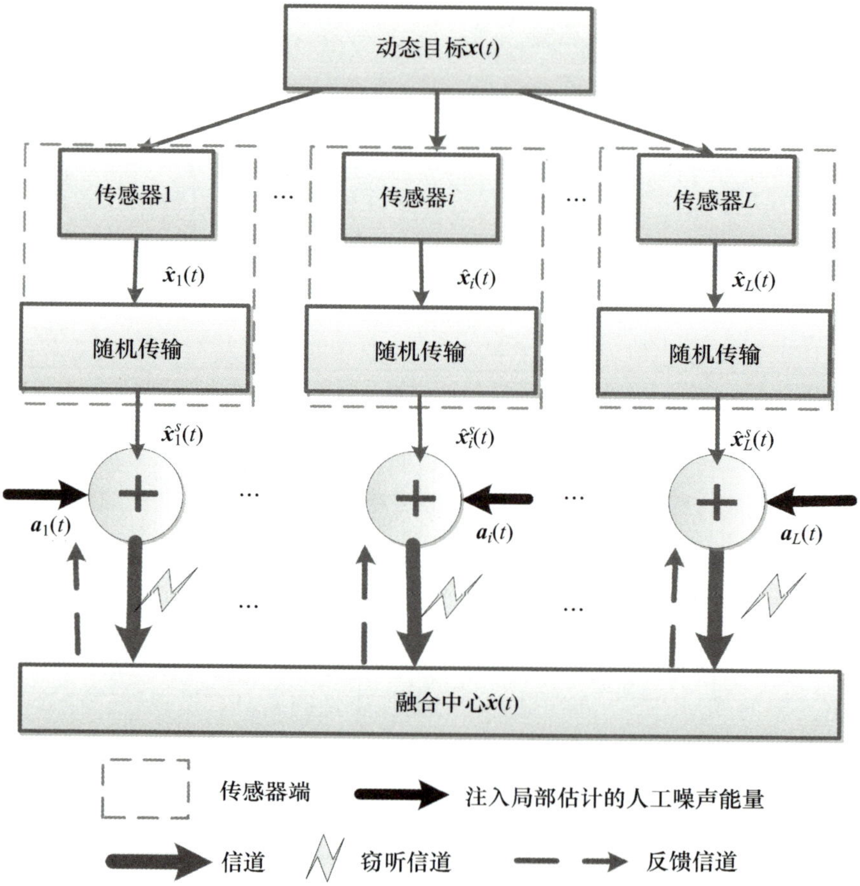

图 5-1 基于注入人工噪声能量进行加密的降维分布式安全融合估计系统结构

$$\boldsymbol{y}_i(t)=\boldsymbol{C}_i\boldsymbol{x}(t)+\boldsymbol{v}_i(t) \quad (i=1,2,\cdots,L) \tag{5-2}$$

式中，$\boldsymbol{x}(t)\in\mathbb{R}^n$为系统状态向量；$\boldsymbol{y}_i(t)\in\mathbb{R}^{q_i}$为传感器 i 的测量输出；L 为传感器的数量；$\boldsymbol{w}(t)$ 和 $\boldsymbol{v}_i(t)$ 分别为过程噪声和观测噪声，并且是均值为零、方差分别为 Q 和 R_i 的互不相关的高斯白噪声；$\boldsymbol{A}$ 和 $\boldsymbol{C}_i$ 为具有适当维数的时不变矩阵，假设矩阵对（C_i,A）是可检测的且（$A,Q^{1/2}$）是可控的。

第 i 个传感器的局部估计由标准卡尔曼滤波器给出[31-33]：

$$\hat{\boldsymbol{x}}_i(t)=\boldsymbol{G}_{K_i}(t)\boldsymbol{A}\hat{\boldsymbol{x}}_i(t-1)+\boldsymbol{K}_i(t)\boldsymbol{y}_i(t) \tag{5-3}$$

$$\boldsymbol{K}_i(t)=\boldsymbol{P}_i^-(t)\boldsymbol{C}_i^{\mathrm{T}}[\boldsymbol{C}_i\boldsymbol{P}_i^-(t)\boldsymbol{C}_i^{\mathrm{T}}+R_i]^{-1} \tag{5-4}$$

$$\boldsymbol{G}_{K_i}(t)=\boldsymbol{I}_n-\boldsymbol{K}_i(t)\boldsymbol{C}_i \tag{5-5}$$

局部最优估计误差协方差矩阵可以通过下式计算：

$$\boldsymbol{P}_i(t)=[\boldsymbol{I}_n-\boldsymbol{K}_i(t)\boldsymbol{C}_i]\boldsymbol{P}_i^-(t) \tag{5-6}$$

$$\boldsymbol{P}_i^-(t)=\boldsymbol{A}\boldsymbol{P}_i(t-1)\boldsymbol{A}^{\mathrm{T}}+Q \tag{5-7}$$

此外，根据式（5-3）～式（5-7），估计误差互协方差矩阵 $\boldsymbol{P}_{ij}(t)$（$i\neq j$）可以通过下式计算[34]：

$$\boldsymbol{P}_{ij}(t)=[\boldsymbol{I}_n-\boldsymbol{K}_i(t)\boldsymbol{C}_i][\boldsymbol{A}\boldsymbol{P}_{ij}^s(t-1)\boldsymbol{A}^{\mathrm{T}}+Q][\boldsymbol{I}_n-\boldsymbol{K}_j(t)\boldsymbol{C}_j]^{\mathrm{T}} \tag{5-8}$$

正如前文所述，网络带宽和传感器能量在 NMFES 中是有限的。文献［3］提出了基于局部估计分量传输的降维方法来满足有限的带宽。具体来说，在传感器 i 计算局部估计$\hat{\boldsymbol{x}}_i(t)$之后，只有局部估计的 r_i（$1\leqslant r_i<n$）个分量$\hat{\boldsymbol{x}}_i^s(t)$ 在 t 时刻被发送到融合中心，这种传输机制称为随机传输。融合中心接收到的估计信号称为重组状态估计$\hat{\boldsymbol{x}}_i^r(t)$，它有 Δ_i 种可能的情况，位于以下集合中：

$$\boldsymbol{S}_i(t)\triangleq\{\boldsymbol{H}_1^i\hat{\boldsymbol{x}}_i(t),\cdots,\boldsymbol{H}_{h_i}^i\hat{\boldsymbol{x}}_i(t),\cdots,\boldsymbol{H}_{\boldsymbol{\Delta}_i(t)}^i\hat{\boldsymbol{x}}_i(t)\} \tag{5-9}$$

式中，$\boldsymbol{\Delta_i}(t)=[n(n-1)\cdots(n-r_i+1)]/[r_i(r_i-1)\cdots1]$；$h_i=1,2,\cdots,\boldsymbol{\Delta}_i(t)$；$\boldsymbol{H}_{h_i}^i$为包含 r_i 个对角元素“1”和 $n-r_i$ 个对角元素“0”的对角矩阵。

为简单描述重组状态估计，引入以下指示函数：

$$\alpha_{h_i}^i(t)=\begin{cases}1, & \text{如果}\hat{\boldsymbol{x}}_i^r(t)=\boldsymbol{H}_{h_i}^i\hat{\boldsymbol{x}}_i(t)\\ 0, & \text{如果}\hat{\boldsymbol{x}}_i^r(t)\neq\boldsymbol{H}_{h_i}^i\hat{\boldsymbol{x}}_i(t)\end{cases} \quad h_i\in\{1,2,\cdots,\Delta_i(t)\} \tag{5-10}$$

当传感器 i 不向融合中心传输信息时，有 $\alpha_1^i(t)=\alpha_2^i(t)=\cdots\alpha_{\Delta_i(t)}^i(t)=0$。此时，每个变量 $\alpha_{h_i}^i(t)$ 满足

$$\begin{cases}\alpha_{h_m}^i(t)\alpha_{h_n}^i(t)=0 \quad (h_m\neq h_n)\\ \sum\limits_{h_i=1}^{\Delta_i(t)}\alpha_{h_i}^i(t)\in\{0,1\}(i=1,2,\cdots,L)\end{cases} \tag{5-11}$$

式中，$\sum\limits_{h_i=1}^{\Delta_i(t)}\alpha_{h_i}^i(t)=1$ 表示有部分局部估计分量将从传感器传输到融合中心；$\sum\limits_{h_i=1}^{\Delta_i(t)}\alpha_{h_i}^i(t)=0$ 表示传感器与融合中心之间没有通信。

因此，根据式(5-9)～式(5-11)，$\hat{\boldsymbol{x}}_i^r(t)$ 可以被描述为

$$\hat{\boldsymbol{x}}_i^r(t)=\boldsymbol{H}_i(t)\hat{\boldsymbol{x}}_i(t) \tag{5-12}$$

式中，$\boldsymbol{H}_i(t)\triangleq\sum\limits_{h_i=1}^{\Delta_i(t)}\alpha_{h_i}^i(t)\boldsymbol{H}_{h_i}^i$ 为对角矩阵，且它的对角元素为 0 或 1，即

$$\boldsymbol{H}_i(t)=\mathrm{diag}\{\beta_1^i(t),\cdots,\beta_n^i(t)\} \tag{5-13}$$

且 $\beta_j^i(t)\in\{0,1\}(j=1,2,\cdots,n)$。

根据式（5-10）和式（5-11），有 $\sum\limits_{j=1}^{n}\beta_j^i(t)\in\{0,r_i\}(i=1,\cdots,L)$。

对于上述提出的降维方法，传感器将局部估计 $\hat{\boldsymbol{x}}_i(t)$ 的每个分量随机传输到融合中心。根据重组状态估计的识别过程，可以在融合中心构造对角矩阵 $\boldsymbol{H}_i(t)$。然后，根据式（5-9）～式（5-12），实际数据传输情况可以由二值变量 $\alpha_{h_i}^i(t)$ 确定；$\alpha_{h_i}^i(t)$ 取值为 1 或 0，且它出现的概率描述如下：

$$\begin{cases}\mathrm{Prob}\{\alpha_{h_i}^i(t)=1\}=\pi_{h_i}^i\\ \mathrm{Prob}\{\alpha_{h_i}^i(t)=0\}=1-\pi_{h_i}^i\end{cases} \tag{5-14}$$

式中，$\{\alpha_{h_i}^i(t)\}(h_i=1,2,\cdots,\Delta_i(t)),(i=1,2,\cdots,L)$ 服从独立同分布，它与 $\boldsymbol{w}(t)$ 和 $\boldsymbol{v}_i(t)$ 相互独立。

此外，式（5-14）中的 $\pi_{h_i}^i$ 为正标量，且满足

$$0 \leqslant \sum_{h_i=1}^{\Delta_i(t)} \pi_{h_i}^i \leqslant 1 \tag{5-15}$$

根据式（5-13），$\beta_j^i(t)(j=1,2,\cdots,n)$ 服从伯努利分布。假设 $\text{Prob}\{\beta_j^i(t)=1\}=\beta_j^i$ 和 $\text{Prob}\{\beta_j^i(t)=0\}=1-\beta_j^i$，则由式（5-14）可以得出：

$$E\left\{\sum_{j=1}^{n}\beta_j^i(t)\right\}=r_i\sum_{h_i=1}^{\Delta_i(t)}\pi_{h_i}^i(i=1,2,\cdots,L) \tag{5-16}$$

式中，$\beta_j^i(t)=0$ 表示 $\hat{\boldsymbol{x}}_i(t)$ 的第 j 个局部估计分量没有从传感器传输到融合中心。

结合式（5-12），补偿的状态估计可通过下式计算：

$$\hat{\boldsymbol{x}}_i^c(t)=\boldsymbol{H}_i(t)\hat{\boldsymbol{x}}_i(t)+[\boldsymbol{I}_n-\boldsymbol{H}_i(t)]\boldsymbol{A}\hat{\boldsymbol{x}}(t-1) \tag{5-17}$$

式中，$[\boldsymbol{I}_n-\boldsymbol{H}_i(t)]\boldsymbol{A}\hat{\boldsymbol{x}}(t-1)$ 为对 $\hat{\boldsymbol{x}}_i(t)$ 的未传输分量的补偿。

5.2.2 分布式降维融合估计

定义 $\boldsymbol{e}_i(t)=\boldsymbol{x}(t)-\hat{\boldsymbol{x}}_i^c(t)$，进而基于式（5-17）中的 $\hat{\boldsymbol{x}}_i^c(t)$，最优融合估计 $\hat{\boldsymbol{x}}(t)$ 可通过下式计算：

$$\hat{\boldsymbol{x}}(t)=\sum_{i=1}^{L}\boldsymbol{W}_i(t)\hat{\boldsymbol{x}}_i^c(t) \tag{5-18}$$

式中，$\boldsymbol{W}_1(t),\boldsymbol{W}_2(t),\cdots,\boldsymbol{W}_L(t)$ 为要设计的权值矩阵，满足 $\sum_{i=1}^{L}\boldsymbol{W}_i(t)=\boldsymbol{I}_n$。

在线性最小方差准则下，最优权值矩阵为

$$[\boldsymbol{W}_1(t),\cdots,\boldsymbol{W}_L(t)]=[\boldsymbol{I}_a^{\mathrm{T}}(\boldsymbol{\Sigma}(t))^{-1}\boldsymbol{I}_a]^{-1}\boldsymbol{I}_a^{\mathrm{T}}[\boldsymbol{\Sigma}(t)]^{-1} \tag{5-19}$$

其中，$\boldsymbol{I}_a=(\boldsymbol{I}_n,\boldsymbol{I}_n,\cdots,\boldsymbol{I}_n)^{\mathrm{T}}\in\mathbb{R}^{nL\times n}$ 且 $\boldsymbol{\Sigma}(t)=E\{[\boldsymbol{e}_1^{\mathrm{T}}(t)\cdots\boldsymbol{e}_L^{\mathrm{T}}(t)]^{\mathrm{T}}[\boldsymbol{e}_1^{\mathrm{T}}(t)\cdots\boldsymbol{e}_L^{\mathrm{T}}(t)]\}$。

估计误差协方差矩阵 $\boldsymbol{P}(t)\triangleq E\{(\boldsymbol{x}(t)-\hat{\boldsymbol{x}}(t))(\boldsymbol{x}(t)-\hat{\boldsymbol{x}}(t))^{\mathrm{T}}\}$ 可通过下式计算：

$$\boldsymbol{P}(t)=[\boldsymbol{I}_a^{\mathrm{T}}(\boldsymbol{\Sigma}(t))^{-1}\boldsymbol{I}_a]^{-1} \tag{5-20}$$

根据以上分析，可以得出分布式降维融合估计的关键是计算 $\boldsymbol{\Sigma}(t)$。

引理 5-1[3]　定义两个实数矩阵 $\boldsymbol{G}\triangleq\text{diag}\{g_1,\cdots,g_n\}$、$\boldsymbol{Z}\triangleq\text{diag}\{z_1,\cdots,z_n\}$ 和

随机矩阵 $\boldsymbol{U} \triangleq \begin{pmatrix} \boldsymbol{u}_{11} & \cdots & \boldsymbol{u}_{1n} \\ \vdots & \vdots & \vdots \\ \boldsymbol{u}_{n1} & \cdots & \boldsymbol{u}_{nn} \end{pmatrix}$。进而，对于 $\boldsymbol{G}$ 和 $\boldsymbol{Z}$ 的运算 $\odot$ 定义为：$\boldsymbol{G} \odot Z = \begin{pmatrix} \boldsymbol{g}_1 \boldsymbol{z}_1 & \cdots & \boldsymbol{g}_1 \boldsymbol{z}_n \\ \vdots & \vdots & \vdots \\ \boldsymbol{g}_n \boldsymbol{z}_1 & \cdots & \boldsymbol{g}_n \boldsymbol{z}_n \end{pmatrix}$，则 $E\{\boldsymbol{GUZ}\} = (\boldsymbol{G} \odot \boldsymbol{Z}) \otimes E\{\boldsymbol{U}\}$ 成立，其中，$\otimes$ 表示哈达玛（Hadamard）积。

为了便于计算和说明，引入如下矩阵：

$$
\begin{cases}
\hat{\boldsymbol{H}} = E\{\mathrm{diag}\{\boldsymbol{H}_1(t), \cdots, \boldsymbol{H}_L(t)\}\} \\
\overline{\boldsymbol{H}} = E\{[(\boldsymbol{I}_n - \boldsymbol{H}_1(t))^{\mathrm{T}}, \cdots, (\boldsymbol{I}_n - \boldsymbol{H}_L(t))^{\mathrm{T}}]^{\mathrm{T}}\} \\
\boldsymbol{\Lambda}_{ij} = E\{\boldsymbol{H}_i(t) \odot \boldsymbol{H}_j(t)\} \\
\boldsymbol{\Xi}_{ij} = E\{[\boldsymbol{I}_n - \boldsymbol{H}_i(t)] \odot [\boldsymbol{I}_n - \boldsymbol{H}_j(t)]\} \\
\boldsymbol{V}_{ij} = E\{\boldsymbol{H}_i(t) \odot [\boldsymbol{I}_n - \boldsymbol{H}_j(t)]\} \\
\hat{\boldsymbol{\Sigma}}(t-1) = \boldsymbol{P}(t-1)\boldsymbol{I}_a^{\mathrm{T}} \hat{\boldsymbol{\Sigma}}^{-1}(t-1) \\
\hat{\boldsymbol{A}}_i(t-1) = [\boldsymbol{I}_n - \boldsymbol{K}_i(t)\boldsymbol{C}_i]\boldsymbol{A} \\
\hat{\boldsymbol{P}}_i(t-1) = [\boldsymbol{P}_{1i}^{\mathrm{T}}(t-1) \cdots \boldsymbol{P}_{Li}^{\mathrm{T}}(t-1)]^{\mathrm{T}}
\end{cases}
$$

令估计误差协方差矩阵 $\boldsymbol{\Sigma}_{ij}(t) = E\{\boldsymbol{e}_i(t)\boldsymbol{e}_j^{\mathrm{T}}(t)\}$，它可通过下式计算：

$$
\begin{aligned}
\boldsymbol{\Sigma}_{ij}(t) = {} & \boldsymbol{\Lambda}_{ij} \otimes \boldsymbol{P}_{ij}(t) + \boldsymbol{V}_{ij} \otimes [\boldsymbol{\Psi}_i^{\mathrm{T}}(t)\boldsymbol{A}^{\mathrm{T}} + (\boldsymbol{I}_n - \boldsymbol{K}_i(t)\boldsymbol{C}_i)\boldsymbol{Q}] + \\
& \boldsymbol{V}_{ji}^{\mathrm{T}} \otimes [\boldsymbol{A}\boldsymbol{\Psi}_j(t) + \boldsymbol{Q}(\boldsymbol{I}_n - \boldsymbol{K}_j(t)\boldsymbol{C}_j)^{\mathrm{T}}] + \\
& \boldsymbol{\Xi}_{ij} \otimes [\boldsymbol{A}\boldsymbol{P}(t-1)\boldsymbol{A}^{\mathrm{T}} + \boldsymbol{Q}]
\end{aligned}
\tag{5-21}
$$

其中，$\boldsymbol{\Psi}_i(t)$ 有如下形式：

$$
\begin{aligned}
\boldsymbol{\Psi}_i(t) = {} & \hat{\boldsymbol{\Sigma}}(t-1)\overline{\boldsymbol{H}}\boldsymbol{A}\boldsymbol{\Psi}_i(t-1)\hat{\boldsymbol{A}}_i^{\mathrm{T}}(t-1) + \\
& \hat{\boldsymbol{\Sigma}}(t-1)\hat{\boldsymbol{H}}\hat{\boldsymbol{P}}_i(t-1)\hat{\boldsymbol{A}}_i^{\mathrm{T}}(t-1) + \\
& \hat{\boldsymbol{\Sigma}}(t-1)\overline{\boldsymbol{H}}\boldsymbol{Q}\,[\boldsymbol{I}_n - \boldsymbol{K}_i(t)\boldsymbol{C}_i]^{\mathrm{T}}\hat{\boldsymbol{A}}_i^{\mathrm{T}}(t-1)
\end{aligned}
\tag{5-22}
$$

因此，将式（5－21）代入式（5－19）和式（5－20）可以得到最优权值矩阵 $\boldsymbol{W}_i(t)(i=1,\cdots,L)$ 和估计误差协方差矩阵 $\boldsymbol{\Sigma}_{ij}(t)$。此外，最优融合估计 $\hat{\boldsymbol{x}}(t)$ 可通过式（5－18）计算。

注释5－1　由式（5－18）～式（5－22）可知，$\boldsymbol{P}(t)$ 的计算取决于所有参数信息，包括子系统参数、噪声特性和二值变量 $\alpha_{h_i}^{i}(t)$ 的概率。同时，$\boldsymbol{P}(t)$ 的计算不依赖于物理系统的实时测量。在这种情况下，由于参数是先验已知的，因此可以离线计算估计误差协方差矩阵。

5.2.3　待解决的问题

通过上述分析，本章主要解决如下三个问题。

（1）对于降维传输下的NMFES，首要目标是如何根据数据传输特性设计隐私保护策略。

（2）在带宽受限下，第二个目标是导出与人工噪声能量和局部估计分量随机发送概率相关的条件，以保证所设计的加密策略的有效性。

（3）基于（1）和（2）给出的基于隐私保护策略的安全融合估计算法来实现完美的期望加密。

5.3　基于降维的分布式安全融合估计及性能分析

5.3.1　降维传输下基于物理过程的隐私保护策略设计

下面介绍一种用于安全数据传输的人工噪声的注入方法。具体来说，在 t 时刻，假设传感器 i 将选定的分量 $\hat{\boldsymbol{x}}_i^s(t)$ 发送到融合中心。然后，将人工噪声向量 $\boldsymbol{a}_i(t)$ 注入 $\hat{\boldsymbol{x}}_i^s(t)$ 后再传输。在这种情况下，第 i 个通信信道获得传输的信号为

$$\boldsymbol{z}_i(t)=\hat{\boldsymbol{x}}_i^s(t)+\boldsymbol{a}_i(t) \tag{5-23}$$

显然，传输信号 $\hat{\boldsymbol{x}}_i^s(t)$ 会受到人工噪声能量的干扰。对于分布式传感器系统，由于窃听者很难获得所有的系统信息，因此可以首先想到利用所有动态系统信息来设计人工噪声。然而，很难使用如此多的动态信息来设计合适的人工噪声。一个可选的方案是根据估计误差协方差矩阵 $\boldsymbol{P}_i(t)$ 设计人工噪声，因为根据式（5－6），可以看出它包含系统的所有信息。此外，$\boldsymbol{H}_i(t)$ 是一个

随机对角矩阵，它由随机实时传输的局部估计分量确定。因此，将 $\boldsymbol{H}_i(t)$ 嵌入设计的人工噪声可以提高机密性。

具体而言，取 $\boldsymbol{P}_i^s(t)\triangleq\boldsymbol{H}_i(t)\boldsymbol{P}_i(t)$ 的对角元素构成行向量 $\boldsymbol{\Theta}_i(t)\in\mathbb{R}^{r_i\times 1}$，令 $\mathrm{N}(\boldsymbol{\Theta}_i(t))$ 表示矩阵 $\boldsymbol{\Theta}_i(t)$ 的零空间，设计人工噪声向量 $a_i(t)$，使它位于 $\mathrm{N}(\boldsymbol{\Theta}_i(t))$ 中，因此 $\boldsymbol{\Theta}_i(t)\boldsymbol{a}_i(t)=0$。然后，利用矩阵标准正交基，将 $\mathrm{N}(\boldsymbol{\Theta}_i(t))$ 的一组标准正交基表示为 $\boldsymbol{\theta}_i^1(t),\boldsymbol{\theta}_i^2(t),\cdots,\boldsymbol{\theta}_i^{r_i-1}(t)$，这里将这些正交基排在一起构成标准正交矩阵基矩阵 $\boldsymbol{\Phi}_i(t)=[\boldsymbol{\theta}_i^1(t),\boldsymbol{\theta}_i^2(t),\cdots,\boldsymbol{\theta}_i^{r_i-1}(t)]$，其中 $\boldsymbol{\Phi}_i(t)\in\mathbb{R}^{r_i\times(r_i-1)}$，且满足

$$\boldsymbol{\Phi}_i^{\mathrm{T}}(t)\boldsymbol{\Phi}_i(t)=\boldsymbol{I}_{r_i-1} \tag{5-24}$$

在这种情况下，人工噪声向量 $\boldsymbol{a}_i(t)$ 可以通过以下方式设计：

$$\boldsymbol{a}_i(t)=\boldsymbol{\Phi}_i(t)\boldsymbol{\zeta}_i(t) \tag{5-25}$$

式中，$\boldsymbol{\zeta}_i(t)\in\mathbb{R}^{r_i-1}$为均值为零且具有方差 $\sigma_i^2(t)$ 的高斯白噪声。

$\sigma_i^2(t)$ 可以在融合中心设计，以确保人工噪声设计有效且可以反馈到局部传感器。进而，融合中心接收到的信息描述如下：

$$\boldsymbol{z}_i(t)=\hat{\boldsymbol{x}}_i^s(t)+\boldsymbol{\Phi}_i(t)\boldsymbol{\zeta}_i(t),\quad i=1,2,\cdots,L \tag{5-26}$$

在用户融合中心，为了消除人工噪声干扰，可以在解码时将接收到的信息乘以已知的 $\boldsymbol{\Theta}_i(t)$，即

$$\boldsymbol{z}_i^u(t)=\boldsymbol{\Theta}_i(t)\boldsymbol{z}_i(t)=\boldsymbol{\Theta}_i(t)\hat{\boldsymbol{x}}_i^s(t) \tag{5-27}$$

注释 5-2 $\boldsymbol{P}_i(t)$ 可以由传感器和用户融合中心根据已知的系统参数信息计算。同时，随机矩阵可以通过融合中心中重组状态估计的识别过程构建，而 $\boldsymbol{\Phi}_i(t)$ 可以根据每个传感器的局部参数信息获得。窃听者很难得到准确的矩阵 $\boldsymbol{P}_i(t)$，即使这些先验参数信息都被窃听者知道，但由于物理过程实时产生随机矩阵 $\boldsymbol{H}_i(t)$，因此窃听者无法获得准确的传输信号。

5.3.2 解密失败概率与人工噪声能量的关系模型

首先，无线通信的一个特性是信号会受到噪声、信道衰落、散射等的影响[35,36]。根据文献［37］，当融合中心接收到传输的信息时，它对数据进行解码，而解码成功的概率取决于 SNR。设传感器 i 发射信号的能量为 $\delta_i(t)$，

则用户融合中心的 SNR 可通过下式计算：

$$\varepsilon_i(t)=\frac{\delta_i(t)G_i(t)}{\Sigma_{a_i(t)}},\quad i=1,2,\cdots,L \tag{5-28}$$

式中，$G_i(t)$ 为信道增益；$\Sigma_{a_i(t)}$ 为信道噪声能量。

用二值变量 $\gamma_i(t)$ 表示融合中心是否成功解码接收到的信息，即 $\gamma_i(t)=1$ 表示成功解码接收到的信息；$\gamma_i(t)=0$ 表示解码失败，融合中心不能获取任何有用的信息。

加性白高斯噪声网络是最基本的噪声和干扰信道模型。根据文献［38，39］，基于用户融合中心的 SNR，信息成功解码概率函数可以写为

$$p(\gamma_i(t)=1\mid\varepsilon_i(t))=f(\varepsilon_i(t))=[1-\mathcal{Q}\sqrt{2\varepsilon_i(t)}]^m \tag{5-29}$$

式中，高斯函数 $\mathcal{Q}(x)=\int_x^{\infty}\frac{1}{\sqrt{2\pi}}\exp\left(-\frac{t^2}{2}\right)\mathrm{d}t$；$m$ 为传感器的数据包长度。

因此，从式（5－27）和式（5－28）可以得出，用户融合中心的 SNR 为∞。然而，对于窃听者，其融合中心的 SNR 可通过下式计算：

$$\varepsilon_i^e(t)=\frac{\delta_i(t)G_i(t)}{\sigma_i^2(t)},\quad i=1,2,\cdots,L \tag{5-30}$$

注释 5－3　根据式（5－27）可知，用户融合中心接收到的各局部传感器数据不含人工噪声；结合式（5－29）和式（5－30）可以得出，其接收信号的 SNR 为∞，因此，可以认为用户融合中心对局部传感器数据的解码成功率为 1，用户的估计性能不受人工噪声干扰，且总是最优的。根据 SNR 和成功解码概率的计算公式，由于人工噪声的影响，窃听者融合中心的 SNR 与人工噪声的能量有关，这将导致其成功解码的概率降低。接下来，我们将在一定条件下使窃听者的估计误差协方差矩阵迹发散，即满足完美的期望加密条件［式（3－16）］。

5.3.3　具有完美加密的融合估计充分条件

对于稳定系统，即使不通过窃听，窃听者也总能通过预测得到一个有界的估计误差协方差矩阵迹。因此，稳定系统的数据隐私保护问题更具挑战性，

这也是我们未来的工作。本节考虑了不稳定系统，其谱半径满足 $\rho(\boldsymbol{A})>1$。根据式（5－30），窃听者融合中心的 SNR 与 $\sigma_i^2(t)$、$\delta_i(t)$ 和 $G_i(t)$ 有关，可以通过设计这三个参数并反馈给每个传感器来实现完美的期望加密。

定义 $\boldsymbol{\rho}_i \triangleq (\pi_1^i, \pi_2^i, \cdots, \pi_{\Delta_i}^i)^{\mathrm{T}} (i=1,2,\cdots,L)$，$\gamma_i^e(t)$ 表示窃听者融合中心是否成功解码接收到的数据，其成功解码概率为 $\mathrm{Prob}\{\gamma_i^e(t)=1\}=\gamma_i^e$。从式（5－13)可以得出，必定存在一个常数使

$$\boldsymbol{\beta}_j^i = \boldsymbol{\chi}_j^i \boldsymbol{\rho}_i, \quad j=1,2,\cdots,n \tag{5-31}$$

式中，$\boldsymbol{\chi}_j^i$ 的元素为 1 或 0。

定理 5－1 考虑式（5－1）所描述的不稳定系统，将加密机制［式（5－28)］用于局部传感器信号传输中，如果下面的条件同时满足：

（C1）对于 L 个测量方程［式（5－2)］，至少有一个局部子系统 i 是可观测的。

（C2）至少存在一组局部传感器的估计分量传输概率 $\pi_{h_i}^i, h_i=1,2,\cdots,\Delta_i(t)$，在每个时刻 t 都满足

$$\boldsymbol{\lambda}_{\max}\{\boldsymbol{A}^{\mathrm{T}}\boldsymbol{M}_i\boldsymbol{A}\}<1 \tag{5-32}$$

或者满足

$$\begin{cases} \boldsymbol{\lambda}_{\max}\{\boldsymbol{A}^{\mathrm{T}}\boldsymbol{M}_i\boldsymbol{A}\}=1 \\ \boldsymbol{\lambda}_{\max}\{\boldsymbol{A}^{\mathrm{T}}\boldsymbol{M}_i\boldsymbol{A}\}\neq\boldsymbol{\lambda}_{\min}\{\boldsymbol{A}^{\mathrm{T}}\boldsymbol{M}_i\boldsymbol{A}\} \end{cases} \tag{5-33}$$

式中，$\boldsymbol{M}_i=\mathrm{diag}\{1-\boldsymbol{\chi}_1^i\rho_i,\cdots,1-\boldsymbol{\chi}_n^i\rho_i\}$。

（C3）存在一个正标量 $\hbar>0$，使 t 时刻每组选择传输的概率和成功解码概率都满足

$$\mathrm{Tr}\{\boldsymbol{N}_i^e \otimes \boldsymbol{P}_{ii}(t) + \boldsymbol{M}_i^e \otimes [\boldsymbol{A}\boldsymbol{P}^e(t-1)\boldsymbol{A}^{\mathrm{T}}+Q] - \boldsymbol{\Sigma}_{ii}^e(t-1)\} > \hbar \tag{5-34}$$

式中，$\boldsymbol{M}_i^e=\mathrm{diag}\{(1-\gamma_i^e\boldsymbol{\beta}_1^i),\cdots,(1-\gamma_i^e\boldsymbol{\beta}_n^i)\}$；$\boldsymbol{N}_i^e=\mathrm{diag}\{\gamma_i^e\boldsymbol{\beta}_1^i,\cdots,\gamma_i^e\boldsymbol{\beta}_n^i\}$；$\boldsymbol{\Sigma}_{ii}^e(t-1)$ 为窃听者的估计协方差矩阵。

那么，系统将获得完美的期望加密。

证明 正如注释 5－3 所指出的，人工噪声对用户的估计性能没有影响。因此，可以基于条件（C1）和条件（C2），通过类似于文献［21］的推导来得到完

美的期望加密条件［式（3－15）］，这里省略相应的证明。

接下来，我们证明在上述条件下另一个完美的期望加密条件［式（3－16）］成立。为简洁起见，以下推导过程中所有带上标的变量均用于表示窃听者的对应变量。根据式（5－21），当 $i=j$ 时，可以得到窃听者的 $\boldsymbol{\Sigma}_{ii}^{e}(t)$ 为

$$\begin{aligned}\boldsymbol{\Sigma}_{ii}^{e}(t) = {} & \boldsymbol{\Lambda}_{ii}^{e} \otimes \boldsymbol{P}_{ii}(t) + \mathbf{V}_{ii}^{e} \otimes [\boldsymbol{\Phi}_{i}^{\mathrm{T}}(t)\boldsymbol{A}^{\mathrm{T}} + (\boldsymbol{I}_{n} - \boldsymbol{K}_{i}(t)\boldsymbol{C}_{i})Q] + \\ & (\mathbf{V}_{ii}^{e})^{\mathrm{T}} \otimes [\boldsymbol{A}\boldsymbol{\Phi}_{i}(t) + Q(\boldsymbol{I}_{n} - \boldsymbol{K}_{i}(t)\boldsymbol{C}_{i})^{\mathrm{T}}] + \\ & \boldsymbol{\Xi}_{ii}^{e} \otimes [\boldsymbol{A}\boldsymbol{P}^{e}(t-1)\boldsymbol{A}^{\mathrm{T}} + Q]\end{aligned} \tag{5-35}$$

为简单起见，给出如下定义：

$$\begin{cases}\boldsymbol{m}_1(t) = \mathrm{Tr}\{\boldsymbol{\Lambda}_{ii}^{e} \otimes \boldsymbol{P}_{ii}(t)\} \\ \boldsymbol{m}_2(t) = \mathrm{Tr}\{\mathbf{V}_{ii}^{e} \otimes [\boldsymbol{\Phi}_{i}^{\mathrm{T}}(t)\boldsymbol{A}^{\mathrm{T}} + (\boldsymbol{I}_{n} - \boldsymbol{K}_{i}(t)\boldsymbol{C}_{i})\boldsymbol{Q}]\} \\ \boldsymbol{m}_3(t) = \mathrm{Tr}\{\boldsymbol{\Xi}_{ii}^{e} \otimes [\boldsymbol{A}\boldsymbol{P}^{e}(t-1)\boldsymbol{A}^{\mathrm{T}} + \boldsymbol{Q}]\}\end{cases} \tag{5-36}$$

然后，根据式（5－35）和式（5－36），$\boldsymbol{\Sigma}_{ii}^{e}(t)$ 矩阵迹可通过下式计算：

$$\mathrm{Tr}\{\boldsymbol{\Sigma}_{ii}^{e}(t)\} = \boldsymbol{m}_1(t) + 2\boldsymbol{m}_2(t) + \boldsymbol{m}_3(t) \tag{5-37}$$

结合 $\boldsymbol{\Lambda}_{ij}$ 的定义，有

$$\begin{aligned}\boldsymbol{\Lambda}_{ii}^{e} &= E\left\{\gamma_{i}^{e}(t)\begin{pmatrix}\boldsymbol{\beta}_{1}^{i}(t)\boldsymbol{\beta}_{1}^{i}(t) & \cdots & \boldsymbol{\beta}_{1}^{i}(t)\boldsymbol{\beta}_{n}^{i}(t) \\ \boldsymbol{\beta}_{2}^{i}(t)\boldsymbol{\beta}_{1}^{i}(t) & \cdots & \boldsymbol{\beta}_{1}^{i}(t)\boldsymbol{\beta}_{n}^{i}(t) \\ \vdots & \vdots & \vdots \\ \boldsymbol{\beta}_{n}^{i}(t)\boldsymbol{\beta}_{1}^{j}(t) & \cdots & \boldsymbol{\beta}_{n}^{i}(t)\boldsymbol{\beta}_{n}^{i}(t)\end{pmatrix}\right\} \\ &= \begin{pmatrix}\gamma_{i}^{e}\boldsymbol{\beta}_{1}^{i} & \cdots & \gamma_{i}^{e}\boldsymbol{\beta}_{1}^{i}\boldsymbol{\beta}_{n}^{i} \\ \gamma_{i}^{e}\boldsymbol{\beta}_{2}^{i}\boldsymbol{\beta}_{1}^{i} & \cdots & \gamma_{i}^{e}\boldsymbol{\beta}_{1}^{i}\boldsymbol{\beta}_{n}^{i} \\ \vdots & \vdots & \vdots \\ \gamma_{i}^{e}\boldsymbol{\beta}_{n}^{i}\boldsymbol{\beta}_{1}^{i} & \cdots & \gamma_{i}^{e}\boldsymbol{\beta}_{n}^{i}\end{pmatrix}\end{aligned} \tag{5-38}$$

进而，由矩阵迹预算的性质可以推导出：

$$\boldsymbol{m}_1(t) = \mathrm{Tr}(\boldsymbol{N}_{i}^{e} \otimes \boldsymbol{P}_{ii}(t)) \tag{5-39}$$

类似于式（5－38），结合 $\mathbf{V}_{ii}$ 的定义，可以得出：

$$\boldsymbol{V}_{ii}^{e}=E\left\{\gamma_i^e(t)\begin{pmatrix}\boldsymbol{\beta}_1^i(t)[1-\boldsymbol{\beta}_1^i(t)] & \cdots & \boldsymbol{\beta}_1^i(t)[1-\boldsymbol{\beta}_n^i(t)]\\ \boldsymbol{\beta}_2^i(t)[1-\boldsymbol{\beta}_1^i(t)] & \cdots & \boldsymbol{\beta}_2^i(t)[1-\boldsymbol{\beta}_n^i(t)]\\ \vdots & \vdots & \vdots\\ \boldsymbol{\beta}_n^i(t)[1-\boldsymbol{\beta}_1^i(t)] & \cdots & \boldsymbol{\beta}_n^i(t)[1-\boldsymbol{\beta}_n^i(t)]\end{pmatrix}\right\}$$

$$=\begin{pmatrix}0 & \cdots & \gamma_i^e\boldsymbol{\beta}_1^i(1-\boldsymbol{\beta}_n^i)\\ \gamma_i^e\boldsymbol{\beta}_2^i(1-\boldsymbol{\beta}_1^i) & \cdots & \gamma_i^e\boldsymbol{\beta}_2^i(1-\boldsymbol{\beta}_n^i)\\ \vdots & \vdots & \vdots\\ \gamma_i^e\boldsymbol{\beta}_n^i(1-\boldsymbol{\beta}_1^i) & \cdots & 0\end{pmatrix} \tag{5-40}$$

利用矩阵迹运算的性质，有

$$\boldsymbol{m}_2(t)=0 \tag{5-41}$$

结合 $\boldsymbol{\Xi}_{ij}$ 的定义，$\boldsymbol{\Xi}_{ii}^{e}$ 可通过下式计算：

$$\boldsymbol{\Xi}_{ii}^{e}=E\left\{\begin{pmatrix}[1-\gamma_i^e(t)\boldsymbol{\beta}_1^i(t)][1-\gamma_i^e(t)\boldsymbol{\beta}_1^i(t)] & \cdots & [1-\gamma_i^e(t)\boldsymbol{\beta}_1^i(t)][1-\gamma_i^e(t)\boldsymbol{\beta}_n^i(t)]\\ [1-\gamma_i^e(t)\boldsymbol{\beta}_2^i(t)][1-\gamma_i^e(t)\boldsymbol{\beta}_1^i(t)] & \cdots & [1-\gamma_i^e(t)\boldsymbol{\beta}_2^i(t)][1-\gamma_i^e(t)\boldsymbol{\beta}_n^i(t)]\\ \vdots & \vdots & \vdots\\ [1-\gamma_i^e(t)\boldsymbol{\beta}_n^i(t)][1-\gamma_i^e(t)\boldsymbol{\beta}_1^i(t)] & \cdots & [1-\gamma_i^e(t)\boldsymbol{\beta}_n^i(t)][1-\gamma_i^e(t)\boldsymbol{\beta}_n^i(t)]\end{pmatrix}\right\}$$

$$=\begin{pmatrix}(1-\gamma_i^e\boldsymbol{\beta}_1^i)(1-\gamma_i^e\boldsymbol{\beta}_1^i)\\ (1-\gamma_i^e\boldsymbol{\beta}_2^i)(1-\gamma_i^e\boldsymbol{\beta}_1^i)\\ \vdots\\ (1-\gamma_i^e\boldsymbol{\beta}_n^i)(1-\gamma_i^e\boldsymbol{\beta}_1^i)\end{pmatrix} \tag{5-42}$$

再次根据矩阵迹运算的性质，可以得到以下公式：

$$\boldsymbol{m}_3(t)=\mathrm{Tr}(\boldsymbol{M}_i\otimes[\boldsymbol{AP}(t-1)\boldsymbol{A}^{\mathrm{T}}+\boldsymbol{Q}]) \tag{5-43}$$

然后，根据式（5-37）、式（5-39）、式（5-41）及式（5-43），$\mathrm{Tr}\{\boldsymbol{\Sigma}_{ii}^{e}(t)\}$可以被重写为

$$\mathrm{Tr}\{\boldsymbol{\Sigma}_{ii}^{e}(t)\}=\mathrm{Tr}\{\boldsymbol{N}_i^e\otimes\boldsymbol{P}_{ii}(t)+\boldsymbol{M}_i^e\otimes[\boldsymbol{AP}(t-1)\boldsymbol{A}^{\mathrm{T}}+\boldsymbol{Q}]\} \tag{5-44}$$

因此，从条件（C3）可以得出结论：对于 $t\geqslant N$，存在大于 1 的正数 $k_i(t-1)$，且

$$\begin{aligned}\mathrm{Tr}\boldsymbol{\Sigma}_{ii}^{e}(t) &\geqslant k_i(t-1)\cdot\mathrm{Tr}(\boldsymbol{\Sigma}_{ii}^{e}(t-1))\\ &\geqslant\cdots\\ &\geqslant\prod_{\tau=1}^{t-N}k_i(t-\tau)\cdot\mathrm{Tr}\{\boldsymbol{\Sigma}_{ii}^{e}(N)\}\end{aligned}\tag{5-45}$$

进而，根据式（5－20）和式（5－45），窃听者的估计误差协方差矩阵 $\boldsymbol{P}^{e}(t)$ 可通过下式推导出：

$$\mathrm{Tr}\{\boldsymbol{P}^{e}(t)\}=\mathrm{Tr}\{\boldsymbol{I}_a^{\mathrm{T}}(\boldsymbol{\Sigma}^{e}(t))^{-1}\boldsymbol{I}_a\}^{-1}\geqslant\frac{1}{L}\mathrm{Tr}\{\boldsymbol{\Sigma}_{ii}^{e}(t)\},\exists i\tag{5-46}$$

此外，在式（5－46）的两边取极限，可以得到：

$$\lim_{t\to\infty}\mathrm{Tr}\{\boldsymbol{P}^{e}(t)\}\geqslant\lim_{t\to\infty}\frac{1}{L}\prod_{\tau=1}^{t-N}k_i(t-\tau)\cdot\mathrm{Tr}\{\boldsymbol{\Sigma}_{ii}^{e}(N)\}\to\infty\tag{5-47}$$

因此，可以获得完美的期望加密条件，即式（3－16）。

注释5－4　可观测性条件（C1）很容易满足，因为它仅由系统参数决定。正如文献［21］所指出的，很容易给出一组随机传输概率来确保用户的均方误差收敛。根据上述定理的证明，如果满足条件（C1）和式（5－32）～式（5－34），那么窃听者估计器的均方误差将发散到无穷大。由于条件（C2）和条件（C3）取决于变量 $\boldsymbol{P}_{ii}(t)$、$\boldsymbol{P}^{e}(t-1)$和 $\boldsymbol{\Sigma}_{ii}^{e}(t-1)$，因此不容易找到有效的概率选择范围使均方误差发散。根据式（5－32）～式（5－34），可以离线获得选择传输概率 $\pi_{h_i}^{i}$ 和成功解码概率 γ_i^{e}。在实际中，选择传输概率 $\pi_{h_i}^{i}$ 和成功解码概率 γ_i^{e} 来满足条件（C2）和条件（C3）可能很耗时，因此可以先选取传输概率 $\pi_{h_i}^{i}$ 来满足条件（C2），然后调整成功解码概率 γ_i^{e} 来满足条件（C3）。由式（5－29）、式（5－30）和式（5－34）可以得出，较大能量的人工噪声会导致解码成功的概率较低，更容易满足条件（C3）。下面，如何选择人工噪声能量 $\boldsymbol{\sigma}_i^2(t)$ 以满足条件（C3）将由定理5－2给出。

定理5－2　考虑一个不稳定系统，如果要使式（5－36）成立，则人工噪声的能量应满足

$$\sigma_i^2(t)>\frac{1}{\varepsilon_i^{e*}}\delta_i(t)G_i(t)\tag{5-48}$$

式中，ε_i^{e*} 为与窃听者成功解码数据包概率 γ_i^{e} 对应的SNR。

证明 根据解码成功概率函数［式（5－29）］随式（5－30）的单调递增特性，窃听者的 SNR 应满足

$$\varepsilon_i^e(t)=\frac{\delta_i(t)G_i(t)}{\sigma_i^2(t)}<\varepsilon_i^{e*} \tag{5-49}$$

故可以直接从式（5－49）得到式（5－48）。

注释 5－5 由以上定理可知，人工噪声能量 $\sigma_i^2(t)$ 越大，式（5－34）越容易满足，这也意味着传感器需要消耗更多的能量。如果传感器有足够的能量供应，则可以选择足够大的人工噪声能量以满足式（5－48）的条件。在这种情况下，不需要时变的能量 $\sigma_i^2(t)$。事实上，在不需要太多能量的情况下，恒定的人工噪声能量往往可以实现完美的期望加密。

5.3.4 基于降维的分布式安全融合估计算法

本章给出了带宽受限下基于随机传输矩阵和估计误差协方差矩阵的人工噪声隐私保护策略设计，并给出了达到完美的期望加密所需要的条件，以及人工噪声能量的设计要求。下面的算法 5－1 将给出基于降维的分布式安全融合估计算法的步骤。

由于加权矩阵的计算过程不依赖于各传感器的测量值，因此当给定一组决策变量和初始值时，加权矩阵利用公式可以在融合中心单独计算。此种情况下，只要将满足网络带宽的局部估计分量发送到融合中心，所设计的 NMFES 就可以通过算法 5－1 实现。

算法 5－1 基于降维的分布式安全融合估计算法

步骤 1：给定系统初始值 $\boldsymbol{A}$、$\boldsymbol{C}_i$、$\boldsymbol{Q}$、R_i、$\boldsymbol{P}_i(0)$、$\boldsymbol{P}_{ij}(0)(i=1,2,\cdots,L)$，以及一组决策变量$\{\pi_{h_1}^1(t_0),\pi_{h_2}^2(t_0),\cdots,\pi_{h_L}^L(t_0)\}(t_0=1,2,\cdots,t)$。

步骤 2：利用式（5－3）～式（5－8）分别计算 $\boldsymbol{P}_i(t)$ 和 $\boldsymbol{P}_{ij}(t)$。

步骤 3：计算传感器端的随机发送矩阵 $\boldsymbol{H}_i(t)$ 及 $\boldsymbol{\Theta}_i(t)$ 的零空间正交矩阵 $\boldsymbol{\Phi}_i(t)$。

步骤 4：根据式（5－34）和式（5－49）选择人工噪声能量 $\sigma_i^2(t)$，并将

其和 $\boldsymbol{\Phi}_i(t)$ 一起反馈到各局部传感器。

步骤 5：根据式（5－25），各局部传感器产生能量为 $\sigma_i^2(t)$ 的人工噪声向量 $\boldsymbol{a}_i(t)$，并将其注入局部估计，然后发送到融合中心。

步骤 6：用户融合中心对接收到的信号按式（5－27）处理后进行解码，然后利用式（5－22）计算 $\boldsymbol{\Psi}_i(t)$。

步骤 7：将步骤 2 和步骤 4 得到的结果代入式（5－21），得到 $\boldsymbol{\Sigma}_{ij}(t)$。

步骤 8：用户融合中心按式（5－18）～式（5－20）进行状态融合估计。

步骤 9：返回步骤 2，继续按以上步骤计算下一时刻的状态融合估计值。

5.4 示　　例

考虑式（5－1）和式（5－2），系统具有以下参数：

$$\boldsymbol{A}=\begin{pmatrix}1.1 & 0.5 & 0\\ 0 & 1 & 0\\ 0 & 0 & 1\end{pmatrix},\ \boldsymbol{C}_1=\boldsymbol{C}_2=\begin{pmatrix}1 & 0 & 0\\ 0 & 1 & 0\\ 0 & 0 & 1\end{pmatrix},\ \boldsymbol{Q}=\begin{pmatrix}0.5 & 0.25 & 0.09\\ 0.25 & 1 & 0.25\\ 0.09 & 0.25 & 0.4\end{pmatrix}$$

$\boldsymbol{R}_1=\mathrm{diag}\{0.5,\ 0.1,\ 0.1\}$，$\boldsymbol{R}_2=\mathrm{diag}\{0.1,\ 0.3,\ 0.1\}$

由于带宽受限，因此每个局部传感器每次只有局部估计 $\boldsymbol{x}_i(t)$ 的两个分量通过信道发送。为了防止泄露系统的状态隐私，也就是阻止窃听者通过融合估计算法得到准确的系统状态估计值，在随机发送的局部估计分量上按式（5－23）和式（5－25）产生并注入人工噪声，这里的目标是如何设计所注入的人工噪声能量使窃听者的估计误差协方差矩阵迹是无界的，而用户的估计性能不受人工噪声的干扰。下面将分别选择不同的人工噪声能量来对用户和窃听者的估计性能进行仿真对比，并对定理 5－1 和定理 5－2 的结论进行验证。

由于 $\mathrm{rank}([C_i,C_iA])=2(i=1,2)$，因此通过验证条件（C1）来满足。此外，考虑解码失败的情况，在仿真中，$\boldsymbol{\beta}_1^1,\boldsymbol{\beta}_1^2,\boldsymbol{\beta}_2^1,\boldsymbol{\beta}_2^2$ 均取 0.5，由式（5－31）和式（5－32）可以得出：

$$\boldsymbol{\lambda}_{\max}\{\boldsymbol{A}^{\mathrm{T}}\boldsymbol{M}_i\boldsymbol{A}\}<1$$

这意味着条件（C2）满足。

假设各局部传感器发射数据包的能量 $\delta_i(t)$ 和信道增益矩阵 $G_i(t)$ 固定，均设置为 1，数据包长度 $m=5$，其他初始值取

$$x(0)=(0.15,0.25,0.1)^{\mathrm{T}},\hat{x}(0)=\hat{x}_1(0)=\hat{x}_2(0)=(0.1,0.2,0.1)^{\mathrm{T}},$$

$$P(0)=\mathrm{diag}\{0.2,0.3,0.1\},\boldsymbol{\Phi}_1(0)=\begin{pmatrix}0.02 & 0.03 & 0.01\\ 0.01 & 0.02 & 0.01\\ 0.05 & 0.01 & 0.04\end{pmatrix},\boldsymbol{\Phi}_2(0)=\begin{pmatrix}0.04\\ 0.05\\ 0.02\end{pmatrix}$$

那么，首先考虑一个恒定的人工噪声能量 $\sigma_i^2(t)=0.9077$。然后，根据式（5-29）和式（5-30），数据包被成功解码的概率为 $p(\gamma_i^e(t)=1|\varepsilon_i^e(t))=0.7$。此时，由式（5-34）可知，$M_i^e=\mathrm{diag}\{0.65,0.65,0.1\}$，$N_i^e=\mathrm{diag}\{0.35,0.35,0.15\}$，不满足条件（C3）。如图 5-2 所示，每个局部传感器的补偿状态估计性能都比窃听者的估计性能和用户的最优估计性能差，这意味着窃听者可以通过窃听来自局部传感器的更多信息来获得更好的估计性能。然而，由于有人工噪声的干扰，窃听者的估计性能比用户的最优估计性能差。另外，由于窃听者融合中心对数据包的成功解码概率高，窃听者可以通过融合来自两个局部传感器的窃听信息使估计误差协方差矩阵迹变得有界。

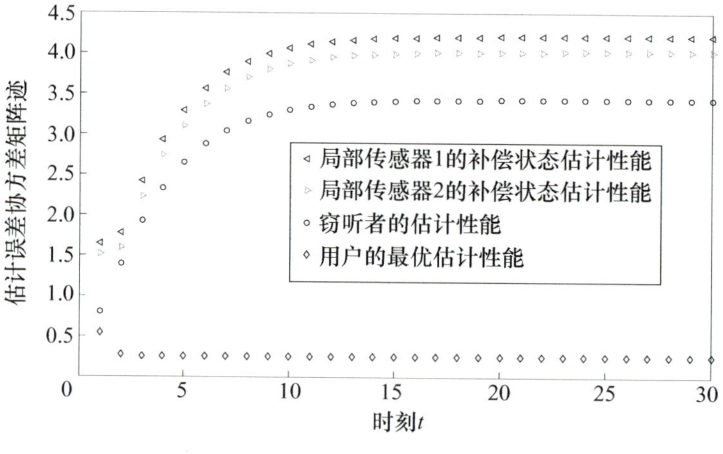

图 5-2　当 $\sigma_i^2(t)=0.9077$ 时，窃听者的估计性能

接下来，考虑注入的人工噪声能量 $\sigma_i^2(t)=5.6097$，然后可以计算在此人工噪声能量下窃听者的成功解码概率 $p(\gamma_i^e(t)=1|\varepsilon_i^e(t))=0.2$。此时，条件（C3）满足。如图 5-3 所示，两个局部传感器的补偿状态估计性能及窃听者的估计误差协方差矩阵迹均是发散的，这是由于注入的人工噪声能量较大，使完美的期望加密条件被满足。也就是说，窃听者无论是通过对局部传感器传输信号解码获得局部估计信息，还是通过融合两个传感器的信息得到状态的融合估计，最终对状态的估计误差在期望意义下都是无界的。

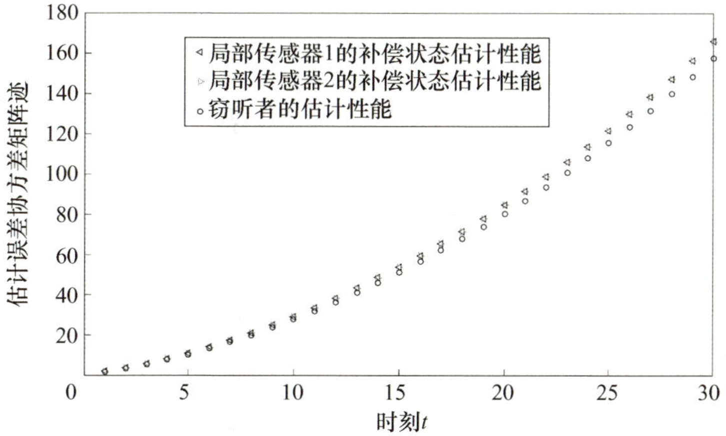

图 5-3　当 $\sigma_i^2(t)=5.6097$ 时，窃听者的估计性能

为了分析条件（C3）在本仿真中的有效性，给出如下定义：

$$\Upsilon(\gamma_i^e)=\mathrm{Tr}\{\boldsymbol{N}_i^e\otimes\boldsymbol{P}_{ii}(t)+\boldsymbol{M}_i^e\otimes[\boldsymbol{A}\boldsymbol{P}^e(t-1)\boldsymbol{A}^{\mathrm{T}}+Q]-\boldsymbol{\Sigma}_{ii}^e(t-1)\}$$

不难发现，$\Upsilon(\gamma_i^e)$ 是条件（C3）中式（5-34）右边项的，显然，$\Upsilon(\gamma_i^e)$ 越大，条件（C3）越容易满足，设计的人工噪声能量范围也越大；相反，$\Upsilon(\gamma_i^e)$越小，条件（C3）越难满足，设计的人工噪声能量范围也越小。图 5-4 所示为在不同的数据包解码成功概率下的 $\Upsilon(\gamma_i^e)$ 的轨迹。

从图 5-4 可以看出，融合中心对数据的解码成功概率越低，$\Upsilon(\gamma_i^e)$越大。特别地，当 $\gamma_1^e=0.15$ 时，$\Upsilon(\gamma_i^e)$ 的值随时间的增长无限增大，这说明在解码成功概率较低时，随着时间的增长，条件（C3）越来越容易满足。相反，当解码成功概率越高时，$\Upsilon(\gamma_i^e)$ 的值随时间的增长越来越小，条件（C3）越来

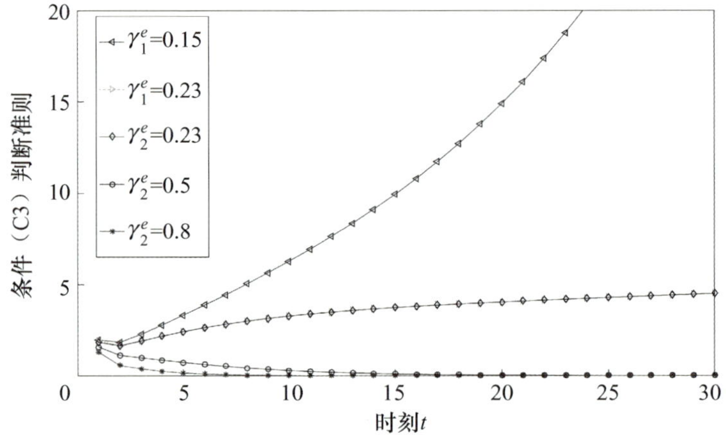

图 5－4　在不同的数据包解码成功概率下的 $\Upsilon(\gamma_i^e)$ 的轨迹

越难满足。从而可以说，当时间趋于无穷大时，条件（C3）不成立。因此，可以判断条件（C3）是有效的。

5.5 小　　结

本章研究了网络带宽受限下 NMFES 的分布式安全融合估计问题。具体地，对局部估计信号采用降维传输以满足带宽限制，即在每个传输时刻只传输局部估计的部分分量到融合中心，同时为了防止系统状态信息被窃听者成功窃听，通过研究利用数据降维方法传输信息，设计了一种包含物理过程生成的随机信息和包含所有系统参数信息的人工噪声注入方法，人工噪声被注入每个传输的局部估计分量，并且传输数据被成功解码的概率取决于接收信号的 SNR。这种基于人工噪声的隐私保护策略对用户融合中心的估计性能不会产生影响，而窃听者由于人工噪声的干扰，其估计性能与实际的解码成功概率相关。为了获得完美的期望加密，本章给出了一组依赖于局部估计分量传输概率和成功解码概率的充分条件，使窃听者在此条件下其估计误差协方差矩阵迹是发散的。此外，为了指导实际应用中人工噪声能量的选择，本章给出了人工噪声能量的选择条件，以实现状态的保密。最后，仿真结果验证了所提算法的有效性。

参考文献

[1] JIANG H，ZHANG H G，XIE X P. Critic - only adaptive dynamic programming algorithms'applications to the secure control of cyber - physical systems [J]. ISA transactions，2019，104：138 - 144.

[2] CHEN B，HO D W C，ZHANG W A，et al. Distributed dimensionality reduction fusion estimation for cyber - physical systems under DoS attacks [J]. IEEE transactions on systems，man，and cybernetics：systems，2019，49 (2)：455 - 468.

[3] CHEN B，ZHANG W A，YU L，et al. Distributed fusion estimation with communication bandwidth constraints [J]. IEEE transactions on automatic control，2015，60 (5)：1398 - 1403.

[4] LUO Z Q. Universal decentralized estimation in a bandwidth constrained sensor network [J]. IEEE transactions on information theory，2005，51 (6)：2210 - 2219.

[5] PANG Z H，LIU G P，ZHOU D H，et al. Data - based predictive control for networked nonlinear systems with network - induced delay and packet dropout [J]. IEEE transactions on industrial electronics，2016，63 (2)：1249 - 1257.

[6] CHENG T M，MALYAVEJ V，SAVKIN A V. Decentralized robust set - value state estimation in networked multiple sensor systems [J]. Computers & methematics with applications，2010，59 (8)：2636 - 2646.

[7] CHEN B，YU L，ZHANG W A，et al. Wang H. Distributed H_∞ fusion filtering with communication bandwidth constraints [J]. Signal processing，2014，96 (8)：284 - 289.

[8] LAI S Y，CHEN B，LI T X，et al. Packet - based state feedback control under DoS attacks in cyber - physical systems [J]. IEEE transactions on circuits & systems，part Ⅱ：express briefs，2019，66 (8)：1421 - 1425.

[9] SCHIZAS I D，GIANNAKIS G B，LUO Z Q. Distributed estimation using reduced dimensionality sensor observations [J]. IEEE transactions on signal processing，2007，55 (8)：4284 - 4299.

[10] XIAO J J，CUI S，LUO Z Q，et al. Linear coherent decentralized estimation [J]. IEEE transactions on signal processing，2008，56 (2)：757 - 770.

[11] FANG J, LI H B. Joint dimension assignment and compression for distributed multi-sensor estimation [J]. IEEE signal processing letters, 2008, 15: 174 - 177.

[12] CHEN B, ZHANG W A, YU L. Distributed finite - horizon fusion Kalman filtering for bandwidth and energy constrained wireless sensor networks [J]. IEEE transactions on signl processing, 2014, 62 (4): 797 - 812.

[13] CHEN H M, LI X R. On track fusion with communication constraints [C]. Proceedings of the 10th International Conference on Information Fusion, 2007: 1 - 7.

[14] BATTISTELLI G, BENAVOLI A, CHISCI L. State estimation in a sensor network under bandwidth constraints [J]. Modelling, estimation and control of networked complex systems, 2009: 207 - 221.

[15] ZHANG H, ZHENG W X. Denial - of - service power dispatch against linear quadratic control via a fading channel [J]. IEEE transactions on automatic control, 2018, 63 (9): 3032 - 3039.

[16] ZHANG H, SHU Y C, CHENG P, et al. Privacy and performance trade - off in cyber - physical systems [J]. IEEE network, 2016, 30 (2): 62 - 66.

[17] ZHANG H, MENG W C, QI J J, et al. Distributed load sharing under false data injection attack in inverter - based microgrid [J]. IEEE transactions on industrial electronics, 2019, 66 (2): 1543 - 1551.

[18] SHANNON C E. Communication theory of secrecy systems [J]. Bell system technical journal, 1949, 28 (4): 656 - 715.

[19] WILLIAM S. Cryptography and network security: principles and practices [M]. 7th ed. Essex: Pearson Education Limited, 2017.

[20] LIAO W C, CHANG T H, MA W K, et al. Qos - based transmit beamforming in the presence of eavesdroppers: an optimized artificial - noise - aided approach [J]. IEEE transactions on signal processing, 2011, 59 (3): 1202 - 1216.

[21] LEONG A S, QUEVEDO D E, DOLZ D, et al. Remote state estimation over packet dropping links in the presence of an eavesdropper [EB/OL]. (2017 - 02 - 09) [2024 - 12 - 17]. https://arxiv. org/pdf/1702. 02785.

[22] TSIAMIS A, GATSIS K, PAPPAS G J. State estimation with secrecy against eavesdroppers [J]. IFAC - papers online, 2017, 50 (1): 8385 - 8392.

[23] GOEL S, NEGI R. Guaranteeing secrecy using artificial noise [J]. IEEE transactions on wireless communications, 2008, 7 (6): 2180 - 2189.

[24] LEONG A S, REDDER A, QUEVEDO D E, et al. On the use of artificial noise for secure state estimation in the presence of eavesdroppers [C]. 2018 European Control Conference, 2018: 325 - 330.

[25] XU D X, CHEN B, YU L. Secure fusion estimation against eavesdroppers [C]. 2018 37th Chinese Control Conference, 2018: 4310 - 4315.

[26] CHEN B, HU G Q, HO D W C, et al. Distributed covariance intersection fusion estimation for cyber - physical systems with communication constraints [J]. IEEE transactions on automatic control, 2016, 61 (12): 4020 - 4026.

[27] CHEN B, HO D W C, HU G Q, et al. Secure fusion estimation for bandwidth constrained cyber - physical systems under replay attacks [J]. IEEE transactions on cybernetics, 2018, 48 (6): 1862 - 1876.

[28] CHEN B, HU G Q, HO D W C, et al. Distributed robust fusion estimation with application to state monitoring systems [J]. IEEE transactions on systems, man, and cybernetics: systems, 2017, 47 (11): 2994 - 3005.

[29] GAO L G, CHEN B, YU L. Fusion - based FDI attack detection in cyber - physical systems [J]. IEEE transactions on circuits and systems, part Ⅱ: express briefs, 2020, 67 (8): 1487 - 1491.

[30] FANG J, LI H B. Hyperplane - based vector quantization for distributed estimation in wireless sensor networks [J]. IEEE transactions on information theory, 2009, 55 (12): 5682 - 5699.

[31] JAZWIOSKI A H. Stochastic processes and filtering theory [M]. New York: Academic Press, 1970.

[32] DENG Z L, GAO Y, MAO L, et al. New approach to information fusion steady - state Kalman filtering [J]. Automatica, 2005, 41 (10): 1695 - 1707.

[33] ANDERSON B D O, MOORE J B. Optimal filtering [M]. Englewood Cliffs: Prentice - Hall, 1979.

[34] SUN S, DENG Z L. Multi - sensor optimal information fusion Kalman filter [J]. Automatica, 2004, 40 (6): 1017 - 1023.

[35] ZHANG H, CHENG P, SHI L, et al. Optimal denial - of - service attack scheduling with energy constraint [J]. IEEE transactions on automatic control, 2015, 60 (11): 3023 - 3028.

[36] RAPPAPORT T S. Wireless communications: principles and practice [M]. 2nd. Upper Saddle River, N J: Prentice Hall, 2002.

[37] XUE F, XIE L L, KUMAR P R. The transport capacity of wireless networks over fading channels [J]. IEEE transactions on information theory, 2005, 51 (3): 834 - 847.

[38] SIMON M K, ALOUINI M S. Digital communication over fading channels [M]. Hoboken. N. J. : Wiley - Interscience, 2000.

[39] RAMÍREZ - MIRELES F. On the performance of ultra - wide - band signals in Gaussian noise and dense multipath [J]. IEEE transactions on vehicular communications, 2001, 50 (1): 244 - 249.

第 6 章　能量约束下基于事件触发的分布式安全融合估计

6.1 引　　言

在传统信息安全问题研究中，系统通常具有较强的计算能力、充足的存储空间和能源保障，所以系统的防御策略通常不会受到资源不足的影响[1-4]。而 NMFES 中存在大量的异构网络节点，这些节点的计算能力、存储能力有限，而且节点能量受限，因此，传统的信息安全理论和技术已经不能完全满足 NMFES 的安全需求，需要研究能量约束下的分布式安全融合估计理论[5-7]。

机密性是一个根本的安全问题。窃听者可以截取在无线通信网络上传输的数据，如果窃听者在分析截获的数据后发起更复杂的 DoS 攻击和虚假数据注入攻击，那么系统安全将受到威胁[8,9]。与此同时，在 NMFES 的许多实际应用中，传感器节点往往是由电池供电的，这导致传感器能量约束的另一个关键问题。因此，研究传感器能量约束下融合估计的保密性问题具有重要意义。防御窃听攻击意味着保护传输数据的隐私。文献 [10] 从控制论的角度引入了完全保密性的定义，提出了一种针对完全保密性下的最优传输调度问题。为了使窃听者的估计误差协方差矩阵迹保持在一定的水平以上，文献 [11] 通过最小化估计误差协方差矩阵迹设计了带反馈的最优传输策略。文献 [12 - 13] 引入了状态保密编码方案，在不影响用户译码的前提下，降低了窃听者的估计性能。然而，加密方案的有效性取决于关键事件的发生，这会导致数据隐私保护能力有限。人工噪声被广泛认为是实现物理层安全的有效技术，通过将人工噪声注入传感器的传输数据中，文献［14］对不稳定系统实现了完美的期望加密。需要指出的是，这些工作主要集中在窃听攻击下的单一传感器安全融合估计。文献［15］讨论了基于多传感器的分布式安全融合估计问题。为了在有限带宽下实现完全保密性，文献［16］提出了一种降维安全融合估计方法。值得注意的是，随着注入的人工噪声能量的增加，状态的保密性也会增强。然而，有限的传感器能量只能提供有限的系统保密性，在这种情况下，传感器的能量约束成为基于人工噪声的反窃听方法设计中的一个重要问题。

上一章我们在带宽受限下研究了基于人工噪声的隐私保护策略，本章继续将人工噪声技术引入能量约束下的分布式安全融合估计中，设计新的人工噪声加密策略，其中人工噪声被注入用户信道的零空间，该人工噪声会影响窃听者而不影响用户的估计性能。基于该隐私保护策略，本章将给出对应的分布式安全融合估计算法。进一步地，针对传感器能量约束下的 NMFES，第 6.3 节将研究具有能量约束的安全融合估计算法，设计一种新的依赖于用户信道增益矩阵的人工噪声注入方法，但人工噪声的注入会消耗更多的传感器能量，这会增加能量约束下的加密策略设计难度。在这种情况下，采用随机传感器事件触发器来降低局部传感器与融合中心之间的通信速率。随后，本章将推导出一个充分条件以保证在给定触发条件下人工噪声注入策略的有效性，并在每个传感器具有固定加密能量水平的条件下，选择合适的触发阈值使窃听者的估计误差协方差矩阵迹趋于无界而用户的估计误差协方差矩阵迹保持有界。

6.2 系统建模与问题描述

6.2.1 系统建模

考虑图 6－1 所示的能量约束下的系统模型结构，状态空间模型描述如下：

$$\boldsymbol{x}(t+1)=\boldsymbol{A}\boldsymbol{x}(t)+\boldsymbol{w}(t) \tag{6-1}$$

$$\boldsymbol{y}_i(t)=\boldsymbol{C}_i\boldsymbol{x}(t)+\boldsymbol{v}_i(t) \quad (i=1,2,\cdots,L) \tag{6-2}$$

式中，t 为离散时间指标；$\boldsymbol{x}(t)\in\mathbb{R}^n$ 为系统状态向量；$\boldsymbol{y}_i(t)\in\mathbb{R}^{q_i}$ 为传感器 i 的测量输出；L 为传感器的数量；$\boldsymbol{w}(t)$ 和 $\boldsymbol{v}_i(t)$ 分别为过程噪声和观测噪声，并且是均值为零、方差分别为 Q 和 $\boldsymbol{R}_i$ 的互不相关的高斯白噪声；$\boldsymbol{A}$ 和 $\boldsymbol{C}_i$ 为具有适当维数的时不变矩阵，假设矩阵对（$\boldsymbol{C}_i,A$）是可检测的且（$A,Q^{1/2}$）是可控的。

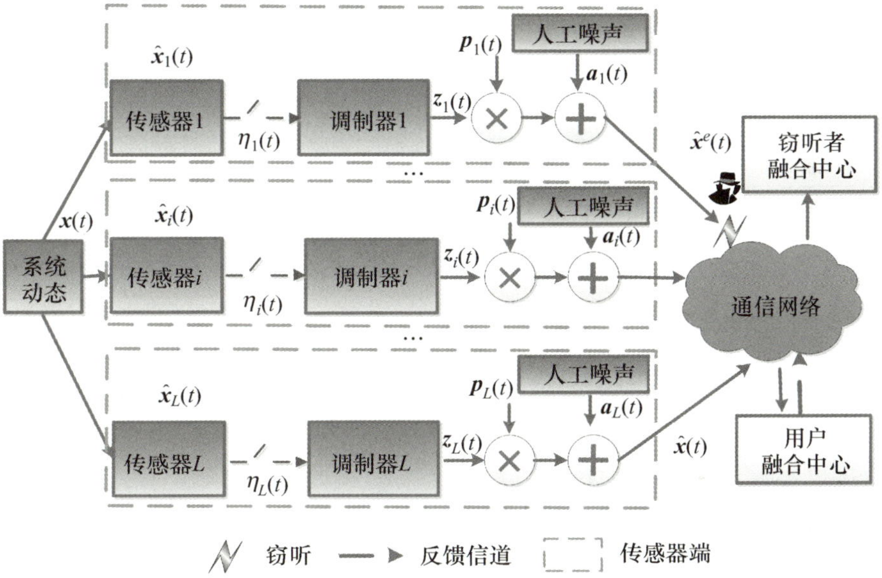

图 6-1 能量约束下的系统模型结构

第 i 个传感器的局部估计由标准卡尔曼滤波器给出：

$$\begin{cases}\hat{\boldsymbol{x}}_i^-(t)=\boldsymbol{A}\,\hat{\boldsymbol{x}}_i(t-1)\\ \boldsymbol{P}_i^-(t)=\boldsymbol{A}\boldsymbol{P}_i(t-1)\boldsymbol{A}^{\mathrm{T}}+Q\\ \boldsymbol{K}_i(t)=\boldsymbol{P}_i^-(t)\boldsymbol{C}_i^{\mathrm{T}}[\boldsymbol{C}_i(t)+\boldsymbol{R}_i]^{-1}\\ \hat{\boldsymbol{x}}_i(t)=\hat{\boldsymbol{x}}_i^-(t)+\boldsymbol{K}_i(t)\boldsymbol{\Gamma}_i(t)\\ \boldsymbol{P}_i(t)=[\boldsymbol{I}_n-\boldsymbol{K}_i(t)\boldsymbol{C}_i]\boldsymbol{P}_i^-(t)\end{cases} \tag{6-3}$$

式中，$\boldsymbol{\Gamma}_i(t)=\boldsymbol{y}_i(t)-\boldsymbol{C}_i\,\hat{\boldsymbol{x}}_i^-(t)$，为测量新息矩阵。

第 i 个传感器和第 j 个传感器子系统之间的误差互协方差矩阵 $\boldsymbol{P}_{ij}(t)(i\neq j)$ 通过以下公式计算：

$$\boldsymbol{P}_{ij}(t)=[\boldsymbol{I}_n-\boldsymbol{K}_i(t)\boldsymbol{C}_i][\boldsymbol{A}\boldsymbol{P}_{ij}(t-1)\boldsymbol{A}^{\mathrm{T}}+Q][\boldsymbol{I}_n-\boldsymbol{K}_j(t)\boldsymbol{C}_j]^{\mathrm{T}} \tag{6-4}$$

根据文献［18］，$\boldsymbol{P}_i(t)$ 和 $\boldsymbol{P}_{ij}(t)$ 以指数形式收敛到稳态值往往只需几步迭代即可。为了简化记号，定义函数 h 和 h^k 如下：

$$\begin{cases} h(\boldsymbol{X})\triangleq \boldsymbol{A}\boldsymbol{X}\boldsymbol{A}^{\mathrm{T}}+Q \\ h^k(\boldsymbol{X})\triangleq \underbrace{h\circ h\circ\cdots\circ h}_{k\text{次}}(\boldsymbol{X}) \end{cases} \tag{6-5}$$

根据文献［19］，如果 $t_1\leqslant t_2$ 且 $t_1,t_2\in Z^+$，那么$\overline{\boldsymbol{P}}_{ii}<h^{t_1}(\overline{\boldsymbol{P}}_{ii})\leqslant h^{t_2}(\overline{\boldsymbol{P}}_{ii})$。

由于传感器能量的约束，因此采用随机传输策略来降低本地传感器与融合中心之间的通信速率。具体来说，传感器 i 生成一个随机变量 $\boldsymbol{\zeta}_i$，该变量服从（0,1）上的均匀分布，也就是 $\boldsymbol{\zeta}_i\sim\boldsymbol{U}(0,1)$。随机传感器数据传输触发器定义如下：

$$\eta_i(t)=\begin{cases} 0, & 0<\boldsymbol{\zeta}_i\leqslant\alpha_i, \\ 1, & \alpha_i<\boldsymbol{\zeta}_i<1 \end{cases} \tag{6-6}$$

窃听者可能会通过另一个信道窃听各传感器的传输数据，为了防止传输的信息被窃听，引入了基于人工噪声的加密方法。特别地，在发送 $\hat{\boldsymbol{x}}_i(t)$ 之前，应用已知映射 $\mathcal{F}_i(\hat{\boldsymbol{x}}_i(t))$ 来生成一维复信号 $\boldsymbol{z}_i(t)\in\mathbb{C}$，这个映射取决于调制方案。假设采用多输入单输出通信，一维度信号 $\boldsymbol{z}_i(t)$ 通过 N_T 个发射天线传输，那么用户从第 i 个传感器到融合中心的信道增益矩阵为 $\boldsymbol{H}_i^u(t)\in\mathbb{C}^{N_T\times 1}$。此外，考虑注入的人工噪声，传输的信号具有以下形式：

$$\overline{\boldsymbol{z}}_i(t)=\boldsymbol{p}_i(t)\boldsymbol{z}_i(t)+\boldsymbol{a}_i(t) \tag{6-7}$$

式中，$\boldsymbol{p}_i(t)\in\mathbb{C}^{N_T\times 1}$为波束形成向量，满足 $E\{\boldsymbol{p}_i(t)\boldsymbol{p}_i^{\dagger}(t)\}=\boldsymbol{I}_{N_T}$；$\boldsymbol{a}_i(t)\in\mathbb{C}^{N_T\times 1}$，为注入的人工噪声向量。

在融合中心，为了获得精确的状态估计，需要基于接收到的信号解码得到局部估计$\hat{\boldsymbol{x}}_i(t)$，并利用加权矩阵融合方法［式（3-10）～式（3-14）］得到最终的最优融合估计$\hat{\boldsymbol{x}}(t)$。

6.2.2 问题描述

根据系统模型结构和上述分析，不难发现有两个因素直接影响融合中心的估计性能：第一个因素是传感器是否与融合中心通信，第二个因素是融合中心是否能够对接收到的局部估计进行成功解码，而解码成功的概率与具体的隐私保护策略相关。因此，本章将研究针对状态的隐私保护策略设计及估计性能与上述两个影响因素之间的关系，以及如何在这两个影响因素下实现完美的期望加密。因此，本章所解决的问题可以总结如下。

（1）在第 3 章中设计了估计误差协方差矩阵依赖的人工噪声隐私保护策略，但是由于该加密策略的有效性依赖于假设 3－2，该隐私保护策略仍有一定的限制性。因此，需要解决的问题是如何进一步地减少限制性假设，并充分利用多输入单输出通信的物理特性设计更加一般性的隐私保护策略。

（2）从防御者的角度来看，如何联合设计人工噪声和事件触发器使用户的估计误差协方差矩阵迹是有界的，而对窃听者来说是无界的，即获得完美的期望加密。

（3）当传感器与融合中心的通信速率一定时，也就是对于式（6－6）中的固定触发阈值，如何在传感器端设计人工噪声以保证人工噪声注入策略的有效性。

6.3 基于事件触发的分布式安全融合估计

6.3.1 依赖于信道增益矩阵的人工噪声隐私保护策略设计

首先，令用户信道增益矩阵 $\boldsymbol{H}_i^u(t)$ 零空间的正交基为 $\boldsymbol{\Phi}_i(t)\in\mathbb{C}^{N_T\times(N_T-1)}$，它满足$\boldsymbol{\Phi}_i^{\mathrm{T}}(t)\boldsymbol{\Phi}_i(t)=\boldsymbol{I}_{N_T-1}$。然后从 $\boldsymbol{H}_i^u(t)$ 的零空间中选择人工噪声向量 $\boldsymbol{a}_i(t)$，这意味着$\boldsymbol{H}_i^u(t)\boldsymbol{a}_i(t)=0$。在这种情况下，所设计的人工噪声向量为

$$\boldsymbol{a}_i(t)=\boldsymbol{\Phi}_i(t)\boldsymbol{\zeta}_i(t) \tag{6-8}$$

式中，$\boldsymbol{\zeta}_i(t)\in\mathbb{C}^{(N_T-1)\times 1}$，为方差是 $E\{\boldsymbol{\zeta}_i(t)\boldsymbol{\zeta}_i^{\dagger}(t)\}=\sigma_i\boldsymbol{I}_{N_T-1}$ 的零均值高斯白噪声。

令 $\boldsymbol{H}_i^e(t)$ 为窃听者从第 i 个传感器到窃听者融合中心的信道增益矩阵，在融合中心，用户和窃听者分别从第 i 个传感器接收到的信号 $\boldsymbol{s}_i^u(t)$ 和 $\boldsymbol{s}_i^e(t)$ 可以描述如下：

$$\begin{cases}\boldsymbol{s}_i^u(t)=\boldsymbol{H}_i^u(t)[\boldsymbol{p}_i(t)\boldsymbol{z}_i(t)+\boldsymbol{a}_i(t)]=\boldsymbol{H}_i^u(t)\boldsymbol{p}_i(t)\boldsymbol{z}_i(t)\\ \boldsymbol{s}_i^e(t)=\boldsymbol{H}_i^e(t)\boldsymbol{p}_i(t)\boldsymbol{z}_i(t)+\boldsymbol{H}_i^e(t)\boldsymbol{\Phi}_i(t)\boldsymbol{\zeta}_i(t)\end{cases}\tag{6-9}$$

注释 6-1 为了方便描述设计的人工噪声对估计性能的影响，假设信道是理想的，即它们不包含信道噪声。用户融合中心可以使用盲估计、基于导频的估计和半盲估计的信道估计算法来获得信道增益矩阵 $\boldsymbol{H}_i^u(t)$，并通过反馈信道发送到各局部传感器。由于信道增益矩阵受信号散射、多径衰落和距离功率衰减等物理因素的影响，因此，在实际应用系统中，用户和窃听者的信道增益矩阵必然不同（$\boldsymbol{H}_i^u(t)\neq\boldsymbol{H}_i^e(t)(\forall t)$）。

注释 6-2 事实上，当传感器到融合中心的信道包含信道噪声时，所设计的人工噪声仍然是可以有效阻止窃听的。当信道含有信道噪声时，用户的估计性能损失仅与信道噪声有关，与所设计的人工噪声无关。然而，对于窃听者来说，窃听者接收到的信号同时包含人工噪声和信道噪声。为了方便分析，假设传感器到用户融合中心和窃听者融合中心的信道不包含信道噪声。

根据上文的分析可知，融合中心对数据包的成功解码概率主要取决于 SNR。当第 i 个传感器用人工噪声能量 σ_i 加密信息时，它用大小为 δ_i 的发射能量向融合中心发送一个数据包。另外，不难得出 $\boldsymbol{\Phi}_i(t)\boldsymbol{\Phi}_i^{\mathrm{T}}(t)=I_{N_T}$，在这种情况下，窃听者的 SNR 为

$$\begin{aligned}\varepsilon_i^e(t)&=\frac{\delta_i E\{|\boldsymbol{H}_i^e(t)\boldsymbol{p}_i(t)|^2\}}{E\{|\boldsymbol{H}_i^e(t)\boldsymbol{a}_i(t)|^2\}}\\&=\frac{\delta_i E\{\boldsymbol{H}_i^e(t)\boldsymbol{p}_i(t)\boldsymbol{p}_i^{\mathrm{T}}(t)(\boldsymbol{H}_i^e(t))^{\mathrm{T}}\}}{E\{\boldsymbol{H}_i^e(t)\boldsymbol{a}_i(t)\boldsymbol{a}_i^{\mathrm{T}}(t)(\boldsymbol{H}_i^e(t))^{\mathrm{T}}\}}\\&=\frac{\delta_i}{\sigma_i}\end{aligned}\tag{6-10}$$

由于接收信号的解码成功概率与 SNR 有关，因此解码成功概率有如下形式：

$$\boldsymbol{p}(\theta_i(t)=1|\varepsilon_i(t))=[1-\boldsymbol{\xi}\sqrt{2\varepsilon_i(t)}]^m \tag{6-11}$$

式中，$Q(x)=\int_x^{\infty}\frac{1}{\sqrt{2\pi}}\exp\left(-\frac{t^2}{2}\right)\mathrm{d}t$；$m$ 为传感器发送数据包的长度；$\theta_i(t)$ 为二值变量，表示接收到的数据包是否被成功解码，$\theta_i(t)=1$ 表示数据包被成功解码，$\theta_i(t)=0$ 表示解码失败。

注释 6-3　现在，我们分析当所设计的人工噪声注入传输信号时用户的估计性能。根据式（6-9）和式（6-10），由于用户融合中心接收到的信号不包含任何噪声，接收数据的 SNR 为无穷大，结合式（6-11）可以知道，在所有时刻用户融合中心对各局部传输的数据包解码成功概率都为 1，这意味着可以成功解码接收到的信号，得到 $\boldsymbol{z}_i(t)$。进而，根据已知的映射 $\mathcal{F}_i(\hat{\boldsymbol{x}}_i(t))$ 可以得出用户融合中心在每个时刻都能以概率 1 成功解码各局部估计，因此注入所设计的人工噪声对用户的估计性能没有影响。

6.3.2　具有完美期望加密的分布式安全融合估计

在融合中心，为了得到最优的估计性能，用户能重新估计局部状态，因为当事件触发器不被触发时，$\eta_i(t)=0$，融合中心接收不到局部估计，所以必须对其进行一步预测补偿，最终的局部估计和相应的估计误差协方差矩阵可通过下式计算：

$$\begin{cases}\hat{\boldsymbol{x}}_i(t)=\eta_i(t)\hat{\boldsymbol{x}}_i(t)+[1-\eta_i(t)]\boldsymbol{A}\,\hat{\boldsymbol{x}}_i(t-1)\\ \boldsymbol{P}_i(t)=\eta_i(t)\overline{\boldsymbol{P}}_{ii}+[1-\eta_i(t)]h(\boldsymbol{P}_i(t-1))\end{cases} \tag{6-12}$$

由于可能会发生数据不发送和解码失败的情况，窃听者需要重新估计局部状态以进行融合估计。然而，与式（6-12）不同，窃听者的最终局部估计及误差协方差矩阵可通过下式计算：

$$\begin{cases}\hat{\boldsymbol{x}}_i^e(t)=\eta_i(t)\gamma_i(t)\hat{\boldsymbol{x}}_i^e(t)+[1-\eta_i(t)\gamma_i(t)]\boldsymbol{A}\,\hat{\boldsymbol{x}}_i^e(t-1)\\ \boldsymbol{P}_i^e(t)=\eta_i(t)\gamma_i(t)\overline{\boldsymbol{P}}_{ii}+[1-\eta_i(t)\gamma_i(t)]h(\boldsymbol{P}_i^e(t-1))\end{cases} \tag{6-13}$$

进而，用户和窃听者分别基于式（6－12）和式（6－13），并结合式（3－10）～式（3－14）进行最终的最优融合估计。

下面，定理6－1将给出关于事件触发阈值和成功解码数据包概率的充分条件，以获得完美的期望加密。

定理6－1 对于一个不稳定的分布式融合系统，用隐私保护策略［式（6－7）和式（6－8）］进行局部估计加密，如果事件触发阈值 α_i 及窃听者融合中心成功解码数据包的概率满足

$$\alpha_{i_0} > 1 - \frac{1}{\rho(\mathbf{A})^2}, \quad \exists\, i_0, (i_0 \in 1, 2, \cdots, L) \tag{6-14}$$

$$p(\gamma_i^e(t) = 0 \mid \eta_i^e(t) = 1) \geqslant 1 - \frac{1}{\alpha_i}[1 - \rho(\mathbf{A})^{-\frac{2}{L}}], \quad \forall i, \forall t. \tag{6-15}$$

那么，完美的期望加密条件［式（3－15）和式（3－16）］将成立。

证明 首先，假设传感器 i_0 的事件触发阈值满足式（6－14）的条件，这表明传感器与融合中心之间的通信速率大于 $1 - \frac{1}{\rho(\mathbf{A})^2}$。然后，根据文献［24］得出传感器 i_0 的估计误差协方差矩阵迹是有界的。令 $\boldsymbol{I}_a^{i_0} = (\boldsymbol{0}, \cdots, \boldsymbol{I}_n, \cdots, \boldsymbol{0})^{\mathrm{T}} \in \mathbb{R}^{nL \times n}$，其中，$\boldsymbol{I}_n$ 为维度为 n 的单位矩阵，$\boldsymbol{0}$ 为维数为 n 的零矩阵。利用柯西-施瓦茨矩阵不等式，有

$$\begin{aligned}
\boldsymbol{P}^e(t) &= (\boldsymbol{\Sigma}^{-1}(t))^{-1} \\
&= (\boldsymbol{I}_a^{\mathrm{T}} \boldsymbol{I}_a^{i_0})^{\mathrm{T}} (\boldsymbol{\Sigma}^{-1}(t))^{-1} (\boldsymbol{I}_a^{\mathrm{T}} \boldsymbol{I}_a^{i_0}) \\
&= [(\boldsymbol{\Sigma}^{-1/2}(t) \boldsymbol{I}_a)^{\mathrm{T}} (\boldsymbol{\Sigma}^{1/2}(t) \boldsymbol{I}_a^{i_0})]^{\mathrm{T}} \times \\
&\quad\ [(\boldsymbol{\Sigma}^{-1/2}(t))^{\mathrm{T}} (\boldsymbol{\Sigma}^{-1/2}(t))]^{-1} \times \\
&\quad\ [(\boldsymbol{\Sigma}^{-1/2}(t) \boldsymbol{I}_a)^{\mathrm{T}} (\boldsymbol{\Sigma}^{1/2}(t) \boldsymbol{I}_a^{i_0})] \\
&\leqslant (\boldsymbol{\Sigma}^{1/2}(t))^{\mathrm{T}} (\boldsymbol{\Sigma}^{1/2}(t) \boldsymbol{I}_a^{i_0}) = \boldsymbol{P}_{i_0}(t) < \infty
\end{aligned} \tag{6-16}$$

因此，满足完美期望加密的条件之一［式（3－15）］。

接下来，将证明在充分性条件［式（6－15）］下，式（3－16）的条件是满足的。令 Ξ 表示传感器不发送数据或者所有传输都在数据传输时刻被窃听失败的事件，$\Xi^{\perp}$ 表示其补。对于有限时间 N，有

$$\begin{aligned} p_e(\boldsymbol{\Xi}) &= p_e(\eta_i(t)=0,\gamma_i(t)=0 \mid \eta_i(t)=1, t=1,2,\cdots,N) \\ &= \prod_{i=1}^{L}\prod_{t=1}^{N}[1-p_e(\eta_i(t)=1)\times p_e(\gamma_i(t)=1 \mid \eta_i(t)=1)] \\ &= \prod_{i=1}^{L}\prod_{t=1}^{N}[1-\alpha_i p_e(\gamma_i(t)=1 \mid \eta_i(t)=1)] \end{aligned} \tag{6-17}$$

对于上述事件 Ξ 中的所有时刻 N，根据式（6－13）可以得出，窃听者初始估计误差协方差矩阵为 $\boldsymbol{P}^e(0)=(\boldsymbol{I}_a^{\mathrm{T}}\boldsymbol{\Sigma}(0)\boldsymbol{I}_a)^{-1}$。由 Ξ 的定义，可以得到

$$\boldsymbol{\Sigma}^e(\boldsymbol{N}) = (h^N(\overline{\boldsymbol{P}}_{ij})) \triangleq h^N(\boldsymbol{\Sigma}(0)) \tag{6-18}$$

式中，$h^N(\overline{\boldsymbol{P}}_{ij}) = \boldsymbol{A}^N\overline{\boldsymbol{P}}_{ij}(\boldsymbol{A}^{\mathrm{T}})^N + \sum_{s=0}^{N-1}\boldsymbol{A}^s Q(\boldsymbol{A}^{\mathrm{T}})^s$。

结合式（6－14），有

$$\begin{aligned} \mathrm{Tr}\{E\{\boldsymbol{P}^e(\boldsymbol{N})\}\} &= \mathrm{Tr}\{E\{\boldsymbol{P}^e(\boldsymbol{N}) \mid \Xi\}\}p^e(\Xi) + \mathrm{Tr}\{E\{\boldsymbol{P}^e(\boldsymbol{N}) \mid \Xi^{\perp}\}\}p^e(\Xi^{\perp}) \\ &> \mathrm{Tr}((\boldsymbol{\Sigma}^e(\boldsymbol{N}))^{-1})^{-1}p^e(\Xi) \\ &> \frac{1}{L}\mathrm{Tr}(\boldsymbol{A}^N\overline{\boldsymbol{P}}_i(\boldsymbol{A}^{\mathrm{T}})^N)p^e(\Xi), \quad \text{对于某个 } i \\ &> \frac{1}{L}\mathrm{Tr}(\overline{\boldsymbol{P}}_i(\boldsymbol{A}^{\mathrm{T}})^N\boldsymbol{A}^N)\prod_{i=1}^{L}\prod_{k=1}^{N}[1-\alpha_i p^e(\gamma_i(t)=1 \mid \eta_i(t)=1)] \\ &> \frac{1}{L\rho(\boldsymbol{A})^{2N}}\mathrm{Tr}(\overline{\boldsymbol{P}}_i(\boldsymbol{A}^{\mathrm{T}})^N\boldsymbol{A}^N) \end{aligned} \tag{6-19}$$

因此，得到 $\mathrm{Tr}\{E\{\boldsymbol{P}^e(N)\}\}\to\infty$，当 $N\to\infty$时，$\lim_{t\to\infty}\mathrm{Tr}\{E\{\boldsymbol{P}^e(t)\}\}=\infty$。

注释 6－4　上述定理表明，只要存在一个触发阈值大于 $1-\frac{1}{\rho(\boldsymbol{A})^2}$的传感器，用户的估计误差协方差矩阵迹总是有界的。对于窃听者来说，如果融合中心对每个数据传输信道的数据解码失败概率不低于 $1-\frac{1}{\alpha_i}[1-\rho(\boldsymbol{A})^{-\frac{2}{L}}]$，则窃听者估计误差协方差矩阵迹将变得无界。从用户的角度来看，为了保证状态的隐私性，用户应设计触发阈值和人工噪声能量等可控参数以满足充分条件［式（6－14）和式（6－15）］。另外，对于固定的触发阈值，当各传感器的局部估计被窃听得越多时，需要用户更大程度地调整以降低窃听者的成功解码的概率，以保证机密性。基于定理 6－1，以下定理提供了如何对人工

噪声能量进行选择的指导。

定理 6-2 若系统矩阵 **A** 不稳定，且每个传感器的触发阈值固定，则当式（6-15)的条件满足时，各局部传感器设计的人工噪声能量应满足

$$\sigma_i > \frac{\delta_i}{\varepsilon_i^{e*}} \tag{6-20}$$

式中，ε_i^{e*} 为窃听者通过信道 i 成功解码数据包概率$\frac{1}{\alpha_i}[1-\rho(\mathbf{A})^{-\frac{2}{L}}]$的 SNR。

证明 根据式（6-15)，有

$$p(\gamma_i^e(t)=1 \mid \eta_i^e(t)=1) < \frac{1}{\alpha_i}[1-\rho(\mathbf{A})^{-\frac{2}{L}}], \quad \forall i, \forall t \tag{6-21}$$

令 ε_i^{e*} 表示窃听者通过信道 i 成功解码数据包概率$\frac{1}{\alpha_i}[1-\rho(\mathbf{A})^{-\frac{2}{L}}]$的 SNR，进一步根据式（6-11）成功解码数据包概率函数的单调递增性质和式（6-10)，可以得到：

$$\varepsilon_i^e = \frac{\delta_i}{\sigma_i} < \varepsilon_i^{e*} \tag{6-22}$$

因此，定理 6-2 的结论得到证明。

上面两个定理给出了能量约束下基于事件触发的分布式安全融合估计的充分条件，结合依赖于信道增益矩阵的隐私保护策略，算法 6-1 给出了能量约束下基于事件触发的分布式安全融合估计算法的步骤。

算法 6-1 能量约束下基于事件触发的分布式安全融合估计算法的步骤

步骤 1：给定系统初始值 $\mathbf{A}$、$\boldsymbol{C}_i$、$\boldsymbol{Q}$、$\boldsymbol{R}_i$、$\boldsymbol{P}_i(0)$、$\boldsymbol{P}_{ij}(0)$、$\delta_i(i=1,2,\cdots,L)$。

步骤 2：用户融合中心利用盲估计、基于导频的估计和半盲估计的信道估计算法来获得信道增益矩阵 $\boldsymbol{H}_i^u(t)$，并反馈至各局部传感器。

步骤 3：各局部传感器根据事件触发器［式（6-6)］确定是否发送局部估计，如果发送，就利用调制器对局部估计进行调制，再进行波束成形处理。

步骤 4：各局部传感器根据式（6-20）选择人工噪声能量 σ_i，进而基于式（6-8）产生人工噪声向量 $\boldsymbol{a}_i(t)$，并将其注入经过波束成形处理后的信

号，然后发送到融合中心。

步骤5：用户融合中心对接收到的信号进行解码，并按式（3－10）～式（3－14）进行状态融合估计。

步骤6：返回步骤2，继续按以上步骤计算下一时刻的状态融合估计值。

令 $\sigma_i^*(t)=\dfrac{1}{\varepsilon_i^{e*}}\delta_i(t)$表示满足式（6－20）条件所注入的人工噪声的下界。定理6－2表明注入人工噪声的能量越大，越容易满足完美期望加密的条件，这意味着我们应尽可能注入大能量的人工噪声。但是，传感器的能量是有限的，每次加密注入的人工噪声能量是有界的。下面的定理给出如何选择每个传感器的触发阈值，使得在给定的加密人工噪声能量下实现完美的期望加密。

定理6－3：对于不稳定系统，假设每次加密注入的人工噪声能量有界，为 $\bar{\sigma}_i, i=1,2,\cdots,L$，如果传感器的触发阈值满足

$$\begin{cases}1-\dfrac{1}{\rho(\mathbf{A})^2}<\alpha_{i_0}\leqslant\dfrac{1}{\bar{\beta}_{i_0}}[1-\rho(\mathbf{A})^{-\frac{2}{L}}], & \exists i_0,(i_0\in 1,2,\cdots,L)\\ \alpha_i\leqslant\dfrac{1}{\bar{\beta}_i}[1-\rho(\mathbf{A})^{-\frac{2}{L}}], & \forall i\neq i_0\end{cases} \tag{6-23}$$

式中，$\bar{\beta}_i$ 为局部传感器注入人工噪声能量 $\bar{\sigma}_i$ 的成功解码数据包的概率。那么，融合估计系统可以获得完美的期望加密。

证明　首先，由式（6－23）的第一个不等式和式（6－14）不难得出，完美期望加密的条件［式（3－15）］是满足的。接下来，证明式（3－16）的条件也是满足的。

根据定理6－2，为了增强保密性，设计注入的人工噪声能量尽可能大，选取人工噪声能量为 $\bar{\sigma}_i$。根据式（6－23），可以得到

$$\bar{\beta}_i\leqslant\frac{1}{\alpha_i}[1-\rho(\mathbf{A})^{-\frac{2}{L}}] \tag{6-24}$$

进一步，通过公式变形，可以得到

$$1-\bar{\beta}_i\geqslant 1-\frac{1}{\alpha_i}[1-\rho(\mathbf{A})^{-\frac{2}{L}}] \tag{6-25}$$

根据 $\bar{\beta}_i$ 的定义，有

$$p(\gamma_i^e(t)=0 \mid \eta_i^e(t)=1)=1-\bar{\beta}_i \geqslant 1-\frac{1}{\alpha_i}[1-\rho(\mathbf{A})^{-\frac{2}{L}}] \tag{6-26}$$

因此，式（3－16）的条件是满足的。结合式（3－15），可以实现完美的期望加密。

注释 6－5 事实上，由于单次加密的人工噪声能量有界，因此实现完美期望加密所需的人工噪声能量条件［式（6－22）］可能无法满足。为了保护系统状态隐私安全，用户可以通过降低触发阈值来降低窃听者的解码成功概率，直到满足式（6－15）的条件。在这种情况下，虽然用户的估计性能会随触发阈值的降低而下降，但是窃听者的估计误差协方差矩阵迹会随时间趋于无界。因此，当每个传感器的加密人工噪声能量不满足式（6－22）的条件时，用户可以牺牲估计性能以确保状态的隐私性。

6.4 示　　例

这里我们以电力系统状态安全融合估计为例进行仿真验证。由于实际的电力系统复杂多变，对其进行理论研究相当困难，因此研究者普遍将发电机功率远小于系统总容量的电力系统作为单机无穷大电力系统进行理论研究。本节以单机无穷大电力系统（图 6－2）为对象，进行隐私保护下的分布式安全融合估计算法验证。

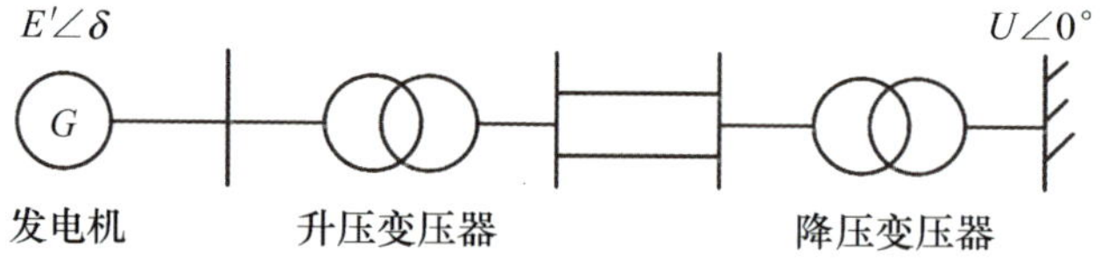

图 6－2　单机无穷大电力系统示例

在没有随机扰动的情况下，单机无穷大电力系统模型如下[159]：

$$\begin{cases}\dot{\theta}=\omega-\omega_0\\ \dot{\omega}=-\dfrac{D}{M}(\omega-\omega_0)-\dfrac{P_{\mathrm{m}}}{M}+\dfrac{P_{\mathrm{e}}}{M}\end{cases} \tag{6-27}$$

式中，θ 为发电机功角；ω 为转子角速度；ω_0 为同步角速度；D 为阻尼系数；M 为惯性时间常数；P_m 为发电机输入机械功率；P_e 为发电机输出电磁功率。

同时，有如下关系：

$$\begin{cases} P_m = \dfrac{E'U\sin\theta_0}{X_\Sigma} \\ P_e = \dfrac{E'U\sin\theta}{X_\Sigma} \end{cases} \tag{6-28}$$

式中，E'为发电机内电势；U 为无穷大母线电压；θ_0 为系统平衡状态对应的功角；X_Σ 为系统总电抗。

进而考虑新能源发电、电动汽车等对电力系统所造成的随机扰动，并将其近似看作高斯过程，因此单机无穷大电力系统的随机动态模型可以表示为

$$\begin{cases} \dot{\theta} = \omega - \omega_0 \\ \dot{\omega} = -\dfrac{D}{M}(\omega - \omega_0) - \dfrac{P_m}{M} + \dfrac{P_e}{M} + \boldsymbol{w}(t) \end{cases} \tag{6-29}$$

式中，$\boldsymbol{w}(t)$ 为高斯白噪声。

将该系统在平衡点处进行线性化，有如下关系：

$$\begin{cases} \Delta\dot{\theta} = \Delta\omega \\ \Delta\dot{\omega} = -\dfrac{E'U\cos\theta_0\,\Delta\theta}{MX_\Sigma} - \dfrac{D}{M}\Delta\omega + \boldsymbol{w}(t) \end{cases} \tag{6-30}$$

因此，上述随机动态系统模型可重写为

$$\dot{\boldsymbol{x}}(t) = -\boldsymbol{x}(t) + \boldsymbol{w}(t) \tag{6-31}$$

式中，$\dot{\boldsymbol{x}}(t) = (\Delta\theta \quad \Delta\omega)^{\mathrm{T}}$；$\Delta\theta$ 和 $\Delta\omega$ 分别为发电机功率角和转子角速度的导数。

仿真过程中选择的参数如下：

$$\begin{aligned} & E' = 1.4, U = 1, M = 0.0875, X_\Sigma = 0.8 \\ & \delta_0 = 84.2592^\circ, D = 0.2625, \boldsymbol{C}_1 = (1 \quad 0) \\ & \boldsymbol{C}_2 = (1 \quad 1), \boldsymbol{Q} = \begin{pmatrix} 1 & 0.5 \\ 0.5 & 2 \end{pmatrix}, R_1 = 1, R_2 = 1.5 \end{aligned} \tag{6-32}$$

选择采样周期 $T=1.2\mathrm{s}$，以获得上述系统的离散时间模型。离散时间模型的系统状态矩阵 $\mathbf{A}=\begin{pmatrix}1 & 3.3201\\ 0.0907 & 0.0273\end{pmatrix}$。考虑传输能量固定为1，数据包长度 $m=5$，所有结果均基于1000次蒙特卡罗仿真。

首先，对传感器与融合中心之间通信速率一定情况下的状态隐私保护性能进行验证，令两个传感器的事件触发阈值分别为 $\alpha_1=0.35$ 和 $\alpha_2=0.39$。然后，在这两种事件触发的通信模式下，计算出 $1-\frac{1}{\alpha_i}[1-\rho(\mathbf{A})^{-\frac{2}{L}}]$ 分别为0.4342和0.4922，以及 $1-\frac{1}{\rho^2(\mathbf{A})}$ 为0.3569。由于 $\alpha_2>1-\frac{1}{\rho^2(\mathbf{A})}$，因此可以知道定理3－3中的充分条件［式（6－14）］成立。

对于传感器1，考虑注入两种不同的人工噪声能量 $\sigma_1=0.3$ 和 $\sigma_1=2$；对于传感器2，考虑注入两种不同的人工噪声能量 $\sigma_2=0.7$ 和 $\sigma_2=2$。然后，根据式（6－10）和式（6－11），计算数据包解码失败的概率，见表6－1。

表6－1 不同人工噪声能量下数据包解码失败的概率

$\boldsymbol{\sigma}$	0.3	0.7	2
$p(\gamma_i^e(t)=0\mid\eta_i^e(t)=1)$	0.0243	0.2077	0.5784

下面对这两个传感器注入不同人工噪声能量后的性能进行分析，首先根据表6－1的数据包解码失败概率及 $1-\frac{1}{\boldsymbol{\alpha}_i}[1-\boldsymbol{\rho}(\mathbf{A})^{-\frac{2}{L}}]$ 的值，验证两个传感器在注入不同人工噪声能量的组合下，定理6－1中的充分条件［式（6－14）和式（6－15）］是否成立。具体情况见表6－2。

表6－2 不同人工噪声能量组合下式（6－14）和式（6－15）的成立情况

注入的人工噪声能量	式(6－14)	式(6－15)
(0.3,0.7)	成立	不成立
(0.3,2)	成立	不成立
(2,2)	成立	成立

由定理 6－3 可以得出，传感器在人工噪声能量组合 $\sigma_1=2$，$\sigma_2=2$ 下可以实现完美的期望加密。另外，根据定理 6－2 中的式（6－20），计算两个传感器的人工噪声能量下界分别为 1.3025 和 1.5338。在注入的人工噪声能量组合 $\sigma_1=2$，$\sigma_2=2$ 下，式（6－20）的条件是被满足的，因此，根据定理 6－1 可知，系统可以获得完美的期望加密。仿真结果如图 6－3 和图 6－4 所示。

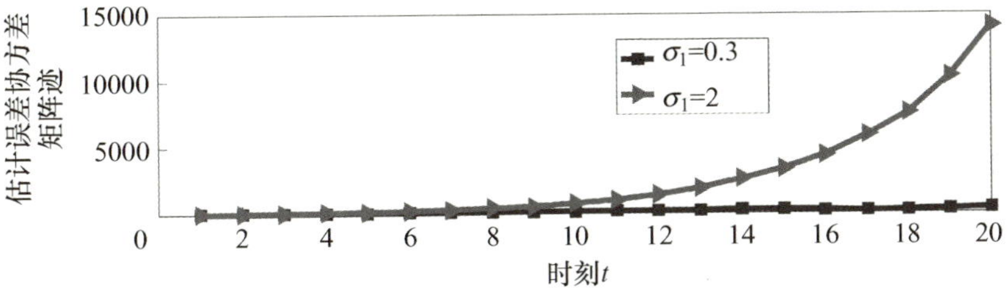

（a）传感器1在人工噪声能量σ_1=0.3和σ_2=2下的估计性能

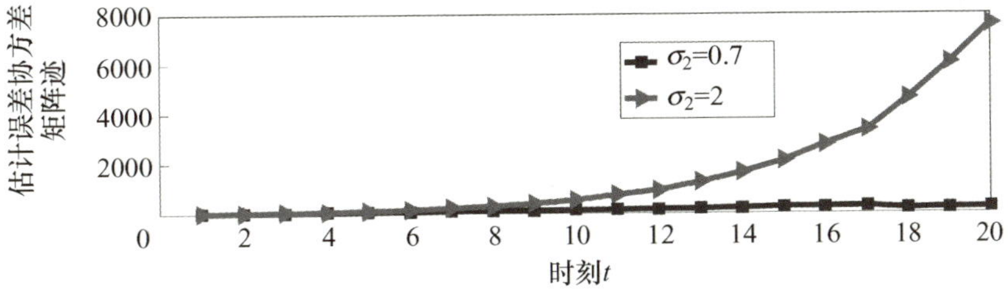

（b）传感器2在人工噪声能量σ_1=0.7和σ_2=2下的估计性能

图 6－3　传感器 1 和传感器 2 在不同人工噪声能量下的估计性能

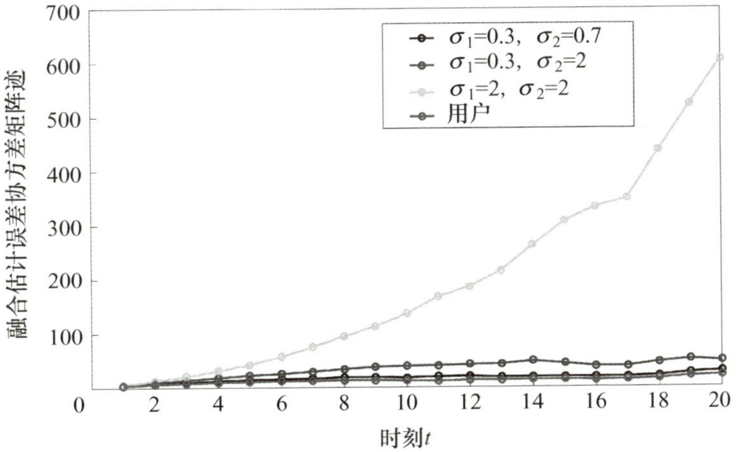

图 6－4　不同人工噪声能量下融合估计性能

从图 6-3 来看，两个传感器在人工噪声能量为 0.3 和 0.7 下，估计误差协方差矩阵迹都是发散的，而在人工噪声能量为 2 下是收敛的，这是因为当人工噪声能量为 0.3 和 0.7 时，其值均小于各自传感器实现完美期望加密所需的能量下界（1.3025 和 1.5338）。

从图 6-4 可以看出，仅当两个传感器的人工噪声能量分别为 $\sigma_1=2$，$\sigma_2=2$ 时，估计误差协方差矩阵迹发散。在这种情况下，两个局部估计的数据包解码失败的概率为 0.5784，显然满足式（6-15）的条件。对于其他两种人工噪声能量组合，虽然估计误差协方差矩阵迹没有发散，但都大于用户的估计误差协方差矩阵迹，这是因为两个传感器的解码失败概率不能同时满足式（6-15）的条件，人工噪声能量也不满足式（6-20）的条件。这些结果与定理 6-1 及定理 6-2 的结论完全一致。

进一步地，我们对定理 6-3 的结论进行验证。假设两个传感器注入的人工噪声能量固定为 3。根据式（3-38），两个传感器的人工噪声能量为 3 时对应的数据包解码成功概率 $\bar{\beta}_i$ 为 0.3134，以及 $\frac{1}{\bar{\beta}_i}[1-\rho(\boldsymbol{A})^{-\frac{2}{L}}]$ 为 0.6320。选择两个传感器的不同触发阈值组合，分别为（0.4，0.4）、（0.4，0.9）、（0.9，0.9）。根据定理 6-3，在此加密策略下系统可以获得完美的期望加密。仿真结果如图 6-5 所示。

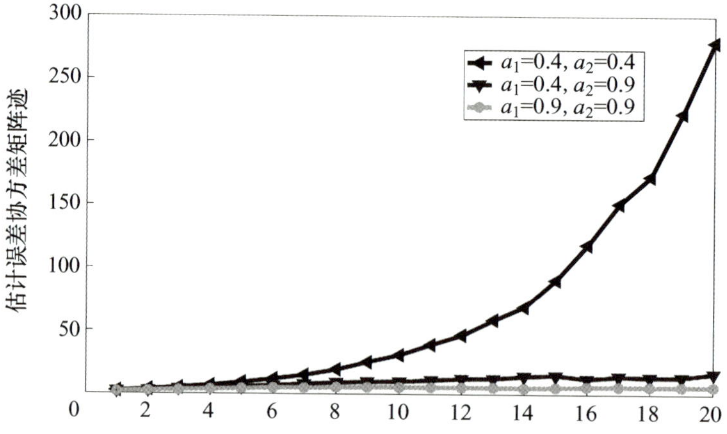

图 6-5　不同事件触发阈值组合下窃听者的融合估计性能

从图 6－5 可以看出，只有当两个传感器的触发阈值组合为（0.4，0.4）时，窃听者的估计误差协方差矩阵迹才会以指数速率无界增长，这是由于在触发阈值组合（0.4，0.4）下，充分条件［式（6－23）］得到满足。而对于其他触发阈值组合，由于两个传感器的触发阈值不能同时满足式（6－23）的条件，因此估计误差协方差矩阵迹是收敛的。由此可以得出，当人工噪声能量有界时，用户必须同时为两个传感器选择较小的触发阈值才能实现完美的期望加密，这与定理 6－3 的结论完全一致。

6.5　小　结

本章针对具有传感器能量约束的分布式安全融合估计，研究了基于随机事件触发的隐私保护安全融合估计问题，旨在实现完美的期望加密。为了满足传感器的能量约束同时降低系统数据被窃听到的风险，本章引入了随机传感器数据传输触发器；利用多输入单输出信道特性及波束成形技术设计了基于信道增益矩阵的人工噪声注入方法来实现系统状态的保密性；推导出了关于事件触发阈值和解码失败概率相关的充分条件以实现完美的期望加密；给出了人工噪声能量的选择条件来指导设计人工噪声；在固定的人工噪声能量下，推导出了实现完美期望加密的事件触发阈值条件。

参考文献

［1］ZHOU J，CHEN B，YU L. Intermediate－variable－based estimation for FDI attacks in cyber－physical systems［J］. IEEE transactions on circuits and systems，part Ⅱ：express briefs，2020，67（11）：2762－2766.

［2］SHI J Y，LIU S C，CHEN B，et al. Distributed data－driven intrusion detection for sparse stealthy FDI attacks in smart grids［J］. IEEE transactions on circuits and systems，part Ⅱ：express briefs，2021，68（3）：993－997.

［3］WANG D，WANG Z，WU Z J，et al. Distributed convex optimization for nonlinear multi－agent systems disturbed by second order stationary process over a digraph［J］. Science China：information sciences，2022，65（3）：110－122.

[4] CHENB, HU G Q, HO D W C, et al. Distributed covariance intersection fusion estimation for cyber - physical systems with communication constraints [J]. IEEE transactions on automatic control, 2016, 61 (12): 4020 - 4026.

[5] CHENB, HU G Q, HO D W C, et al. A new approach to linear/nonlinear distributed fusion estimation problem [J]. IEEE transactions on automatic control, 2019, 64 (3): 1301 - 1308.

[6] WANG D, WANG Z, WEN C Y. Distributed optimal consensus control for a class of uncertain nonlinear multiagent networks with disturbance rejection using adaptive technique [J]. IEEE transactions on systems, man and cybernetics: systems, 2021, 51 (7): 4389 - 4399.

[7] ZHANG H, QI Y F, WU J F, et al. DoS attack energy management against remote state estimation [J]. IEEE transactions on control of network systems, 2018, 5 (1): 383 - 394.

[8] GAO L J, CHEN B, YU L. Fusion - based FDI attack detection in cyber - physical systems [J]. IEEE transactions on circuits and systems, part Ⅱ: express briefs, 2020, 67 (8): 1487 - 1491.

[9] WANG K, YUAN L, MIYAZAKI T et al. Jamming and eavesdropping defense in green cyber - physical transportation systems using a Stackelberg game [J]. IEEE transactions on industrial informatics, 2018, 14 (9): 4232 - 4242.

[10] TSIAMIS A, GATSIS K, PAPPAS G J. State estimation with secrecy against eavesdroppers [J]. IFAC - papers online, 2017, 50 (1): 8385 - 8392.

[11] LEONG A S, QUEVEDO D E, DOLZ D, et al. Transmission scheduling for remote state estimation over packet dropping links in the presence of an eavesdropper [J]. IEEE transactions on automatic control, 2019, 64 (9): 3732 - 3739.

[12] TSIAMIS A, GATSIS K, PAPPAS G J. State - secrecy codes for networked linear systems [J]. IEEE transactions on automatic control, 2020, 65 (5): 2001 - 2005.

[13] TSIAMIS A, GATSIS K, PAPPAS G J. An information matrix approach for state secrecy [C]. 2018 IEEE Conference on Decision and Control, 2018: 2062 - 2067.

[14] LEONG A S, REDDER A, QUEVEDO D E, et al. On the use of artificial noise for secure state estimation in the presence of eavesdroppers [C]. Proceedings of the 2018

European Control Conference，2018：325－330.

[15] XU D X，CHEN B，YU L. Secure fusion estimation against eavesdroppers [C]. 2018 37th China Control Conference，2018：4310－4315.

[16] XU D X，CHEN B，YU L，et al. Secure dimensionality reduction fusion estimation against eavesdroppers in cyber－physical systems [J]. ISA transactions，2020，104：154－161.

[17] WANG L，CAO X H，SUN B W，et al. Optimal schedule of secure transmissions for remote state estimation against eavesdropping [J]. IEEE transactions on industrial informatics，2021，17 (3)：1987－1997.

[18] GOEL S，NEGI R. Guaranteeing secrecy using artificial noise [J]. IEEE transactions on wireless communications，2008，7 (6)：2180－2189.

[19] SHI L，CHENG P，CHEN J M. Sensor data scheduling for optimal state estimation with communication energy constraint [J]. Automatica，2011，47 (8)：1693－1698.

[20] LIANG Y B，POOR H V，SHAMAI S. Secure communication over fading channels [J]. IEEE transactions on information theory，2008，54 (6)：2470－2492.

[21] XUE F，XIE L L，KUMAR P R. The transport capacity of wireless networks over fading channels [J]. IEEE transactions on information theory，2005，51 (3)：834－847.

[22] LI W L，JIA Y M，DU J P. Distributed Kalman consensus filter with intermittent observation [J]. Journal of the Franklin Institute，2015，352 (9)：3764－3781.

[23] SUN S L，DENG Z L. Multi－sensor optimal information fusion Kalman filter [J]. Automatica，2004，40 (6)：1017－1023.

[24] SINOPOLI B，SCHENATO L，FRANCESCHETTI M，et al. Kalman filtering with intermittent observations [J]. IEEE transactions on automatic control，2004，49 (9)：1453－1464.

[25] Saadat H. Power system analysis. [M]. New York：McGraw－Hill，1999.

第7章 网络丢包下的分布式安全融合估计

7.1 引　　言

NMFES在智能交通系统、电力系统、医疗器械系统[1-5]等领域得到了广泛应用。多传感器融合估计是利用来自多个传感器的观测值，在一定准则下完成系统状态估计的信息处理过程。由于其可靠性高、鲁棒性强[6-10]，在NMFES中得到了广泛的应用。然而，由于其开放的连接，NMFES已成为恶意攻击者的目标。窃听攻击是一种典型的网络攻击[11,12]。NMFES的安全性备受关注，其中机密性是一个基本的安全问题[13]。在通道中传输的数据很容易被另一通道上的窃听者截取。窃听者可以在分析了大量截获的数据后发起复杂的攻击，如虚假数据注入攻击[14]。同时，由于物理线路故障、设备故障、病毒攻击、路由信息错误等因素，网络丢包现象时有发生。因此，研究网络丢包下的分布式安全融合估计具有重要的理论意义与现实意义。

文献［15，16］从信息论的角度对防止窃听的消息加密进行了研究。由于传感器的能量通常来自电池，这限制了它们的能量，因此很难利用传统的强加密方案。研究人员利用物理层信息和人工噪声研究了保密通信问题，从控制论的角度出发，提出了完美期望加密的概念。文献［17］要求了用户的估计误差协方差矩阵迹是有界的，而窃听者的估计误差协方差矩阵迹随时间的变化趋于无界，并给出了一种针对无反馈情况下窃听者的最优加密策略，以获得完美的期望加密。同时，在有反馈的情况下，文献［18］得出了类似的结果。文献［19］设计了一种事件触发的传感器数据调度策略，以防止循环马尔可夫链的窃听。此外，考虑 NMFES 的动态特性和物理层信息，文献［20－22］引入了状态保密编码，以达到对稳定系统、不稳定系统和任意系统完美期望加密的目的。为了提高系统状态的保密性，在考虑运行成本的情况下，文献［23］提出了一种最优加密策略。

在分布式框架下，文献［24］研究了具有状态隐私保护的安全融合估计问题，其中通过注入人工噪声来实现完美的期望加密。在状态分量传输的框架下，文献［25］提出了一种基于系统参数的设计策略，使窃听者的估计误差协方差矩阵迹变得无界。文献［26］提出了主动污染局部估计组件的策略，以提高局部估计的隐私水平。文献［27］考虑了时变系统的有限域能量-峰值状态估计问题，其中期望的时变估值器参数被设计用于在线计算。对于具有多速率测量的网络系统，文献［28］提出了一种新的加密—解密方案来保护系统状态的隐私。在传感器能量约束下，文献［29］将事件触发器和人工噪声相结合，提出了一种机密性融合抗窃听估计算法。为了保证分布式安全融合估计的保密性，文献［30］引入了基于信道增益矩阵的人工神经网络；然而，注入的人工噪声消耗了更多的传感器能量，这增加了设计反窃听策略的难度。

在上述分析的基础上，本章将研究网络丢包和传感器能量约束下基于事件触发的安全融合估计问题。为了节省传感器能量，我们不对信号进行加密，而是根据事件触发来调度传输局部估计。在我们的场景中，传感器将其局部估计传输给用户，其中所有传输通道都可能被窃听者窃听。在这种情况下，窃听者可以通过融合估计方法得到准确的状态估计结果。从用户的角度来看，为了保护状态隐私，每个局部传感器需要设计传递局部估计的规则，以防止窃听者通过融合估计获得真实的系统状态。

7.2 系统建模与问题描述

7.2.1 系统建模

考虑图 7－1 所示的系统模型结构，状态空间模型描述如下：

$$\begin{aligned} \boldsymbol{x}(t+1) &= \boldsymbol{A}\boldsymbol{x}(t)+\boldsymbol{w}(t) \\ \boldsymbol{y}_i(t) &= \boldsymbol{C}_i\boldsymbol{x}(t)+\boldsymbol{v}_i(t) \quad (i=1,2,\cdots,L) \end{aligned} \tag{7-1}$$

式中，t 为离散时间指标；$\boldsymbol{x}(t)\in\mathbb{R}^n$ 为维数为 n 的系统状态向量；$\boldsymbol{y}_i(t)\in\mathbb{R}^{q_i}$ 为维数为 q_i 传感器 i 的观测值；L 为传感器的数量，表示有 L 个传感器观察系统状态；$\boldsymbol{w}(t)$ 和 $\boldsymbol{v}_i(t)$ 分别为过程噪声和观测噪声，并且是均值为零、方差分别为 Q 和 R_i 的互不相关的高斯白噪声；$\boldsymbol{A}$ 和 $\boldsymbol{C}_i$ 为具有适当维数的时不变矩阵，假设矩阵对（C_i,A）是可检测的且（$A,Q^{1/2}$）是可控的。

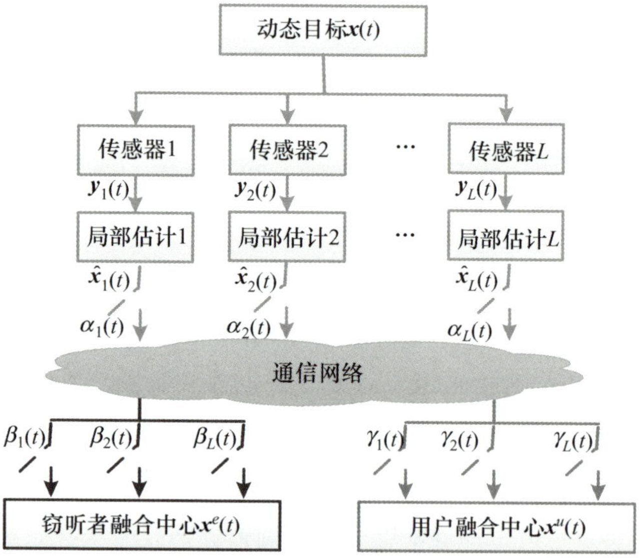

图 7－1 网络丢包下的系统模型结构

在我们的场景中，所有传感器都是具有计算能力[31]的智能传感器。在 t 时刻，第 i 个传感器观察物理过程，得到观测值 $\boldsymbol{y}_i(t)$。收集到 t 时刻的观测值后，给出第 i 个局部估计器的信息集 $\mathrm{Y}_i(t)=\{y_i(1),\cdots,y_i(t)\}$，其中 $\mathrm{Y}_i(-1)=\varnothing$。进一步地，有如下定义：

$$\begin{cases}\hat{\boldsymbol{x}}_i^-(t)\triangleq E[\boldsymbol{x}(t)\mid \mathrm{Y}_i(t-1)],\hat{\boldsymbol{y}}_i^-(t)\triangleq E[\boldsymbol{y}_i(t)\mid \mathrm{Y}_i(t-1)]\\ \boldsymbol{e}_i^-(t)\triangleq \boldsymbol{x}(t)-\hat{\boldsymbol{x}}_i^-(t),\boldsymbol{P}_i^-(t)\triangleq E[\boldsymbol{e}_i^-(t)\boldsymbol{e}_i^{-T}(t)\mid \mathrm{Y}_i(t-1)]\\ \hat{\boldsymbol{x}}_i(t)\triangleq E[\boldsymbol{x}(t)\mid \mathrm{Y}_i(t)],\boldsymbol{e}_i(t)\triangleq \boldsymbol{x}(t)-\hat{\boldsymbol{x}}_i(t)\\ \boldsymbol{P}_i(t)\triangleq E[\boldsymbol{e}_i(t)\boldsymbol{e}_i^{\mathrm{T}}(t)\mid \mathrm{Y}_i(t)]\end{cases}\tag{7-2}$$

式中，$\hat{\boldsymbol{x}}_i^-(t)$ 和 $\hat{\boldsymbol{x}}_i(t)$ 分别为先验最小均方误差估计和后验最小均方误差估计；$\boldsymbol{P}_i^-(t)$ 和 $\boldsymbol{P}_i(t)$ 分别为估计误差协方差矩阵；$E\{\cdot\}$ 为数学期望。

由标准卡尔曼滤波器[32]可以得到，第 i 个传感器的局部估计为

$$\begin{cases}\hat{\boldsymbol{x}}_i^-(t)=\boldsymbol{A}\,\hat{\boldsymbol{x}}_i(t-1),\boldsymbol{P}_i^-(t)=\boldsymbol{A}\boldsymbol{P}_i(t-1)\boldsymbol{A}^{\mathrm{T}}+Q\\ \boldsymbol{K}_i(t)=\boldsymbol{P}_i^-(t)\boldsymbol{C}_i^{\mathrm{T}}(\boldsymbol{C}_i(t)+R_i)^{-1}\\ \hat{\boldsymbol{x}}_i(t)=\hat{\boldsymbol{x}}_i^-(t)+\boldsymbol{K}_i(t)\boldsymbol{\Gamma}_i(t)\\ \boldsymbol{P}_i(t)=[\boldsymbol{I}_n-\boldsymbol{K}_i(t)\boldsymbol{C}_i]\boldsymbol{P}_i^-(t)\end{cases}\tag{7-3}$$

式中，$\boldsymbol{\Gamma}_i(t)=\boldsymbol{y}_i(t)-\boldsymbol{C}_i\,\hat{\boldsymbol{x}}_i(t)$ 为测量新息矩阵。

根据文献［33］，通常只需要几次迭代，$\boldsymbol{P}_i(t)$ 就会以指数形式收敛到稳态值。因此，为简单起见，设 $\boldsymbol{P}_i(0)$ 为初始值，第 i 个传感器的估计误差协方差矩阵为 $\overline{\boldsymbol{P}}_{ii}$。进一步，我们知道对于所有时刻 t，均有 $\boldsymbol{P}_i(t)=\overline{\boldsymbol{P}}_{ii}$。

在获得 $\hat{\boldsymbol{x}}_i(t)$ 后，第 i 个传感器决定是否将其发送到融合中心。我们引入二元变量 $\alpha_i(t)$ 对决策过程进行建模，$\alpha_i(t)=1$ 表示 $\hat{\boldsymbol{x}}_i(t)$ 由第 i 个传感器发送，否则不发送。传感器与融合中心之间的信道不可靠，可能导致数据丢包。此外，在该信道上传输的数据包可能会在另一个信道上被窃听者截获。设二进制变量 $\beta_i(t)=1$ 或 0 表示第 i 个局部估计是否被窃听者截获，二进制变量 $\gamma_i(t)=1$ 或 0 表示用户是否成功接收到第 i 个局部估计。

在融合中心，为了获得准确的状态估计，用户和窃听者基于接收到的局部估计使用加权矩阵融合算法获得最终状态估计。为了避免符号误用，以用户融合中心的融合估计为例，说明如何实现加权矩阵融合算法。设函数 $h(\boldsymbol{X})$

$\triangleq \boldsymbol{AXA}^{\mathrm{T}}+Q$ 和 $h^{k}(\boldsymbol{X})\triangleq \underbrace{h^{\circ}h^{\circ}\cdots{}^{\circ}h}_{k\text{次}}(\boldsymbol{X})$，根据文献［34,35］，如果 $k_1\leqslant k_2$ 且 k_1，$k_2\in Z^{+}$，那么 $\overline{\boldsymbol{P}}_{ii}<h^{k_1}(\overline{\boldsymbol{P}}_{ii})\leqslant h^{k_2}(\overline{\boldsymbol{P}}_{ii})$。

在用户融合中心，有两种情况无法成功接收到第 i 个传感器的局部估计：一种情况是第 i 个传感器没有向融合中心发送局部估计，此时 $\alpha_i(t)=0$；另一种情况是第 i 个传感器向融合中心发送了第 i 个局部估计，但是在 $\gamma_i(t)=0$ 的信道中发生了丢包。在这种情况下，它需要对本地估计执行一步预测补偿。因此，$\hat{\boldsymbol{x}}_i^u(t)$ 和 $\boldsymbol{P}_{ii}^u(t)$ 可通过下式计算：

$$(\hat{\boldsymbol{x}}_i^u(t),\boldsymbol{P}_{ii}^u(t))=\begin{cases}(\hat{\boldsymbol{x}}_i(t),\overline{\boldsymbol{P}}_{ii}),\text{如果}\quad \alpha_i(t)\gamma_i(t)=1\\(\boldsymbol{A}\,\hat{\boldsymbol{x}}_i^u(t-1),h(\boldsymbol{P}_{ii}^u(t-1))),\text{其他}\end{cases}\tag{7-4}$$

进一步，分布式矩阵加权融合滤波器 $\hat{\boldsymbol{x}}^u(t)$ 可通过下式求得：

$$\hat{\boldsymbol{x}}^u(t)=\sum_{i=1}^{L}\boldsymbol{W}_i(t)\,\hat{\boldsymbol{x}}_i^u(t)\tag{7-5}$$

其中，

$$\sum_{i=1}^{L}\boldsymbol{W}_i(t)=\boldsymbol{I}_n\tag{7-6}$$

然后，定义 $\boldsymbol{\Xi}(t)\triangleq\begin{pmatrix}\boldsymbol{P}_{11}^u(t) & \cdots & \boldsymbol{P}_{1L}^u(t)\\ \vdots & & \vdots\\ \boldsymbol{P}_{L1}^u(t) & \cdots & \boldsymbol{P}_{LL}^u(t)\end{pmatrix}$，其中 $\boldsymbol{P}_{ij}^u(t)(i\neq j)$ 为任意两个局部估计之间的估计误差交叉协方差矩阵，其计算公式为：

$$\boldsymbol{P}_{ij}^u(t)=[\boldsymbol{I}_n-\boldsymbol{K}_i(t)\boldsymbol{C}_i][\boldsymbol{AP}_{ij}^u(t-1)\boldsymbol{A}^{\mathrm{T}}+Q][\boldsymbol{I}_n-\boldsymbol{K}_j(t)\boldsymbol{C}_j]^{\mathrm{T}}\tag{7-7}$$

通常只需要几次迭代，$\boldsymbol{P}_{ij}^u(t)$ 就会以指数形式收敛到稳态值[36]。为简单起见，将初始估计误差交叉协方差矩阵表示为 $\boldsymbol{P}_{ij}(0)=\overline{\boldsymbol{P}}_{ij}$。然后可以得出，对于所有时刻 t，$\boldsymbol{\Xi}(t)$ 的初始值 $\boldsymbol{\Xi}(0)$ 都为 $\begin{pmatrix}\overline{\boldsymbol{P}}_{11} & \cdots & \overline{\boldsymbol{P}}_{1L}\\ \vdots & & \vdots\\ \overline{\boldsymbol{P}}_{L1} & \cdots & \overline{\boldsymbol{P}}_{LL}\end{pmatrix}$。

在线性最小方差准则下，根据文献［37］的结果，最优的 $\boldsymbol{W}_1(t),\boldsymbol{W}_2(t),\cdots,\boldsymbol{W}_L(t)$ 可通过以下公式计算：

$$[\boldsymbol{W}_1(t),\cdots,\boldsymbol{W}_L(t)]=[(\boldsymbol{\Upsilon}^s)^{\mathrm{T}}\boldsymbol{\Xi}^{-1}(t)\boldsymbol{\Upsilon}^s]^{-1}(\boldsymbol{\Upsilon}^s)^{\mathrm{T}}\boldsymbol{\Xi}^{-1}(t) \tag{7-8}$$

式中，$\boldsymbol{\Upsilon}^s=(\boldsymbol{I}_n,\mathbf{K},\boldsymbol{I}_n)^{\mathrm{T}}$。

进一步，估计误差协方差矩阵 $\boldsymbol{P}^u(t)\triangleq E\{[\boldsymbol{x}(t)-\hat{\boldsymbol{x}}^u(t)][\boldsymbol{x}(k)-\hat{\boldsymbol{x}}^u(t)]^{\mathrm{T}}\}$ 可通过下式计算：

$$\boldsymbol{P}^u(t)=((\boldsymbol{\Upsilon}^s)^{\mathrm{T}}\Xi^{-1}(t)\boldsymbol{\Upsilon}^s)^{-1} \tag{7-9}$$

注释 7-1： 对于窃听者来说，如果其能力足够强，可以同时窃听多个传感器的传输数据，那么其可以利用截获的局部估计通过融合估计算法获得更准确的状态估计。这就给分布式安全融合估计带来了挑战。

7.2.2　问题描述

首先，用 p_i 表示第 i 个传感器决定将局部估计发送到融合中心的概率。为了防止窃听，对所有传感器都采用随机事件触发策略。具体来说，第 i 个传感器的处理器可以在每个时刻生成一个随机变量 ζ_i，这些变量位于区间 (0,1) 内，且服从均匀分布，也就是 $\zeta_i\sim U(0,1)$。随机事件触发器由下式给出：

$$\alpha_i(t)=\begin{cases}1, & 0<\zeta_i\leqslant\eta_i\\ 0, & \eta_i<\zeta_i<1\end{cases} \tag{7-10}$$

此外，假设每个传感器总是决定将局部估计发送到融合中心，即在所有时刻都有 $\alpha_i(t)=1$。我们将网络丢包和数据包拦截建模为随时间的独立同分布，这是研究人员常用的假设。特别地，将 ρ_i 表示第 i 个局部估计被窃听者截获的概率。类似地，令 λ_i 表示用户接收到第 i 个局部估计的概率。因此，信道模型如下：

$$\begin{cases}\beta_i(t)=\begin{cases}1, & \text{以概率 } \rho_i\\ 0, & \text{以概率 } 1-\rho_i\end{cases}\\ \gamma_i(t)=\begin{cases}1, & \text{以概率 } \lambda_i\\ 0, & \text{以概率 } 1-\lambda_i\end{cases}\end{cases} \tag{7-11}$$

注释 7-2： 在物理层安全问题的描述中，确切知道窃听者对于用户的信道模型是一个常见的假设[38]。信道增益矩阵可以使用盲估计、基于导频的估计等来获得。在这种情况下，知道概率 ρ_i 比知道确切的窃听者的信道模型更具限制性。事实上，可以认为 ρ_i 是系统设计者对窃听者成功窃听数据包的能力的置信水平。

进一步，我们需要解决的问题如下。

（1）对于分布式安全融合估计，如何为传感器设计事件触发的数据调度程序，使用户的估计误差协方差矩阵迹有界，但窃听者的估计误差协方差矩阵迹无界。

（2）从防御者的角度出发，如何设计基于事件触发的安全融合估计算法，以保证数据调度方法的有效性。

7.3 网络丢包下基于事件触发的分布式安全融合估计

对于稳定系统，只要窃听者有系统模型参数，就可以在不窃听的情况下实时估计系统状态，并且估计误差协方差矩阵迹总是有界的。因此，我们研究了不稳定系统的安全融合估计问题。正如文献［17］所指出的，不稳定系统的安全融合估计比稳定系统的安全融合估计更有趣。假设在不稳定系统（1）中的矩阵 A 的谱半径满足 $\rho(A)>1$，我们将探索一些充分条件，在这些充分条件下，我们可以获得保护状态隐私的分布式安全融合估计算法。

定理 7－1 对于具有信道模型［式（7－11）］的不稳定系统［式（7－1）］，在加密机制［式（7－10）］下，如果所有传感器的触发阈值满足：

（1）存在一个正整数 i，使

$$\eta_i>\frac{1}{\lambda_i}\left[1-\frac{1}{\rho\left(\mathbf{A}\right)^2}\right] \tag{7-12}$$

（2）对于任意正整数 i，使

$$\eta_i<\min\left\{\frac{1}{\rho_i}\left[1-\rho\left(\mathbf{A}\right)^{-\frac{2}{L}}\right],1\right\} \tag{7-13}$$

那么，可以实现完美的期望加密。

证明 根据完美期望加密的定义，我们需要证明式（2－15）和式（2－16）在式（7－12）和式（7－13）的条件下同时成立。首先证明在式（7－12）的条件下完美期望加密条件［式（2－15）］是满足的。假设传感器 s_0 的事件触发阈值 η_i 满足 $\eta_i > \frac{1}{\lambda_i}\left[1-\frac{1}{\rho(\mathbf{A})^2}\right]$，则有

$$\eta_i\lambda_i > 1-\frac{1}{\rho(\mathbf{A})^2} \tag{7-14}$$

在这种情况下，用户融合中心能够成功接收到传感器 s_0 局部估计的概率总是满足 $p(\alpha_i(t)\gamma_i(t)=1)>1-\frac{1}{\rho(\mathbf{A})^2}$ 的。根据文献［37］，传感器 s_0 的估计误差协方差矩阵迹是有界的，即 $\boldsymbol{P}_{ii}^u(t)<\infty$。令 $\boldsymbol{\Upsilon}_i^s=(0,\cdots,\boldsymbol{I}_n,\cdots,0)^{\mathrm{T}}\in\mathbb{R}^{nL\times n}$，其中，$\boldsymbol{I}_n$ 为维数为 n 的单位矩阵，0 为维数为 n 的零矩阵，有

$$\begin{aligned}
\boldsymbol{P}^u(t)&=((\boldsymbol{\Upsilon}^s)^{\mathrm{T}}\boldsymbol{\Xi}^{-1}(t)\boldsymbol{\Upsilon}^s)^{-1}\\
&=((\boldsymbol{\Upsilon}^s)^{\mathrm{T}}\boldsymbol{\Upsilon}_i^s)^{\mathrm{T}}((\boldsymbol{\Upsilon}^s)^{\mathrm{T}}\boldsymbol{\Xi}^{-1}(t))^{-1}((\boldsymbol{\Upsilon}^s)^{\mathrm{T}}\boldsymbol{\Upsilon}_i^s)\\
&=[(\boldsymbol{\Xi}^{-1/2}(t)\boldsymbol{\Upsilon}^s)^{\mathrm{T}}(\boldsymbol{\Xi}^{1/2}(t)\boldsymbol{\Upsilon}_i^s)]^{\mathrm{T}}\times\\
&\quad[(\boldsymbol{\Xi}^{-1/2}(t)\boldsymbol{\Upsilon}^s)^{\mathrm{T}}\times(\boldsymbol{\Xi}^{-1/2}(t)\boldsymbol{\Upsilon}^s)]^{-1}\times\\
&\quad[(\boldsymbol{\Xi}^{-1/2}(t)\boldsymbol{\Upsilon}^s)^{\mathrm{T}}(\boldsymbol{\Xi}^{1/2}(t)\boldsymbol{\Upsilon}_i^s)]\\
&\leqslant(\boldsymbol{\Xi}^{1/2}(t)\boldsymbol{\Upsilon}^s)^{\mathrm{T}}(\boldsymbol{\Xi}^{1/2}(t)\boldsymbol{\Upsilon}_i^s)=\boldsymbol{P}_{ii}^u(t)<\infty
\end{aligned} \tag{7-15}$$

这意味着，只要一个传感器的估计误差协方差矩阵迹是有界的，融合中心融合所有局部估计后得到的估计误差协方差矩阵迹就一定是有界的。因此，式（2－15）的条件满足。

下面，我们证明在式（7－13）的条件下完美期望加密条件［式（2－16）］是满足的。设 Ω 表示这样的事件：在发送局部估计时，没有触发所有传感器的事件触发器且没有成功截获所有局部估计，$\Omega^{\perp}$ 表示事件 Ω 的补。进一步，我们考虑事件 Ω 在有限时间 N 内的发生概率，有

$$\begin{aligned}
p_e(\Omega)&=p_e(\alpha_i(t)=0,\beta_i(t)=0\mid\alpha_i(t)=1)\\
&=\prod_{i=1}^{L}\prod_{t=1}^{N}[1-p_e(\alpha_i(t)=1)\times p_e(\beta_i(t)=1\mid\alpha_i(t)=1)]\\
&=\prod_{i=1}^{L}\prod_{t=1}^{N}(1-\eta_i\rho_i)
\end{aligned} \tag{7-16}$$

式中，$t=1,2,\cdots,N,i=1,2,\cdots,L$。

类似于式（3-9），对于事件 Ω 中所有时刻 N，都有窃听者的终端估计误差协方差矩阵 $\boldsymbol{P}^e(N)=((\boldsymbol{I}^a)^{\mathrm{T}}(\boldsymbol{\Sigma}^e(N))^{-1}\boldsymbol{I}^a)^{-1}$。根据 Ω 的定义可知，窃听者不可能在 N 时刻成功拦截所有传感器的局部估计，此时窃听者只能进行一步预测，而不能进行局部估计。根据式（7-4），有

$$\boldsymbol{\Sigma}^e(N)=\begin{pmatrix} h^N(\overline{\boldsymbol{P}}_{11}) & \cdots & h^N(\overline{\boldsymbol{P}}_{1L}) \\ \vdots & & \vdots \\ h^N(\overline{\boldsymbol{P}}_{L1}) & \cdots & h^N(\overline{\boldsymbol{P}}_{LL}) \end{pmatrix} \triangleq h^N(\boldsymbol{\Sigma}(0)) \tag{7-17}$$

式中，$h^N(\overline{\boldsymbol{P}}_{ij})=\boldsymbol{A}^N\overline{\boldsymbol{P}}_{ij}(\boldsymbol{A}^{\mathrm{T}})^N+\sum_{s=0}^{N-1}\boldsymbol{A}^sQ(\boldsymbol{A}^{\mathrm{T}})^s$。

取终端估计误差协方差矩阵 $\boldsymbol{P}^e(N)$ 的迹，可以得到：

$$\begin{aligned}\mathrm{Tr}\{E\{\boldsymbol{P}^e(N)\}\}=&\mathrm{Tr}\{E\{\boldsymbol{P}^e(N)\mid\Omega\}\}p^e(\Omega)+\\ &\mathrm{Tr}\{E\{\boldsymbol{P}^e(N)\mid\Omega^{\perp}\}\}p^e(\Omega^{\perp})\\ >&\mathrm{Tr}((\boldsymbol{\Sigma}^e(N))^{-1})^{-1}p^e(\Omega)\end{aligned} \tag{7-18}$$

然后，存在一个正整数 i，使

$$\mathrm{Tr}\{E\{\boldsymbol{P}^e(N)\}\}>\frac{1}{L}\mathrm{Tr}(\boldsymbol{A}^N\overline{\boldsymbol{P}}_{ii}(\boldsymbol{A}^{\mathrm{T}})^N)p^e(\Omega) \tag{7-19}$$

进一步，根据式（7-13），可以得到 $\eta_i\rho_i<1-\rho(\mathbf{A})^{-\frac{2}{L}}$。结合式（7-19），可以得到：

$$\begin{aligned}\mathrm{Tr}\{E\{\boldsymbol{P}^e(N)\}\}&>\frac{1}{L}\mathrm{Tr}(\overline{\boldsymbol{P}}_i(\boldsymbol{A}^{\mathrm{T}})^N\boldsymbol{A}^N)\prod_{i=1}^{L}\prod_{k=1}^{N}(1-\eta_i\rho_i)\\ &>\frac{1}{L\rho(\mathbf{A})^{2N}}\mathrm{Tr}(\overline{\boldsymbol{P}}_{ii}(\boldsymbol{A}^{\mathrm{T}})^N\boldsymbol{A}^N)\end{aligned} \tag{7-20}$$

因此，当 N 趋于无穷时，$\mathrm{Tr}\{E\{\boldsymbol{P}^e(N)\}\}\to\infty$，即 $\lim_{t\to\infty}\mathrm{Tr}\{E\{\boldsymbol{P}^e(t)\}\}=\infty$。

注释 7-3： 以上定理表明，只要一个传感器的事件触发阈值大于 $\frac{1}{\lambda_i}\left(1-\frac{1}{\rho(\mathbf{A})^2}\right)$，就可以保证用户的估计误差协方差矩阵迹是有界的。在此基础上，如果控制所有传感器的事件触发阈值满足式（7-13）的条件，则窃听者的估计误差协方差矩阵迹将趋于无界。从用户的角度来看，为了保护状态

数据的隐私性不被泄露，应尽可能地降低事件触发阈值，直到式（7-12）的条件满足。在这种情况下，窃听者成功截获每个局部估计的概率很小，这使估计性能变差。此外，如果传感器越多，窃听者可能拦截的局部估计就越多，那么用户需要更大程度地降低事件触发阈值，以确保机密性。在仅有一个传感器（$L=1$）的特殊情况下，$1-\rho(\boldsymbol{A})^{-\frac{2}{L}}$退化为$1-\frac{1}{\rho^2(\boldsymbol{A})}$，这与文献［39］的结果一致。

注释 7-4： 上述提出的随机事件触发策略确保了窃听者无法通过融合在不可靠信道上截获本地传感器的数据来获得真实的系统状态信息；同时，在事件触发机制下节约了局部传感器的能量。值得注意的是，用户的估计性能也会下降，这是出于保密考虑，在估计性能上的妥协。

上面我们为事件触发的安全融合估计提供了两个充分条件。接下来，我们将提出一种分布式安全融合估计算法，以实现完美期望加密。具体步骤如算法 7-1 所示。

算法 7-1　网络丢包下基于事件触发的分布式安全融合估计算法

步骤 1：给定系统初始值$\boldsymbol{A}$、$\boldsymbol{C}_i$、Q、R_i、$\boldsymbol{P}_i(0)$、$\boldsymbol{P}_{ij}(0)$、$\boldsymbol{P}^{\delta}$、$\bar{\sigma}$、$\underline{\sigma}$、$\overline{\boldsymbol{P}}$、$\lambda_i$、$\rho_i$（$i=1,2,\cdots,L$）。

步骤 2：计算每个局部估计的稳态估计误差协方差矩阵$\overline{\boldsymbol{P}}_{ii}$。

步骤 3：计算$\frac{1}{\lambda_i}\left[1-\frac{1}{\rho(\boldsymbol{A})^2}\right]$及$\frac{1}{\rho_i}\left[1-\rho(\boldsymbol{A})^{-\frac{2}{L}}\right]$。

步骤 4：根据式（7-12）和式（7-13）选择事件触发阈值η_i，并反馈给每个本地传感器。

步骤 5：返回步骤 2，继续按以上步骤计算下一时刻的状态融合估计值。

步骤 6：用户融合中心根据式（7-4）处理接收到的信号，并根据式（7-5）～式（7-9）进行状态融合估计。

步骤 7：返回步骤 3，并继续在下一时刻计算状态融合估计值。

7.4 示 例

考虑用两个传感器观察一个动态系统，模型参数如下：

$$\boldsymbol{A}=\begin{pmatrix}1.2 & 1\\ 0.3 & 1.1\end{pmatrix},\boldsymbol{C}_1=(1\quad 0),\boldsymbol{C}_2=(1\quad 1),\boldsymbol{Q}=\begin{pmatrix}1 & 0.5\\ 0.5 & 2\end{pmatrix},R_1=1,R_1=2$$

通过多次迭代，获得稳态估计误差协方差矩阵如下：

$$\overline{\boldsymbol{P}}_{11}=\begin{pmatrix}0.8656 & 0.6412\\ 0.6412 & 2.6544\end{pmatrix},\overline{\boldsymbol{P}}_{22}=\begin{pmatrix}1.1354 & -0.3315\\ -0.3315 & 1.1855\end{pmatrix},\overline{\boldsymbol{P}}_{12}=\begin{pmatrix}0.0080 & 0.0602\\ -0.9288 & 1.2829\end{pmatrix}$$

设用户融合中心与两个本地传感器之间成功接收数据的概率 $\lambda_i(i=1,2)$ 分别为 0.7 和 0.9。两个信道均被窃听，数据拦截概率 $\rho_i(i=1,2)$ 均为 0.4，可以计算出 $\dfrac{1}{\lambda_i}\left[1-\dfrac{1}{\rho(\boldsymbol{A})^2}\right](i=1,2)$ 的值分别为 0.5080 和 0.3951，而 $\dfrac{1}{\rho_i}[1-\rho(\boldsymbol{A})^{-\frac{2}{L}}](i=1,2)$ 的值均为 0.4932，所有的结果都是 1000 次蒙特卡罗模拟。

首先，我们不为所有局部传感器设置事件触发器，并观察窃听者和用户的融合估计性能。实际上，这相当于为两个传感器设置了事件触发阈值 $\eta_i(i=1,2)$。仿真结果如图 7-2和图 7-3 所示。

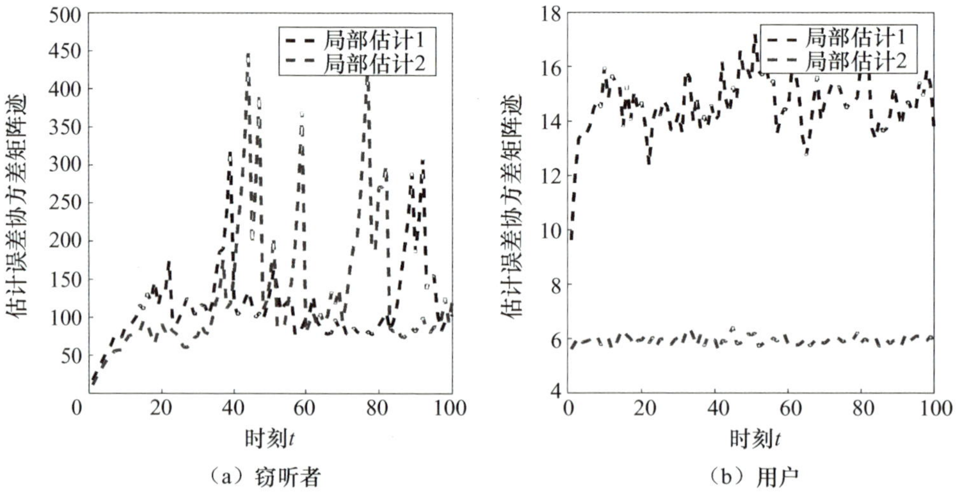

图 7-2 无事件触发器的窃听者和用户的局部估计性能

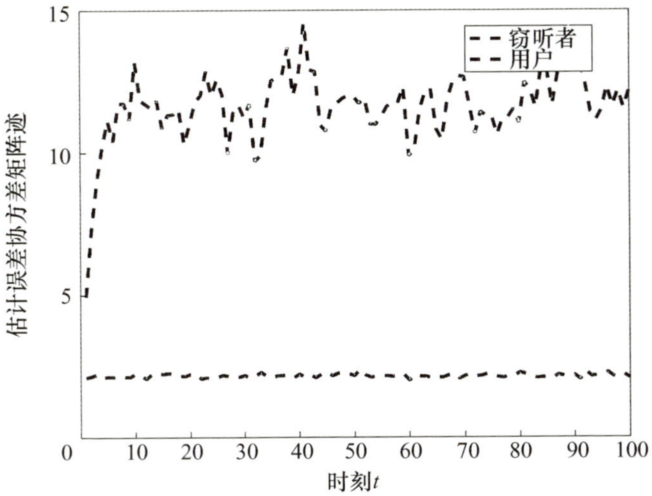

图 7-3　无事件触发器的融合估计性能

根据式（7-10）为两个传感器设计随机事件触发器。设两个传感器的触发阈值组合分别为（0.4，0.4）、（0.45，0.9）、（0.9，0.9）。仿真结果如图 7-4 和图 7-5 所示。

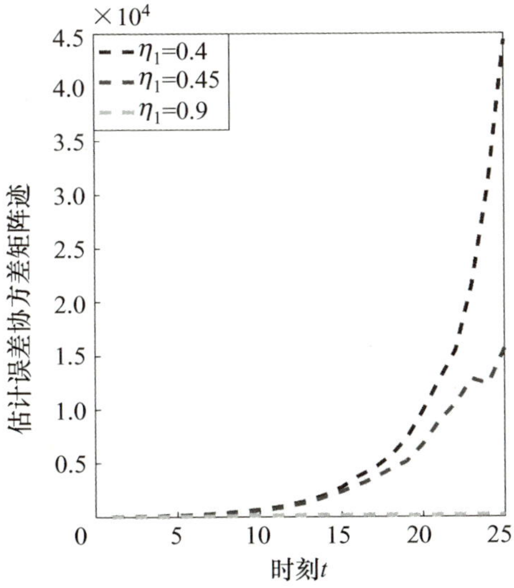

（a）传感器1

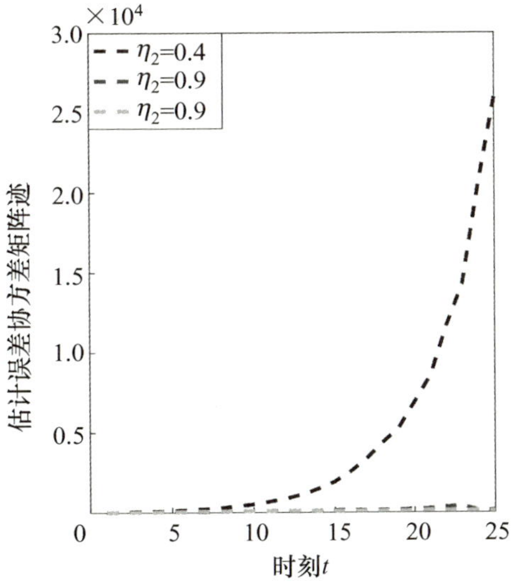

（b）传感器2

图 7-4　窃听者的局部估计性能

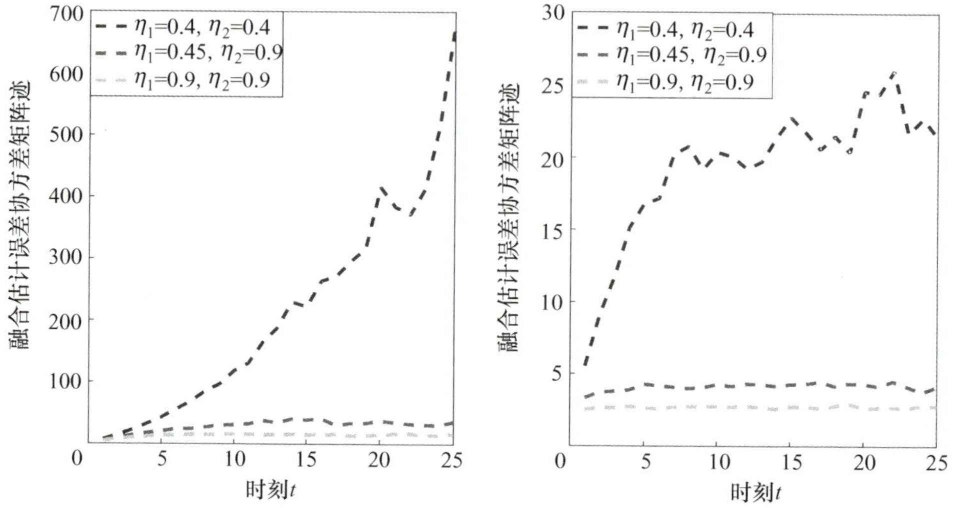

(a) 窃听者　　(b) 用户

图 7-5　窃听者和用户在不同触发阈值组合下的融合估计性能

由图 7-4 可以看出，当传感器与融合中心之间的通信速率较低时，窃听者的估计误差协方差矩阵迹变得无界。从图 7-5 可以看出，当触发阈值选择为（0.4,0.4）时，窃听者的估计性能较差，其融合估计误差协方差矩阵迹随时间的推移而无限增长，这是因为在这种触发阈值组合下满足充分条件［式（7-13）］，使窃听者无法获取真实状态信息。在这种情况下，用户的融合估计误差协方差矩阵迹是有界的，这是因为用户融合中心从本地传感器接收数据的成功概率很高，从而满足充分条件［式（7-12）］。其他触发阈值组合不同时满足式（7-12）和式（7-13）的条件，窃听者总能得到一个有界的融合估计误差协方差矩阵迹，这使事件触发无效。因此，为了防止泄露状态隐私，用户必须设计较小的触发阈值，使定理 7-1 的充分条件得到满足。

7.5　小　　结

本章研究了网络丢包下的分布式安全融合估计的状态隐私保护问题，目的是使窃听者的融合估计误差协方差矩阵迹随时间的推移变得无界，而用户的融合估计误差协方差矩阵迹保持有界；建立了网络丢包模型，采用随机事件触发策略来保持机密性；建立了融合中心事件触发阈值与估计性能之间的关系；推导出了保证完美期望加密的触发阈值的充分条件；最后，通过仿真验证了所提算法的有效性。

参考文献

[1] CISOTTO G，CAPUZZO M，GUGLIELMI A V，et al. Feature stability and setup minimization for EEG - EMG - enabled monitoring systems [J]. EURASIP journal on advances in signal processing，2022，2022 (1)：103.

[2] THULUVA A S S，SOMANATHAN M S，SOMULA R，et al. Secure and efficient transmission of data based on Caesar Cipher Algorithm for Sybil attack in IoT [J]. EURASIP journal on advances in signal processing，2021 (1)：1 - 23.

[3] YANG Q M，JAGANNATHAN S. Reinforcement learning controller design for affine nonlinear discrete - time systems using online approximators [J]. IEEE transactions on systems，man and cybernetics，part B：cybernetics，2012，42 (2)：377 - 390.

[4] YANG Q M，CAO W W，MENG W C，et al. Reinforcement - learning - based tracking control of waste water treatment process under realistic system conditions and control performance requirements [J]. IEEE transactions on systems，man，and cybernetics，part A：systems，2022，52 (8)：5284 - 5294.

[5] ARUNAN A，QIN Y，LI X L，et al. A federated learning - based industrial health prognostics for heterogeneous edge devices using matched feature extraction [J]. IEEE transactions on automation science and engineering，2023，21 (3)：1 - 15.

[6] LAI S Y，CHEN B，LI T X，et al. Packet - based feedback control under Dos attacks in cyber - physical systems [J]. IEEE transactions on circuits & systems，part Ⅱ：express briefs，2019，66 (8)：1421 - 1425.

[7] CHEN B，HO D W C，HU G Q，et al. Secure fusion estimation for bandwidth constrained cyber - physical systems under replay attacks [J]. IEEE transactions on cybernetics，2018，48 (6)：1862 - 1876.

[8] RUAN Z W，YANG Q M，GE S S，et al. Adaptive fuzzy fault tolerant control of uncertain MIMO nonlinear systems with output constraints and unknown control directions

[J]. IEEE transactions on fuzzy systems, 2022, 30 (5): 1224 - 1238.

[9] ZHOU K Q, QIN Y, YUEN C. Lithium - ion battery online knee onset detection by matrix profile [EB/OL]. (2023 - 04 - 03) [2024 - 12 - 18]. https://arxiv.org/pdf/2304.00691.

[10] QIN Y, AURAN A, YUEN C. Digital twin for real - time Li - ion battery state of health estimation with partially discharged cycling data [J]. IEEE transactions on industrial informatics, 2023, 19 (5): 1 - 11.

[11] CHEN B, HU G Q, HO D W C, et al. Distributed covariance intersection fusion estimation for cyber - physical systems with communication constraints [J]. IEEE transactions on automatic control, 2016, 61 (12): 4020 - 4026.

[12] KOO K J, MOON D, HUH J H, et al. Attack graph generation with machine learning for network security [J]. Electronics, 2022, 11 (9): 1332.

[13] WANG Q N, MU H B. Privacy - preserving and lightweight selective aggregation with fault - tolerance for edge computing - enhanced IoT [J]. Sensors, 2021, 21 (16): 5369.

[14] CHEN B, HO D W C, ZHANG W A, et al. Distributed dimensionality reduction fusion estimation for cyber - physical systems under DoS attacks [J]. IEEE transactions on systems, man, and cybernetics: systems, 2019, 49 (2): 455 - 468.

[15] SHANNON C E. Communication theory of secrecy systems [J]. Bell system technical journal, 1949, 28 (4): 656 - 715.

[16] WILLIAM S. Cryptography and network security: principles and practices [M]. 7th ed. Essex: Pearson Education Limited, 2017.

[17] TSIAMIS A, GATSIS K, PAPPAS G J. State estimation with secrecy against eavesdroppers [J]. IFAC - papers online, 2017, 50 (1): 8385 - 8392.

[18] LEONG A S, QUEVEDO D E, DOLZ D, et al. Transmission scheduling for remote state estimation over packet dropping links in the presence of an eavesdropper [J]. IEEE transactions on automatic control, 2019, 64 (9): 3732 - 3739.

[19] LU J Y, LEONG A S, QUEVEDO D E. Optimal event - triggered transmission scheduling for privacy - preserving wireless state estimation [J]. International journal of robust & nonlinear control, 2020, 30 (11): 4205 - 4224.

[20] TSIAMIS A, GATSIS K, PAPPAS G J. State - secrecy codes for networked linear systems [J]. IEEE transactions on automatic control, 2020, 65 (5): 2001 - 2015.

［21］ TSIAMIS A，GATSIS K，PAPPAS G J. An information matrix approach for state secrecy ［C］. 2018 IEEE Conference on Decision and Control，2018：2062－2067.

［22］ TSIAMIS A，GATSIS K，PAPPAS G J. State－Secrecy Codes for Stable Systems ［C］. 2018 Annual American Control Conference，2018：171－177.

［23］ HUANG L Y，LEONG A S，QUEVEDO D E，et al. Finite time encryption schedule in the presence of an eavesdropper with operation cost ［EB/OL］.（2019－03－28）［2024－12－18］. https://arxiv. org/pdf/1903. 11763.

［24］ XU D X，CHEN B，YU L. Secure fusion estimation against eavesdroppers ［C］. 2018 37th Chinese Control Conference，2018：4310－4315.

［25］ XU D X，CHEN B，YU L，et al. Secure dimensionality reduction fusion estimation against eavesdroppers in cyber－physical systems ［J］. ISA transactions，2020，104：154－161.

［26］ YAN X H，ZHANG Y C，XU D X，et al. Distributed confidentiality fusion estimation against eavesdroppers ［J］. IEEE transactions on aerospace and electronic systems，2022，58（4）：3633－3642.

［27］ ZOU L，WANG Z D，SHEN B，et al. Encrypted finite－horizon energy－to－peak state estimation for time－varying systems under eavesdropping attacks：tackling secrecy capacity ［J］. IEEE/CAA journal of automatica sinica，2023，10（4）：985－996.

［28］ ZOU L，WANG Z D，SHEN B，et al. Encryption－decryption－based state estimation with multi－rate measurements against eavesdroppers：a recursive minimum－variance approach ［J］. IEEE transactions on automatic control，2023，68（12）：1－8.

［29］ XU D X，YAN X H，CHEN B，et al. Energy－constrained confidentiality fusion estimation against eavesdroppers ［J］. IEEE transactions on circuits and systems，part Ⅱ：express briefs，2022，69（2）：624－628.

［30］ XU D X，WANG B，ZHANG L，et al. A new adaptive high－degree unscented Kalman filter with unknown process noise ［J］. Electronics，2022，11（12）：1863.

［31］ JAZWINSKI A H. Stochastic processes and filtering theory ［M］. New York：Academic Press，1970.

［32］ LI B，LU Y Y，KARIMI H R. Adaptive fading extended Kalman filtering for mobile robot localization using a doppler－azimuth radar ［J］. Electronics，2021，10：2544.

[33] SHI L, CHENG P, CHEN J M. Sensor data scheduling for optimal state estimation with communication energy constraint [J]. Automatica, 2011, 47 (8): 1693-1698.

[34] ZHANG H, QI Y F, WU J F, et al. DoS attack energy management against remote state estimation [J]. IEEE transactions on control of network systems, 2018, 5 (1): 383-394.

[35] GAO Y, DENG Z L. Robust integrated covariance intersection fusion Kalman estimators for networked mixed uncertain time-varying systems [J]. IMA journal of mathematical control and information, 2021, 38 (1): 232-266.

[36] REGALIA P A, KHISTI A, LIANG Y B, et al. Secure communications via physical-layer and information-theoretic techniques [J]. Proceedings of the IEEE, 2015, 103 (10): 1698-1701.

[37] RHOUMA T, KELLER J Y, ABDELKRIM M N. A Kalman filter with intermittent observations and reconstruction of data losses [J]. International journal of applied mathematics and computer science, 2022, 32 (2): 241-253.

[38] SUN M W, DAVIES M E, PROUDLER I K, et al. Adaptive kernel Kalman filter [J]. IEEE transactions on signal processing, 2023, 71: 1-14.

[39] QIN J H, WANG J, SHI L, et al. Randomized consensus-based distributed Kalman filtering over wireless sensor networks [J]. IEEE transactions on automatic control, 2021, 66 (8): 3794-3801.

第8章　基于最优加密策略的分布式安全融合估计

8.1 引　言

由于NMFES具有安装简单、维护容易、成本低等优点，因此在信息物理系统和网络化目标跟踪中得到了广泛应用[1,2]。基于传感器测量的实时状态估计是NMFES中的重要问题之一。研究表明，状态估计可以在提高可靠性和稳定性的同时提高估计精度[3,4]。然而，由于NMFES的分布式结构和对网络的开放性，它很容易受到各种恶意攻击。典型的攻击包括DoS攻击[5,6]、虚假数据注入攻击[7,8]和窃听攻击[9]等。对于窃听攻击，窃听者可以不自觉地监视在信道上传输的分组，如果军机目的地、客户重要隐私等关键信息泄露，则将导致严重后果。通常情况下，NMFES中的传感器使用电池供电，由于传感器的工作环境与网络规模等因素，更换电池往往是困难的，这就需要传感器在无人维护的条件下正常工作较久的时间，这将导致传感器能量受限的问题[10,11]，这对传感器的工作、通信与布置都造成了很大的约束。为了节约能量，传感器通常会按某种降频方法在工作与休眠状态之间切换。由于状态的切换会中断传感器的运作（如感知停止），从而降低对系统的估计性能等。因此，研究传感器能量约束下安全融合估计中的防窃听问题具有重要意义。

现有文献中一般存在两种基本的安全融合估计结构，即集中式安全融合估计结构和分布式安全融合估计结构[12]。与前者相比，后者具有更好的可靠性、鲁棒性和系统可行性[1,8,12]。因此，本章将更加关注分布式安全融合估计结构下的安全问题。为了防御对 NMFES 进行 DoS 攻击和虚假数据注入攻击，研究人员在安全融合估计方面做了一些工作[6,8,13-18]。针对 DoS 攻击，文献［6］提出了一种次优安全降维融合估计方法，同时针对窃听者设计了一种有效的防御策略。文献［8］通过构造补偿策略，提出了一种递归分布式卡尔曼融合估值器。然而，这些工作都建立在窃听者可以提前通过窃听攻击获取系统信息然后发动战略性攻击的前提下。这些工作大多集中在如何减少攻击造成的损害以保证估计性能，这是一种被动防御方法。在这种情况下，主动防御方法对于从源头防止系统隐私数据被窃听、提高网络安全保障系统的安全性具有更加重要的意义。

值得注意的是，在 NMFES 中防御窃听攻击意味着保护传输的系统状态数据的隐私。在隐私保护中，文献［19－29］提出了一些关于信息加密防止窃听的工作。从传感器数据调度的角度出发，文献［19］提出了一种针对窃听者的最优传输调度，以获得完美的期望加密，其中用户的估计误差协方差矩阵迹保持有界，而窃听者的估计误差协方差矩阵迹增长无界。同时，文献［20］通过最小化估计误差协方差矩阵迹的反馈也得到了类似的结果。文献［21，22］提出了一种基于事件触发的调度策略和最优传输策略来抵抗窃听者。此外，文献［23－25］引入了状态保密编码方案，通过利用系统动力学、物理模型和过程噪声的性质来实现完美期望加密。特别地，文献［26，27］提出了一种具有操作成本的存在窃听者的最优加密方案，以提高系统的隐私水平。文献［28］讨论了基于完美期望加密的分布式安全融合估计问题。在网络带宽受限的情况下，文献［29］提出了一种基于物理过程和局部估计误差协方差矩阵的人工噪声注入方法，使得只有窃听者的融合估计误差协方差矩阵迹变得无界。然而，所有这些工作都没有考虑不可避免的传感器能量的约束，系统状态数据的安全性随传感器能量消耗的增加而增强[29]。在这种情况下，传感器的能量约束成为设计防窃听保密方法时的一个重要问题。

第 5 章和第 6 章在传感器能量约束下，我们利用事件触发降低了传感器与融合中心的通信速率，并设计了依赖于信道增益矩阵的人工噪声，通过注入满足一定能量的人工噪声来实现安全融合估计。然而，传感器不能每时每刻都加密数据或使用过大的人工噪声能量进行加密。在这种情况下，每个局部传感器需要决定何时加密传输的数据及应该注入多少人工噪声能量，以使窃听者的估计性能最差，最大限度保护状态隐私。因此，本章将从加密数据调度和加密能量分配的角度出发，研究最优的加密策略，使窃听者的估计性能最差，从而保护系统状态隐私；同时考虑加密过程成本，构建以最大化有限时域窃听者融合估计误差协方差矩阵和加密过程成本线性组合为目标函数的最优化问题；进而，将建立的最优化问题分解为若干个独立的子优化问题，推导出依赖于系统参数的充分条件，使子优化问题具有最优解，并在这种情况下设计具有解析解的最优加密策略及分布式安全融合估计算法。

8.2 系统建模与问题描述

8.2.1 系统建模

考虑图 8－1 所示的注入人工噪声的分布式安全融合估计系统模型结构，其状态空间模型描述如下：

$$\boldsymbol{x}(t+1)=\boldsymbol{A}\boldsymbol{x}(t)+\boldsymbol{w}(t) \tag{8-1}$$

$$\boldsymbol{y}_i(t)=\boldsymbol{C}_i\boldsymbol{x}(t)+\boldsymbol{v}_i(t)\quad (i=1,2,\cdots,L) \tag{8-2}$$

式中，$\boldsymbol{x}(t)\in\mathbb{R}^n$ 为系统状态向量；$\boldsymbol{y}_i(t)\in\mathbb{R}^{q_i}$ 为传感器 i 的测量输出；L 为传感器的数量；$\boldsymbol{w}(t)$ 和 $\boldsymbol{v}_i(t)$ 分别为过程噪声和观测噪声，并且是均值为零、方差分别为 Q 和 R_i 的互不相关的高斯白噪声；$\boldsymbol{A}$ 和 $\boldsymbol{C}_i$ 为具有适当维数的时不变矩阵，假设矩阵对 (C_i,A) 是可检测的且 $(A,Q^{1/2})$ 是可控的。

根据标准卡尔曼滤波器，各局部传感器的局部估计[30,31]可通过下式计算：

$$\begin{cases}\hat{\boldsymbol{x}}_i^-(t)=\boldsymbol{A}\hat{\boldsymbol{x}}_i(t-1),\boldsymbol{P}_i^-(t)=\boldsymbol{A}\boldsymbol{P}_i(t-1)\boldsymbol{A}^{\mathrm{T}}+Q\\ \boldsymbol{K}_i(t)=\boldsymbol{P}_i^-(t)\boldsymbol{C}_i^{\mathrm{T}}[\boldsymbol{C}_i\boldsymbol{P}_i^-(t)\boldsymbol{C}_i^{\mathrm{T}}+R_i]^{-1}\\ \hat{\boldsymbol{x}}_i(t)=\hat{\boldsymbol{x}}_i^-(t)+\boldsymbol{K}_i(t)(\boldsymbol{y}_i(t)-\boldsymbol{C}_i\hat{\boldsymbol{x}}_i^-(t))\\ \boldsymbol{P}_i(t)=[\boldsymbol{I}_n-\boldsymbol{K}_i(t)\boldsymbol{C}_i]\boldsymbol{P}_i^-(t)\end{cases} \tag{8-3}$$

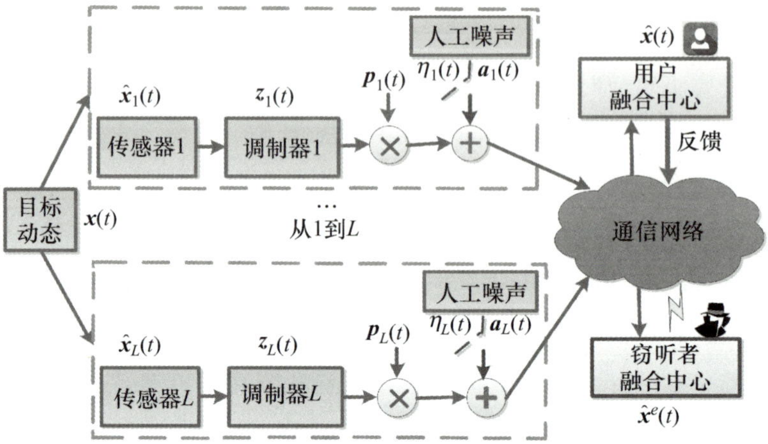

图 8-1　注入人工噪声的分布式安全融合估计系统模型结构

根据式（8-3），第 i 个传感器和第 j 个传感器子系统之间的估计误差互协方差矩阵 $\boldsymbol{P}_{ij}(t)(i\neq j)$ 可由下式计算[12]：

$$\boldsymbol{P}_{ij}(t)=[\boldsymbol{I}_n-\boldsymbol{K}_i(t)\boldsymbol{C}_i][\boldsymbol{A}\boldsymbol{P}_{ij}(t-1)\boldsymbol{A}^{\mathrm{T}}+Q][\boldsymbol{I}_n-\boldsymbol{K}_j(t)\boldsymbol{C}_j]^{\mathrm{T}} \tag{8-4}$$

根据文献［32-34］，$\boldsymbol{P}_i(t)$ 和 $\boldsymbol{P}_{ij}(t)$ 以指数形式收敛到稳态值往往只需几步迭代。因此，为方便起见，假设传感器 i 的初始估计误差协方差矩阵 $\boldsymbol{P}_i(0)=\overline{\boldsymbol{P}}_{ii}$、估计误差互协方差矩阵 $\boldsymbol{P}_{ij}(0)=\overline{\boldsymbol{P}}_{ij}$。在传感器端，对于所有时刻 t，都有 $\boldsymbol{P}_i(t)=\overline{\boldsymbol{P}}_{ii}$，$\boldsymbol{P}_{ij}(t)=\overline{\boldsymbol{P}}_{ij}$。为了简化记号，定义函数 h 和 h^k，分别为 $h(\boldsymbol{X})\triangleq\boldsymbol{A}\boldsymbol{X}\boldsymbol{A}^{\mathrm{T}}+Q$ 和 $h^k(\boldsymbol{X})\triangleq\underbrace{h\circ h\circ\cdots\circ h}_{k次}(\boldsymbol{X})$。根据文献［35，36］，有如下结论：如果 $t_1\leqslant t_2$ 且 t_1，$t_2\in Z^+$，那么 $\overline{\boldsymbol{P}}_{ii}<h^{t_1}(\overline{\boldsymbol{P}}_{ii})\leqslant h^{t_2}(\overline{\boldsymbol{P}}_{ii})$。

为了防止传输的信息被窃听，引入基于人工噪声的加密方法。在发送局部估计 $\hat{\boldsymbol{x}}_i(t)$ 之前，应用已知映射 $\mathcal{F}_i(\hat{\boldsymbol{x}}_i(t))$ 来生成一维复信号 $\boldsymbol{z}_i(t)\in\mathbb{C}$，这个映射取决于调制方案[154,155]。假设采用多输入单输出通信模式，一维复信号 $\boldsymbol{z}_i(t)$ 通过 N_T 个发射天线传输，那么从第 i 个传感器到用户融合中心的信道增益矩阵为 $\boldsymbol{H}_i^u(t)\in\mathbb{C}^{1\times N_T}$。此外，考虑注入的人工噪声，传输的信号具有以下形式[37]：

$$\bar{\boldsymbol{z}}_i(t)=\boldsymbol{p}_i(t)\boldsymbol{z}_i(t)+\boldsymbol{a}_i(t) \tag{8-5}$$

式中，$\boldsymbol{p}_i(t)\in\mathbb{C}^{N_T\times 1}$为波束形成向量，满足$E\{\boldsymbol{p}_i(t)\boldsymbol{p}_i^\dagger(t)\}=\boldsymbol{I}_{N_T}$；$\boldsymbol{a}_i(t)\in\mathbb{C}^{N_T\times 1}$为注入的人工噪声向量。

令用户信道增益矩阵$\boldsymbol{H}_i^u(t)$零空间的正交基为$\boldsymbol{\Phi}_i(t)\in\mathbb{C}^{N_T\times(N_T-1)}$，它满足$\boldsymbol{\Phi}_i^{\mathrm{T}}(t)\boldsymbol{\Phi}_i(t)=\boldsymbol{I}_{N_T-1}$。然后从$\boldsymbol{H}_i^u(t)$的零空间中选择人工噪声向量$\boldsymbol{a}_i(t)$，这意味着$\boldsymbol{H}_i^u(t)\boldsymbol{a}_i(t)=0$。在这种情况下，设计的人工噪声向量为

$$\boldsymbol{a}_i(t)=\boldsymbol{\Phi}_i(t)\boldsymbol{\zeta}_i(t) \tag{8-6}$$

式中，$\boldsymbol{\zeta}_i(t)\in\mathbb{C}^{(N_T-1)\times 1}$为方差是$E\{\boldsymbol{\zeta}_i(t)\boldsymbol{\zeta}_i^\dagger(t)\}=\sigma_i\boldsymbol{I}_{N_T-1}$的零均值高斯白噪声。

令$\boldsymbol{H}_i^e(t)$为第i个传感器到窃听者融合中心的信道增益矩阵，那么在融合中心，用户和窃听者分别从第i个传感器接收到的信号$\boldsymbol{s}_i^u(t)$和$\boldsymbol{s}_i^e(t)$可以描述如下：

$$\begin{cases}\boldsymbol{s}_i^u(t)=\boldsymbol{H}_i^u(t)[\boldsymbol{p}_i(t)\boldsymbol{z}_i(t)+\boldsymbol{a}_i(t)]=\boldsymbol{H}_i^u(t)\boldsymbol{p}_i(t)\boldsymbol{z}_i(t)\\ \boldsymbol{s}_i^e(t)=\boldsymbol{H}_i^e(t)\boldsymbol{p}_i(t)\boldsymbol{z}_i(t)+\boldsymbol{H}_i^e(t)\boldsymbol{\Phi}_i(t)\boldsymbol{\zeta}_i(t)\end{cases} \tag{8-7}$$

根据第7章的分析可知，融合中心对数据包的成功解码概率主要取决于SNR。当第i个传感器用能量为σ_i的人工噪声加密信息时，它用大小为δ_i的发射能量向融合中心发送一个数据包。因此，窃听者的SNR为

$$\varepsilon_i^e(t)=\frac{\delta_i E\{|\boldsymbol{H}_i^e(t)\boldsymbol{p}_i(t)|^2\}}{E\{|\boldsymbol{H}_i^e(t)\boldsymbol{a}_i(t)|^2\}}=\frac{\delta_i}{\sigma_i} \tag{8-8}$$

由于接收信号的解码成功概率与SNR有关，因此，解码成功概率有如下形式：

$$p(\theta_i(t)=1|\varepsilon_i(t))=[1-\boldsymbol{\xi}\sqrt{2\varepsilon_i(t)}]^m \tag{8-9}$$

式中，$\boldsymbol{\xi}(\boldsymbol{x})=\int_x^\infty\frac{1}{\sqrt{2\pi}}\exp\left(-\frac{t^2}{2}\right)\mathrm{d}t$；$m$为传感器发送的数据包长度；$\theta_i(t)$为二值变量表示接收到的数据包是否被成功解码，$\theta_i(t)=1$表示数据包被成功解码，$\theta_i(t)=0$表示解码失败。

在融合中心，为了获得精确的状态估计，需要基于接收到的信号解码得到局部估计$\hat{\boldsymbol{x}}_i(t)$，并基于加权矩阵融合方法得到最优融合状态估计$\hat{\boldsymbol{x}}(t)$，有

$$\hat{\boldsymbol{x}}(t)=\sum_{i=1}^{L}\boldsymbol{W}_i(t)\,\hat{\boldsymbol{x}}_i(t) \tag{8-10}$$

式中，$\sum_{i=1}^{L}\boldsymbol{W}_i(k)=\boldsymbol{I}_n$。

定义 $\boldsymbol{\Sigma}(t)\triangleq\begin{pmatrix}\boldsymbol{P}_{11}(t) & \cdots & \boldsymbol{P}_{1L}(t)\\ \vdots & \vdots & \vdots\\ \boldsymbol{P}_{L1}(t) & \cdots & \boldsymbol{P}_{LL}(t)\end{pmatrix}$，根据文献[12]，上述最优权值矩阵 $\boldsymbol{W}_1(t),\boldsymbol{W}_2(t),\cdots,\boldsymbol{W}_L(t)$ 可通过下式计算：

$$[\boldsymbol{W}_1(t),\cdots,\boldsymbol{W}_L(t)]=[\boldsymbol{I}_a^{\mathrm{T}}\boldsymbol{\Sigma}^{-1}(t)\boldsymbol{I}_a]^{-1}\boldsymbol{I}_a^{\mathrm{T}}\boldsymbol{\Sigma}^{-1}(t) \tag{8-11}$$

式中，$\boldsymbol{I}_a=(\boldsymbol{I}_n,\mathbf{K},\boldsymbol{I}_n)^{\mathrm{T}}\in\mathbb{R}^{nL\times n}$。

进而，估计误差协方差矩阵 $\boldsymbol{P}(t)\triangleq E\{[\boldsymbol{x}(t)-\hat{\boldsymbol{x}}(t)][\boldsymbol{x}(t)-\hat{\boldsymbol{x}}(t)]^{\mathrm{T}}\}$ 可通过下式计算：

$$\boldsymbol{P}(t)=[\boldsymbol{I}_a^{\mathrm{T}}\boldsymbol{\Sigma}^{-1}(t)\boldsymbol{I}_a]^{-1} \tag{8-12}$$

8.2.2 问题描述

根据第 7 章的分析可知，在这种隐私保护策略下融合中心的估计性能不受人工噪声的影响。然而，对于窃听者融合中心，局部估计的成功解码概率取决于注入的人工噪声能量。需要说明的是，如果窃听者融合中心解码局部估计信号失败，则需要对局部估计进行预测补偿。在这种情况下，最终的局部估计$\hat{\boldsymbol{x}}_i^e(t)$ 和相应的估计误差协方差矩阵 $\boldsymbol{P}_{ii}^e(t)$ 可通过下式计算：

$$(\hat{\boldsymbol{x}}_i^e(t),\boldsymbol{P}_{ii}^e(t))=\begin{cases}(\hat{\boldsymbol{x}}_i(t),\overline{\boldsymbol{P}}_{ii}),\ \theta_i(t)=1\\ (\boldsymbol{A}\,\hat{\boldsymbol{x}}_i^e(t-1),h(\boldsymbol{P}_{ii}^e(t-1))),\theta_i(t)=0\end{cases} \tag{8-13}$$

窃听者的最终融合估计$\hat{\boldsymbol{x}}^e(t)$ 和估计误差协方差矩阵 $\boldsymbol{P}^e(t)$ 可以通过融合估计算法[式 (8-10)～式 (8-12)] 计算得到。

为了保护状态隐私，需要最大限度地削弱窃听者的融合估计性能。因此，我们为局部传感器设计了加密策略，以最大化窃听者融合估计误差协方差矩阵迹。人工噪声能量可以降低窃听者的成功解码概率，在传感器能量约束下，传感器应决定何时加密传输的传感器数据及在每个加密时刻应注入多大的人工噪声能量。在这种情况下，引入以下二值变量来建模加密决策过程：

$$\eta_i(t)=\begin{cases}1, & \text{第 } i \text{ 个传感器对 } \boldsymbol{z}_i(t) \text{ 进行加密}\\ 0, & \text{其他}\end{cases}$$

此外，文献［26，27］指出，加密传输需要更多的存储能力、计算能力和能量资源，因此本节还考虑了加密过程成本的影响。首先，令 c_i 为第 i 个传感器对数据进行一次加密的归一化总加密过程成本，σ_i 为一次加密所需的能量，将第 i 个传感器的能量预算表示为 $\boldsymbol{P}_i^{\delta}$；然后，考虑有限时域 N，目标是最大化目标函数 J_N，它是窃听者终端估计误差协方差矩阵 $\boldsymbol{P}^e(N)$ 和加密过程成本的线性组合。因此，要解决的问题可以表述为以下有限域最大化问题：

$$\begin{cases}\max\limits_{\eta_i(t),\sigma_i} J_N=\mathrm{Tr}\{\alpha E\{\boldsymbol{P}^{\mathrm{e}}(N)\}\}-(1-\alpha)\sum\limits_{i=1}^{L}\sum\limits_{t=1}^{N}\eta_i(t)c_i\\ \text{s. t.}\begin{cases}\sum\limits_{t=1}^{N}\eta_i(t)\sigma_i\leqslant \boldsymbol{P}_i^{\delta}\\ \underline{\sigma}_i\leqslant\sigma_i\leqslant\bar{\sigma}_i(i=1,2,\cdots,L)\end{cases}\end{cases}\tag{8-14}$$

式中，$\alpha\in(0,1)$ 为描述窃听者终端融合估计误差协方差矩阵与加密过程成本之间重要性的权值因子，较大的 α 意味着最小化信息泄露比加密过程成本更重要；$\underline{\sigma}_i$ 和 $\bar{\sigma}_i$ 分别为人工噪声能量的下限和上限。

注释 8-1　给定有限的局部传感器能量预算 $\boldsymbol{P}_i^{\delta}$，用户通过求解式（8-14）以确定需要在何时［$\eta_i(t)$］实施加密操作及注入多大的人工噪声能量 σ_i。在这种加密策略下，窃听者的融合估计性能将是最差的，而用户关注的是窃听者的终端融合估计性能，这是衡量窃听者状态估计质量的重要指标[2,5,43]。

8.3　问题转化

由于式（8-14）中的融合估计误差协方差矩阵与每个局部估计误差协方差矩阵相耦合，因此需要利用多次穷举搜索的方法进行数值求解，但这对于实时的状态估计是不现实的。在这种情况下，将式（8-14）转化为次优化问题，该问题可以分解为 L 个子问题，然后在充分条件下设计 L 个局部传感器最优的加密策略。

对于窃听者，根据式（8-10）～式（8-12），定义

$$\boldsymbol{\Sigma}^e(N) \triangleq \begin{pmatrix} \boldsymbol{P}^e_{11}(N) & \cdots & \boldsymbol{P}^e_{1L}(N) \\ \vdots & & \vdots \\ \boldsymbol{P}^e_{L1}(N) & \cdots & \boldsymbol{P}^e_{LL}(N) \end{pmatrix}$$

及

$$\boldsymbol{P}^e(N) \triangleq \boldsymbol{\Gamma}^{-1}(\boldsymbol{\Sigma}^e(N)) = (\boldsymbol{I}_a^{\mathrm{T}}(\boldsymbol{\Sigma}^e(N))^{-1}\boldsymbol{I}_a)^{-1} \tag{8-15}$$

对 $\mathrm{Tr}\{\boldsymbol{\Gamma}^{-1}(\boldsymbol{\Sigma}^e(N))\}$ 关于 $\boldsymbol{\Gamma}\{\boldsymbol{\Sigma}^e(N)\}$ 求偏导，得到

$$\frac{\partial \mathrm{Tr}\{\boldsymbol{\Gamma}^{-1}(\boldsymbol{\Sigma}^e(N))\}}{\partial \boldsymbol{\Gamma}(\boldsymbol{\Sigma}^e(N))} = -\boldsymbol{\Gamma}^{-2}(\boldsymbol{\Sigma}^e(N)) < 0 \tag{8-16}$$

因此，$\mathrm{Tr}\{\boldsymbol{\Gamma}^{-1}(\boldsymbol{\Sigma}^e(N))\}$ 是关于 $\boldsymbol{\Gamma}(\boldsymbol{\Sigma}^e(N))$ 单调递减的。进而，有如下等价关系：

$$\max \mathrm{Tr}\{\boldsymbol{P}^e(N)\} = \max \mathrm{Tr}\{\boldsymbol{\Gamma}^{-1}(\boldsymbol{\Sigma}^e(N))\} \Leftrightarrow \min \|\boldsymbol{\Gamma}(\boldsymbol{\Sigma}^e(N))\|_2 \tag{8-17}$$

接着对 $\mathrm{Tr}\{\boldsymbol{\Gamma}(\boldsymbol{\Sigma}^e(t))\}$ 关于 $\boldsymbol{\Sigma}^e(N)$ 求偏导，有

$$\frac{\partial \mathrm{Tr}\{\boldsymbol{\Gamma}(\boldsymbol{\Sigma}^e(N))\}}{\partial \boldsymbol{\Sigma}^e(N)} = -((\boldsymbol{\Sigma}^e(N)^{-1}\boldsymbol{I}_a))((\boldsymbol{\Sigma}^e(N))^{-1}\boldsymbol{I}_a)^{\mathrm{T}} \leqslant 0 \tag{8-18}$$

因此，$\mathrm{Tr}\{\boldsymbol{\Gamma}(\boldsymbol{\Sigma}^e(N))\}$ 是关于 $\boldsymbol{\Sigma}^e(N)$ 单调递减的。因此，有另一个等价关系：

$$\min \mathrm{Tr}\{\boldsymbol{\Gamma}(\boldsymbol{\Sigma}^e(N))\} \Leftrightarrow \max \|\boldsymbol{\Sigma}^e(N)\|_2 \tag{8-19}$$

同时，对于任何 n 阶正方阵，$\boldsymbol{\Psi} \in \mathrm{R}^{n\times n} > 0$，因此以下不等式成立[43]：

$$\frac{1}{n}\mathrm{Tr}\{\boldsymbol{\Psi}\} \leqslant \|\boldsymbol{\Psi}\|_2 \leqslant \mathrm{Tr}\{\boldsymbol{\Psi}\} \tag{8-20}$$

在式（8-20）的条件下，式（8-14）的优化目标函数可根据式（8-17）和式（8-19）转化为如下形式：

$$\begin{aligned}\max_{\eta_i(t),\sigma_i} J_S &\triangleq \mathrm{Tr}\{\alpha E\{\boldsymbol{\Sigma}^e(N)\}\} - (1-\alpha)\sum_{i=1}^{L}\sum_{t=1}^{N}\eta_i(t)c_i \\ &\triangleq \sum_{i=1}^{L}\mathrm{Tr}\{\alpha E\{\boldsymbol{P}_{ii}^e(N)\}\} - (1-\alpha)\sum_{i=1}^{L}\sum_{t=1}^{N}\eta_i(t)c_i\end{aligned} \tag{8-21}$$

进而，最大化问题［式（8-14）］可以转化为以下次优化问题：

$$\begin{cases}\max\limits_{\eta_i(t),\sigma_i} J_S \triangleq \sum\limits_{i=1}^{L}\mathrm{Tr}\{\alpha E\{\boldsymbol{P}_{ii}^e(N)\}\} - (1-\alpha)\sum\limits_{i=1}^{L}\sum\limits_{t=1}^{N}\eta_i(t)c_i \\ \text{s. t.}\begin{cases}\sum\limits_{t=1}^{N}\eta_i(t)\sigma_i \leqslant \boldsymbol{P}_i^{\delta} \\ \underline{\sigma}_i \leqslant \sigma_i \leqslant \bar{\sigma}_i, i=1,2,\cdots,L\end{cases}\end{cases} \tag{8-22}$$

记 $J_S^i \triangleq \mathrm{Tr}\{\alpha E\{\boldsymbol{P}_{ii}^e(N)\}\} - (1-\alpha)\sum\limits_{t=1}^{N}\eta_i(t)c_i$，由式(8-22)可以得出，在上述约束条件下，$J_S^i(i=1,2,\cdots,L)$ 是相互独立的。因此，次优化问题［式(8-22)］可以分解为以下 L 个子问题：

$$\begin{aligned}&\max_{\eta_i(t),\sigma_i} J_S^i \triangleq \mathrm{Tr}\{\alpha E\{\boldsymbol{P}_{ii}^e(N)\}\} - (1-\alpha)\sum_{t=1}^{N}\eta_i(t)c_i \\ &\text{s. t.}\begin{cases}\sum\limits_{t=1}^{N}\eta_i(t)\sigma_i \leqslant \boldsymbol{P}_i^{\delta} \\ \underline{\sigma}_i \leqslant \sigma_i \leqslant \bar{\sigma}_i, i \in \{1,2,\cdots,L\}\end{cases}\end{aligned} \tag{8-23}$$

注释 8-2　融合估计中最大化问题［式（8-14）］的次优解可以通过在每个局部传感器端分别求解次优化问题［式（8-23）］来获得，也就是说，分布式安全融合估计系统防窃听问题的解可以通过独立解决 L 个局部子系统问题的次优加密方案得到。在这个过程中，求解子优化问题［式（8-23）］没有矩阵求逆运算，大大降低了求解优化问题的复杂度。此外，当求解子优化问题［式（8-23）］中的 L 个子问题后，可以求和得到次优化问题［式（8-22）］中的最大目标函数值。

8.4 最优加密策略设计及分布式安全融合估计

8.4.1 最优加密序列与能量分配策略设计

在上一节的问题转化中，首先将式（8－14）转化为次优化问题［式（8－22）］，由于避免了矩阵求逆运算，因此计算量大大减少。实际上，求解式（8－22）仍需采用多次穷举搜索的方法，进而将其转化成 L 个子优化问题［式（8－23）］，这时只需独立求解 L 个子系统的最优解即可。由最大化问题［式（8－22）］和子问题［式（8－23）］的求解方法可以看出，多次穷尽搜索可以简化为单次穷尽搜索来找到最优解。为了进一步确保所解决系统的实时性能，本节将在充分条件下给出子问题［式（8－23）］的最优解。

根据式（8－8）和式（8－9）所示的解码失败概率与 SNR 的关系，虽然不同大小的人工噪声能量 σ_i 具有不同的解码失败概率 γ_i，但其可以具有相同的加密次数。因此，对于固定加密次数 n_i，可能存在多个解码失败概率与之对应。为了清楚地描述上述关系，引入解码失败概率的集合 $\Omega_{n_i}=\{\gamma_i \mid \lfloor \boldsymbol{P}_i^{\delta}/\sigma_i(\gamma_i)\rfloor=n_i\}$，对应 n_i 次加密，其中 $\sigma_i(\gamma_i)$ 是关于解码失败概率 γ_i 的人工噪声能量。由于人工噪声能量有限，加密的次数有上限，因此令 $n_i^{\max}$ 为加密次数的上限，σ_i^d 表示期望的最优加密能量，有 $\sigma_i^d=\operatorname{argmax}\{\sigma_i \mid \lfloor \boldsymbol{P}_i^{\delta}/\sigma_i\rfloor=n_i^{\max}\}$。进而，有以下定理。

定理 8－1 对于式（8－1）和式（8－2），如果矩阵 AA^{T} 的所有特征值 λ 满足

$$1<\lambda<\frac{1}{\bar{\gamma}_i}\left[1-\sqrt{\frac{\alpha\bar{\omega}_i(\bar{\gamma}_i-\underline{\gamma}_i)}{\alpha\bar{\omega}_i\underline{\gamma}_i^{n_i^{\max}+1}-(1-\alpha)c_i}}\right] \tag{8-24}$$

那么第 i 个传感器子系统对应的优化子问题［式（8－23）］存在最优加密策略解析解。式中，$\bar{\gamma}_i$ 和 $\underline{\gamma}_i$ 分别为解码失败概率的上限和下限，并且分别对应人工噪声能量的上限和下限。$\bar{\omega}_i \triangleq \operatorname{Tr}\{h(\bar{\boldsymbol{P}}_{ii})-\bar{\boldsymbol{P}}_{ii}\}$ 可由已知的传感器子系统参数确定。最优的人工噪声能量为

$$\sigma_i^* = \min\{\sigma_i^d, \bar{\sigma}_i\} \tag{8-25}$$

而第 i 个传感器的最优加密序列是在最后 $n_i^{\max}$ 时刻对传输的数据进行连续加密的，即

$$\eta_i^* = (0,0,\cdots,\underbrace{1,1,\cdots,1}_{n_i^{\max}\text{次}}) \tag{8-26}$$

式中，1 和 0 表示局部传感器对局部估计是否加密。

证明　首先考虑有限时间范围 N 上每个传感器的加密次数 n_i 是固定的，第 i 个传感器的加密序列可以表示为 $\eta_i = (\eta_i(1), \eta_i(2), \cdots, \eta_i(N))$。在这种情况下，第 i 个传感器子系统的目标函数可以重写为：

$$J_S^i \triangleq \mathrm{Tr}\{\alpha E\{\boldsymbol{P}_{ii}^e(N)\}\} - (1-\alpha) n_i c_i \tag{8-27}$$

式中，$n_i = \sum_{t=1}^{N} \eta_i(t)$。

由于 c_i 是一个给定的常数，因此对于固定的 n_i，最大化 J_S^i 等价于最大化 $\mathrm{Tr}\{\alpha E\{\boldsymbol{P}_{ii}^e(N)\}\}$，把 n_i 分为以下若干个连续的加密序列：

$$\eta_i = (\underbrace{1,1,\cdots,1}_{n_i^1\text{次}}, 0\cdots0, \underbrace{1,1,\cdots,1}_{n_i^j\text{次}}, 0\cdots0, \underbrace{1,1,\cdots,1}_{n_i^\tau\text{次}}) \tag{8-28}$$

式中，$\sum_{j=1}^{\tau} n_i^j = n_i$。

根据式（8-28），局部估计在 $N-n_i^\tau$ 时刻不加密，数据加密在最后 n_i^τ 时刻进行。由式（8-13）可知，窃听者可以得到 $N-n_i^\tau$ 时刻的局部估计 $\hat{\boldsymbol{x}}_i^e(N-n_i^\tau)$，且其估计误差协方差矩阵为$\bar{\boldsymbol{P}}_{ii}$，也就是初始估计误差协方差矩阵。因此，终端估计误差协方差矩阵仅与最后 n_i^τ 次连续加密有关，这意味着之前的连续加密序列 $n_i^1, n_i^2, \cdots, n_i^{\tau-1}$ 对窃听者的终端估计性能没有影响。在这种情况下，将加密时刻聚集在一起会导致最大退化窃听者的估计性能。具有固定加密次数的最优加密序列可以表示为

$$\eta_{n_i}^* = (0,0,\cdots,\underbrace{1,1,\cdots,1}_{n_i\text{次}}) \tag{8-29}$$

在最优加密序列［式（8-29）］下，从时刻 $N-n_i+1$ 到时刻 N 的估计

误差协方差矩阵为 $\boldsymbol{P}_{ii}^{e}(t)$。终端估计误差协方差矩阵 $\boldsymbol{P}_{ii}^{e}(N)$ 的分布可通过下式计算：

$$p\{\boldsymbol{P}_{ii}^{e}(N)=h^{j}(\overline{\boldsymbol{P}}_{ii})\}=\begin{cases}(\gamma_i)^{j}-(\gamma_i)^{j+1}, & j=0,\cdots,n_i-1\\(\gamma_i)^{n_i}, & j=n_i\end{cases} \tag{8-30}$$

进而，可以计算终端估计误差协方差矩阵的期望为

$$E\{\boldsymbol{P}_{ii}^{e}(N)\}=\sum_{j=0}^{n_i-1}((\gamma_i)^{j}-(\gamma_i)^{j+1})h^{j}(\overline{\boldsymbol{P}}_{ii})+(\gamma_i)^{n_i}h^{n_i}(\overline{\boldsymbol{P}}_{ii}) \tag{8-31}$$

根据式（8－31），最大目标函数值$(J_{\mathrm{S}}^{i})_{\max}$的第一项可以改写为

$$\begin{aligned}
&\alpha\mathrm{Tr}\Big\{\sum_{j=0}^{n_i-1}[(\gamma_i)^{j}-(\gamma_i)^{j+1}]h^{j}(\overline{\boldsymbol{P}}_{ii})+(\gamma_i)^{n_i}h^{n_i}(\overline{\boldsymbol{P}}_{ii})\Big\}\\
&=\alpha\mathrm{Tr}\Big\{\sum_{j=1}^{n_i-1}[(\gamma_i)^{j}-(\gamma_i)^{j+1}]h^{j}(\overline{\boldsymbol{P}}_{ii})+(\gamma_i)^{n_i}h^{n_i}(\overline{\boldsymbol{P}}_{ii})+(1-\gamma_i)\overline{\boldsymbol{P}}_{ii}\Big\}\\
&=\alpha\mathrm{Tr}\Big\{\sum_{j=1}^{n_i}(\gamma_i)^{j}h^{j}(\overline{\boldsymbol{P}}_{ii})-\sum_{j=1}^{n_i-1}(\gamma_i)^{j+1}h^{j}(\overline{\boldsymbol{P}}_{ii})-\gamma_i\overline{\boldsymbol{P}}_{ii}+\overline{\boldsymbol{P}}_{ii}\Big\}\\
&=\alpha\mathrm{Tr}\Big\{\sum_{j=1}^{n_i}(\gamma_i)^{j}h^{j}(\overline{\boldsymbol{P}}_{ii})-\sum_{j=0}^{n_i-1}(\gamma_i)^{j+1}h^{j}(\overline{\boldsymbol{P}}_{ii})+\overline{\boldsymbol{P}}_{ii}\Big\}\\
&=\alpha\mathrm{Tr}\Big\{\sum_{j=1}^{n_i}(\gamma_i)^{j}[h^{j}(\overline{\boldsymbol{P}}_{ii})-h^{j-1}(\overline{\boldsymbol{P}}_{ii})]+\overline{\boldsymbol{P}}_{ii}\Big\}
\end{aligned} \tag{8-32}$$

令 $\gamma_{i,1}$ 和 $\gamma_{i,2}$ 为两种不同的解码失败概率，它们对应于相同数量的加密次数 n_i，即 $\gamma_{i,1},\gamma_{i,2}\in\Omega_{n_i}$ 且 $\gamma_{i,2}>\gamma_{i,1}$，则通过式（8－32）可以得出：

$$(J_{\mathrm{S}}^{i})_{\max^1}(\gamma_{i,2})>(J_{\mathrm{S}}^{i})_{\max^1}(\gamma_{i,1}) \tag{8-33}$$

因此，由式（8－31）～式(8－33）可以得出，对于给定的加密次数，窃听者解码失败的概率越大，传感器子系统的目标函数值就越大。换句话说，为了降低窃听者的估计性能，传感器应该在传输的信号中注入尽可能大的人工噪声能量。

另外，假设 $\gamma_{i,1}\in\Omega_{n_i+1}$ 和 $\gamma_{i,2}\in\Omega_{n_i}$，由于第 i 个传感器加密的总人工噪声能量是固定的，因此可以得知 $\gamma_{i,1}<\gamma_{i,2}$。根据式（8－31）和式（8－32）可以得到：

$$
\begin{aligned}
&(J_{\mathrm{S}}^{i})_{\max}(\gamma_{i,2})-(J_{\mathrm{S}}^{i})_{\max}(\gamma_{i,1}) \\
&=\alpha \operatorname{Tr}\Big\{\sum_{j=1}^{n_i}(\gamma_{i,2})^{j}[h^{j}(\overline{\boldsymbol{P}}_{ii})-h^{j-1}(\overline{\boldsymbol{P}}_{ii})]\Big\}- \\
&\quad \alpha \operatorname{Tr}\Big\{\sum_{j=1}^{n_i+1}(\gamma_{i,1})^{j}[h^{j}(\overline{\boldsymbol{P}}_{ii})-h^{j-1}(\overline{\boldsymbol{P}}_{ii})]\Big\}+(1-\alpha)c_i \\
&=\alpha \operatorname{Tr}\Big\{\sum_{j=1}^{n_i}((\gamma_{i,2})^{j}-(\gamma_{i,1})^{j})[h^{j}(\overline{\boldsymbol{P}}_{ii})-h^{j-1}(\overline{\boldsymbol{P}}_{ii})]\Big\}- \\
&\quad (\gamma_{i,1})^{n_i+1}[h^{n_i+1}(\overline{\boldsymbol{P}}_{ii})-h^{n_i}(\overline{\boldsymbol{P}}_{ii})]+(1-\alpha)c_i
\end{aligned} \tag{8-34}
$$

由 $h(\boldsymbol{X})$ 和 $h^{k}(\boldsymbol{X})$ 的定义，可以知道：

$$
\begin{aligned}
&h^{j}(\overline{\boldsymbol{P}}_{ii})-h^{j-1}(\overline{\boldsymbol{P}}_{ii})=\boldsymbol{A}h^{j-1}(\overline{\boldsymbol{P}}_{ii})\boldsymbol{A}^{\mathrm{T}}-\boldsymbol{A}h^{j-2}(\overline{\boldsymbol{P}}_{ii})\boldsymbol{A}^{\mathrm{T}} \\
&=\boldsymbol{A}[h^{j-1}(\overline{\boldsymbol{P}}_{ii})-h^{j-2}(\overline{\boldsymbol{P}}_{ii})]\boldsymbol{A}^{\mathrm{T}} \\
&\cdots \\
&=\boldsymbol{A}^{j-1}[h(\overline{\boldsymbol{P}}_{ii})-\overline{\boldsymbol{P}}_{ii}]\boldsymbol{A}^{\mathrm{T}}
\end{aligned} \tag{8-35}
$$

进而，利用矩阵迹的特性，可以得到：

$$
\begin{aligned}
&(J_{\mathrm{S}}^{i})_{\max}(\gamma_{i,2})-(J_{\mathrm{S}}^{i})_{\max}(\gamma_{i,1}) \\
&=\alpha \operatorname{Tr}\Big\{\sum_{j=1}^{n_i}[(\gamma_{i,2})^{j}-(\gamma_{i,1})^{j}](\boldsymbol{A}\boldsymbol{A}^{\mathrm{T}})^{j-1}-(\gamma_{i,1})^{n_i+1}(\boldsymbol{A}\boldsymbol{A}^{\mathrm{T}})^{n_i}\Big\}\times \\
&\quad [h(\overline{\boldsymbol{P}}_{ii})-\overline{\boldsymbol{P}}_{ii}]+(1-\alpha)c_i
\end{aligned} \tag{8-36}
$$

对 $[(\gamma_{i,2})^{j}-(\gamma_{i,1})^{j}]$ 使用拉格朗日中值定理，存在 $\xi\in(\gamma_{i,1},\gamma_{i,2})$，使

$$
(\gamma_{i,2})^{j}-(\gamma_{i,1})^{j}=j\xi^{j-1}(\gamma_{i,2}-\gamma_{i,1}) \tag{8-37}
$$

由于 $\gamma_{i,2}-\gamma_{i,1}<\overline{\gamma}_i-\underline{\gamma}_i$，因此结合式（8-37），有：

$$
\begin{aligned}
&(J_{\mathrm{S}}^{i})_{\max}(\gamma_{i,2})-(J_{\mathrm{S}}^{i})_{\max}(\gamma_{i,1}) \\
&\leqslant \alpha \operatorname{Tr}\Big\{\sum_{j=1}^{n_i}j\xi^{j-1}(\gamma_{i,2}-\gamma_{i,1})(\boldsymbol{A}\boldsymbol{A}^{\mathrm{T}})^{j-1}-\underline{\gamma}_i^{n_i^{\max}+1}(\boldsymbol{A}\boldsymbol{A}^{\mathrm{T}})^{n_i}\Big\}\times \\
&\quad [h(\overline{\boldsymbol{P}}_{ii})-\overline{\boldsymbol{P}}_{ii}]+(1-\alpha)c_i \\
&\leqslant \alpha \operatorname{Tr}\Big\{\sum_{j=1}^{n_i}(\overline{\gamma}_i-\underline{\gamma}_i)j(\gamma_{i,2}\boldsymbol{A}\boldsymbol{A}^{\mathrm{T}})^{j-1}-(\underline{\gamma}_i)^{n_i^{\max}+1}\times(\boldsymbol{A}\boldsymbol{A}^{\mathrm{T}})^{n_i}\Big\}\times \\
&\quad [h(\overline{\boldsymbol{P}}_{ii})-\overline{\boldsymbol{P}}_{ii}]+(1-\alpha)c_i\leqslant 0
\end{aligned} \tag{8-38}
$$

下面，将证明如下不等式成立：

$$(J_S^i)_{\max}(\gamma_{i,2})-(J_S^i)_{\max}(\gamma_{i,1})\leqslant 0 \tag{8-39}$$

为了实现这个目标，只需要证明下式：

$$\alpha \mathrm{Tr}\left\{\sum_{j=1}^{n_i}(\overline{\gamma}_i-\underline{\gamma}_i)j\,(\gamma_{i,2}\boldsymbol{A}\boldsymbol{A}^{\mathrm{T}})^{j-1}-(\underline{\gamma}_i)^{n_i^{\max}+1}\times(\boldsymbol{A}\boldsymbol{A}^{\mathrm{T}})^{n_i}\right\}\times \\ [h(\overline{\boldsymbol{P}}_{ii})-\overline{\boldsymbol{P}}_{ii}]+(1-\alpha)c_i\leqslant 0 \tag{8-40}$$

紧接着，如果对于矩阵 $\boldsymbol{A}\boldsymbol{A}^{\mathrm{T}}$ 的所有特征值，以下不等式都成立，则式（8－40）成立：

$$\alpha\left(\sum_{j=1}^{n_i}(\overline{\gamma}_i-\underline{\gamma}_i)j\,(\gamma_{i,2}\lambda)^{j-1}-(\underline{\gamma}_i)^{n_i^{\max}+1}\lambda^{n_i}\right)\times \\ \mathrm{Tr}\{h(\overline{\boldsymbol{P}}_{ii})-\overline{\boldsymbol{P}}_{ii}\}+(1-\alpha)c_i\leqslant 0 \tag{8-41}$$

由于 $1<\lambda<\frac{1}{\overline{\gamma}_i}$，以及 $\bar{\omega}_i=\mathrm{Tr}\{h(\overline{\boldsymbol{P}}_{ii})-\overline{\boldsymbol{P}}_{ii}\}$，因此有

$$\begin{aligned}&\alpha\left[\sum_{j=1}^{n_i}(\overline{\gamma}_i-\underline{\gamma}_i)j\,(\gamma_{i,2}\lambda)^{j-1}-(\underline{\gamma}_i)^{n_i^{\max}+1}\lambda^{n_i}\right]\times\mathrm{Tr}\{h(\overline{\boldsymbol{P}}_{ii})-\overline{\boldsymbol{P}}_{ii}\}+(1-\alpha)c_i\\ \leqslant\,&\alpha\bar{\omega}_i\left[\sum_{j=1}^{\infty}(\overline{\gamma}_i-\underline{\gamma}_i)j\,(\gamma_{i,2}\lambda)^{j-1}-(\underline{\gamma}_i)^{n_i^{\max}+1}\right]\times\mathrm{Tr}\{h(\overline{\boldsymbol{P}}_{ii})-\overline{\boldsymbol{P}}_{ii}\}+(1-\alpha)c_i\\ =\,&\frac{\alpha\bar{\omega}_i(\overline{\gamma}_i-\underline{\gamma}_i)}{(1-\gamma_{i,2}\lambda)^2}-\alpha\,\bar{\omega}_i(\underline{\gamma}_i)^{n_i^{\max}+1}+(1-\alpha)c_i\end{aligned} \tag{8-42}$$

如果下式成立，则式（8－41）成立：

$$\frac{\alpha\bar{\omega}_i(\overline{\gamma}_i-\underline{\gamma}_i)}{(1-\gamma_{i,2}\lambda)^2}-\alpha\bar{\omega}_i\,(\underline{\gamma}_i)^{n_i^{\max}+1}+(1-\alpha)c_i\leqslant 0 \tag{8-43}$$

上述不等式等价于下式：

$$(1-\gamma_{i,2}\lambda)^2\geqslant\frac{\alpha\bar{\omega}_i(\overline{\gamma}_i-\underline{\gamma}_i)}{\alpha\bar{\omega}_i\,(\underline{\gamma}_i)^{n_i^{\max}+1}-(1-\alpha)c_i} \tag{8-44}$$

如果下式成立，则式（8－44）成立：

$$\lambda<\frac{1}{\overline{\gamma}_i}\left[1-\sqrt{\frac{\alpha\bar{\omega}_i(\overline{\gamma}_i-\underline{\gamma}_i)}{\alpha\bar{\omega}_i\,(\underline{\gamma}_i)^{n_i^{\max}+1}-(1-\alpha)c_i}}\right]$$

因此，可证明式（8－39）成立。这意味着当式（8－24）成立时，优化问题目标函数的最大值与加密次数有关。具体地，加密次数越多，得到的优化问题目标函数值就越大。在这种情况下，由于最大加密次数 $n_i^{\max}$ 可以通过 $n_i^{\max}=\lfloor \boldsymbol{P}_i^{\delta}/\underline{\sigma}_i \rfloor$来计算，因此由式（8－11）、式（8－12）、式（8－33）和子问题［式（8－23）］的约束条件可以推导出期望的最优人工噪声能量为

$$\sigma_i^d=\arg\max\{\sigma_i \mid \lfloor \boldsymbol{P}_i^{\delta}/\sigma_i \rfloor = n_i^{\max}\} \tag{8-45}$$

然而，由于这样计算的 σ_i^d 可能超过人工噪声能量约束 $\bar{\sigma}_i$ 的上限，因此最优人工噪声能量应选择

$$\sigma_i^*=\min\{\sigma_i^d,\bar{\sigma}_i\}$$

在最优加密次数 $n_i^{\max}$ 下，结合式（8－29），可以得到最优加密序列：

$$\eta_i^*=(0,0,\cdots,\underbrace{1,1,\cdots,1}_{n_i^{\max}\text{次}})$$

注释 8－3　上述定理表明，在限制性条件［式（8－24）］下，最大化各传感器子系统的目标函数只需尽可能增加加密次数。也就是说，可以利用有限的人工噪声能量，尽可能多地对有限时域内的传输数据进行加密，使想要的目标函数值更大，而不通过注入更大的人工噪声能量和更少的加密次数来实现。

8.4.2　优化目标函数分析

接下来，在最优加密策略下给出优化问题［式（8－22）］的目标函数最大值的计算方法，以便分析隐私保护的估计性能。

定理 8－2　对于式（8－1）和式（8－2），如果式（8－24）的条件满足，则次优化问题［式（8－22）］目标函数的最大值为

$$\begin{aligned}(J_S)_{\max}=\alpha\mathrm{Tr}\Big\{\sum_{i=1}^{L}\Big[\sum_{j=0}^{n_i^{\max}-1}\big((\gamma_i^*)^j-(\gamma_i^*)^{j+1}\big)h^j(\bar{\boldsymbol{P}}_{ii})+\\(\gamma_i^*)^{n_i^{\max}}h^{n_i^{\max}}(\bar{\boldsymbol{P}}_{ii})\Big]\Big\}-\sum_{i=1}^{L}(1-\alpha)n_i^{\max}c_i\end{aligned} \tag{8-46}$$

式中，γ_i^* 为第 i 个传感器在最优人工噪声能量下解码的失败概率，它可以通过 $\gamma_i^*=1-f(\sigma_i^*)$ 计算得到。

证明 实际上，对于次优化问题［式（8－22）］，只需要计算 L 个独立子问题目标函数的最大值，并求和即可得到解。根据定理 8－1，可获得各传感器子系统的最优人工噪声能量 σ_i^* 和最优加密序列 η_i^*。根据式（8－8）和式（8－9），相应的解码失败概率可通过下式确定：

$$\gamma_i^* = 1 - f(\sigma_i^*) \tag{8-47}$$

在这种情况下，根据式（8－31），子问题目标函数的最大值可通过下式计算：

$$\begin{aligned}(J_S^i)_{\max} = \alpha \mathrm{Tr}\Big\{ & \sum_{j=0}^{n_i^{\max}-1} ((\gamma_i^*)^j - (\gamma_i^*)^{j+1}) h^j(\overline{\boldsymbol{P}}_{ii}) + \\ & (\gamma_i^*)^{n_i^{\max}} h^{n_i^{\max}}(\overline{\boldsymbol{P}}_{ii})\Big\} - (1-\alpha) n_i^{\max} c_i\end{aligned} \tag{8-48}$$

由于子问题是相互独立的，因此可以通过对 $J_S^i,(i=1,2,\cdots,L)$ 求和得到次优化问题［式（8－22）］的目标函数的最大值：

$$\begin{aligned}(J_S)_{\max} = \alpha \mathrm{Tr}\Big\{ \sum_{i=1}^{L} \Big[& \sum_{j=0}^{n_i^{\max}-1} ((\gamma_i^*)^j - (\gamma_i^*)^{j+1}) h^j(\overline{\boldsymbol{P}}_{ii}) + \\ & (\gamma_i^*)^{n_i^{\max}} h^{n_i^{\max}}(\overline{\boldsymbol{P}}_{ii})\Big]\Big\} - (1-\alpha) \sum_{i=1}^{L} n_i^{\max} c_i\end{aligned} \tag{8-49}$$

注释 8－4 次优化问题［式（8－22）］的目标函数的最大值的计算仅依赖于 L 次的$(J_S^i)_{\max}$计算。进而，定理 8－2 中的目标函数的最大值可以用来评价数据隐私保护的程度，这对设计加密策略具有指导意义。

8.4.3 最优加密策略下的分布式安全融合估计算法设计

基于定理 8－1 的最优加密策略及定理 8－2 的目标函数的最大值，算法 8－1 将给出最优加密策略下的分布式安全融合估计算法的步骤。

算法 8－1 最优加密策略下的分布式安全融合估计算法

步骤 1：初始化，输入系统初始值 $\boldsymbol{A}$、$\boldsymbol{C}_i$、Q、R_i、$\boldsymbol{P}_i(0)$、$\boldsymbol{P}_{ij}(0)$、$\boldsymbol{P}_i^\delta$、$\bar{\sigma}_i$、$\underline{\sigma}_i$、$\overline{\boldsymbol{P}}_{ii}$ $(i=1,2,\cdots,L)$。

步骤 2：根据式（8－24）验算充分条件成立。

步骤 3：根据 $n_i^{\max}=\lfloor \boldsymbol{P}_i^{\delta}/\underline{\sigma}_i \rfloor$计算最大加密次数 $n_i^{\max}$。

步骤 4：根据式（8－45）计算期望的最优人工噪声能量 σ_i^d。

步骤 5：根据式（8－25）选择最优加密能量 σ_i^*。

步骤 6：根据式（8－26）构建最优加密序列 η_i^*。

步骤 7：根据最优加密能量 σ_i^* 和最优加密序列 η_i^* 及式（8－6）向传输信号注入人工噪声。

结束循环

步骤 8：用户融合中心按式（3－10）～式（3－14）进行状态融合估计。

步骤 9：返回步骤 2，继续按以上步骤计算下一时刻的状态融合估计值。

步骤 10：根据式（8－49）计算次优化问题［式（8－22）］的目标函数的最大值$(J_S)_{\max}$。

步骤 11：输出最优融合估计$\hat{\boldsymbol{x}}(t)$ 及目标函数的最大值$(J_S)_{\max}$。

8.5　示　　例

考虑由两个传感器监控的动态系统，其中系统和测量参数选择如下：

$$\boldsymbol{A}=\begin{pmatrix}1.01 & 1.01\\ 0 & 1.02\end{pmatrix},\boldsymbol{C}_1=(1\quad 0),\boldsymbol{C}_2=(1\quad 1)$$

$$\boldsymbol{Q}=\begin{pmatrix}1 & 0.2\\ 0.2 & 0.5\end{pmatrix},R_1=0.2,R_2=1$$

假设两个传感器的能量给定，我们需要在能量约束下确定各传感器的加密时刻及对应的人工噪声能量，以退化窃听者的融合估计性能，达到保护状态隐私的目的。显然，所处理的系统是可观测且可控的，因此可以根据标准卡尔曼滤波器得到如下稳态估计误差协方差矩阵：

$$\overline{\boldsymbol{P}}_{11}=\begin{pmatrix}0.1710 & 0.0777\\ 0.0777 & 26.5854\end{pmatrix},\overline{\boldsymbol{P}}_{22}=\begin{pmatrix}11.7102 & -11.3350\\ -11.3350 & 11.6865\end{pmatrix}$$

在仿真实验中，考虑 $N=10$ 的有限时域，并选择权值因子 $\alpha=0.8$，这意味着状态隐私比加密过程成本更重要。令两个传感器的总能量预算分别为 $\boldsymbol{P}_1^{\delta}=16$ 和 $\boldsymbol{P}_2^{\delta}=15$，而两个传感器的发射能量均取 2；同时，不同传感器对注入人工噪声能量的范围不同，分别为$\sigma_1\in[4,12]$和 $\sigma_2\in[5,13]$，而加密过程成本取 $c_1=c_2=2$。

通过计算，系统矩阵 $\boldsymbol{AA}^{\mathrm{T}}$ 的特征值分别为 1.0159 和 1.0447。此外，可以对子系统$(A,C_i)(i=1,2)$ 验证式（8-24）的右边项分别为 1.0823 和 1.1068。因此，两个子系统都满足式（8-24）的条件。由定理 8-1 可以得出，两个传感器都具有最优加密能量和最优加密序列的解析解。特别地，根据算法 8-1，两个传感器的最优加密能量分别为 4 和 5，最优加密分别是在有限时域 N 上的最后 4 次和 6 次传输上实施加密。为了验证这个结论，比较在最优加密序列[式（8-26）]下，不同人工噪声能量对应的 $J_S^i(i=1,2)$。仿真结果如图 8-2～图 8-4 及表 8-1 和表 8-2 所示。为了更好地解释仿真结果，给出以下缩写：RES——随机加密序列，OES——最优加密序列，OES-REL——OES 下随机人工噪声能量，OES-OEL——OES 下最优人工噪声能量，TFEC——融合估计误差协方差矩阵迹。

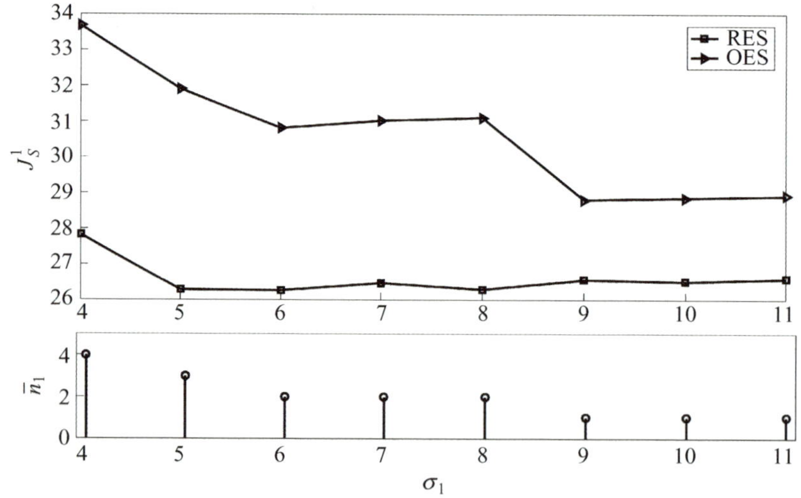

图 8-2　传感器 1 在不同加密策略下的 J_S^1

首先，从图 8-2 和图 8-3 可以看出，在 RES 加密策略下的 J_S^i 曲线是平

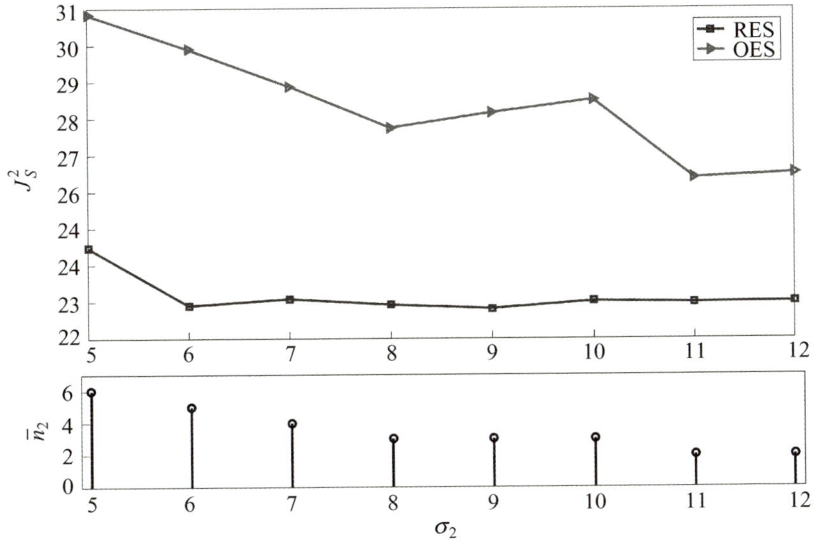

图 8-3　传感器 2 在不同加密策略下的 J_S^2

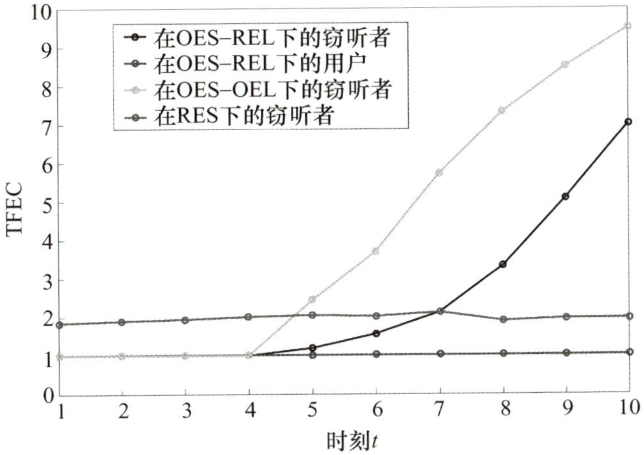

图 8-4　不同加密策略下的 TFEC

坦的，这是因为有限的加密次数均匀分布在时域 N 中。而在 OES 加密策略下的 J_S^i 曲线明显高于在 RES 加密策略下的 J_S^i 曲线，因此采取在最后若干个时刻连续加密对状态隐私的保护能力更强。在不同的人工噪声能量下，基于 OES 的 J_S^i 曲线随加密次数的减少而明显下降，这说明加密次数对于融合估计性能指标的影响较大。在加密次数相同的情况下，虽然人工噪声能量不同，但是解码成功的概率比较接近，也就是说人工噪声能量大小对解码成功概率的影响不是特别大，在这种情况下，J_S^i 缓慢增加。

表 8-1 传感器 1 的数据统计结果

σ_1	4	5	6	7	8	9	10	11
n_1	4	3	2	2	2	1	1	1
$(J_S^1)_{RES}$	27.83	26.28	26.26	26.47	26.29	26.56	26.51	26.58
$(J_S^1)_{\eta_{n_1}^*}$	33.68	31.90	30.81	31.02	31.10	28.80	28.86	28.91

表 8-2 传感器 2 的数据统计结果

σ_1	5	6	7	8	9	10	11	12
n_1	6	5	4	3	3	3	2	2
$(J_S^1)_{RES}$	24.47	22.91	22.95	22.89	22.81	23.03	22.96	23.04
$(J_S^1)_{\eta_{n_1}^*}$	30.84	29.89	28.87	27.74	28.15	28.50	26.37	26.49

其次，从表 8-1 和表 8-2 的统计结果可以看出，当两个传感器的人工噪声能量分别为 4 和 5 时，$(J_S^1)_{\eta_{n_1}^*}=33.68$ 和 $(J_S^2)_{\eta_{n_2}^*}=30.84$ 都是目标函数的最大值。对于相同的加密次数，人工噪声能量越大，$(J_S^i)_{\eta_{n_1}^*}$ $(i=1,2)$ 越大。这是因为较大的人工噪声能量降低了窃听者的成功解码概率，导致融合估计性能较差。此外，J_S^i $(i=1,2)$ 随加密时间的增加而增加，这意味着用户可以通过对尽可能多的数据进行加密来实现更大的目标函数值。从仿真结果可以看出，局部传感器的最佳加密次数分别为 4 和 6，并且是传输的数据在有限时域范围 N 上的最后几次加密。这些结果与定理 8-1 的结论完全一致。另外，根据定理 8-2，目标函数的最大值 $(J_S^i)_{max}$ $(i=1, 2)$ 为 $\sum_{i=1}^{L}(J_S^i)_{max}(i=1,2)=33.68+30.84=64.52$，即在能量约束下使用次优加密策略可以达到目标函数的最大值。

最后，图 8-4 比较了三种加密策略下的融合估计性能。结果表明，在加密策略 OES-OEL 下用户的 TFEC 恒定为 1.007。这是因为设计的人工噪声能量不会影响用户融合中心的成功解码概率，从而使其获得稳定的 TFEC。而在 RES 加密策略下，窃听者的 TFEC 略大于 1.007，曲线平稳，这说明窃听者的融合估计性能还是较好的。由于 OES 的关键作用，窃听者的 TFEC 在加密策略 OES-REL 和 OES-OEL 下都迅速增大。同时，与 OES-REL 加密策略相比，OES-OEL 加密策略更能有效保护系统的状态隐私。

8.6 小　　结

本章研究了传感器能量约束下 NMFES 的分布式安全融合估计问题。为了保护系统状态隐私，人工噪声被注入每个传输的局部估计，并且局部估计被成功解码的概率取决于接收信号的 SNR。用户和窃听者都通过融合接收到的局部传感器信号来重建最小均方误差估计。为了解决局部传感器何时对数据加密及使用多大的人工噪声能量加密的问题，本章首先对系统状态的隐私保护性能进行了建模，通过在有限时域中确定加密策略来建立优化问题；然后将建立的优化问题分解为若干个独立的子优化问题，在限定性条件下推导出了子优化问题具有的解析最优解；最后，仿真结果验证了所提算法的有效性。

参考文献

[1] CHEN B, ZHANG W A, YU L. Distributed fusion estimation with communication bandwidth constraints [J]. IEEE transactions on automatic control, 2015, 60 (5): 1398-1403.

[2] ZHANG H, ZHENG W X. Denial-of-service power dispatch against linear quadratic control via a fading channel [J]. IEEE transactions on automatic control, 2018, 63 (9): 3032-3039.

[3] LAI S Y, CHEN B, LI T X, et al. Packet-based feedback control under Dos attacks in cyber-physical systems [J]. IEEE transactions on circuits and systems, part Ⅱ: express briefs, 2019, 66 (8): 1421-1425.

[4] LIU S, WANG Z D, WEI G L, et al. Distributed set - membership filtering for multi-rate systems under the Round - Robin scheduling over sensor networks [J]. IEEE transactions on cybernetics, 2020, 50 (5): 1910 - 1920.

[5] ZHANG H, QI Y F, WU J F, et al. DoS attack energy management against remote state estimation [J]. IEEE transactions on control of network systems, 2018, 5 (1): 383 - 394.

[6] CHEN B, HO D W C, ZHANG W A, et al. Distributed dimensionality reduction fusion estimation for cyber - physical systems under DoS attacks [J]. IEEE transactions on systems, man, and cybernetics: systems, 2019, 49 (2): 455 - 468.

[7] LI Y Z, SHI D W, CHEN T W. False data injection attacks on networked control systems: a Stackelberg game analysis [J]. IEEE transactions on automatic control, 2018, 63 (10): 3503 - 3509.

[8] CHEN B, HO D W C, HU G Q, et al. Secure fusion estimation for bandwidth constrained cyber - physical systems under replay attacks [J]. IEEE transactions on cybernetics, 2018, 48 (6): 1862 - 1876.

[9] WANG K, YUAN L, MIYAZAKI T, et al. Jamming and eavesdropping defense in green cyber - physical transportation systems using a Stackelberg game [J]. IEEE transactions on industrial informatics, 2018, 14 (9): 4232 - 4242.

[10] GUO Z Y, SHI D W, JOHANSSON K H, et al. Optimal linear cyber - attack on remote state estimation [J]. IEEE transactions on control of network systems, 2017, 4 (1): 4 - 13.

[11] VARMA V S, DE OLIVEIRA A M, POSTOYAN R, et al. Energy - efficient time - triggered communication policies for wireless networked control systems [J]. IEEE transactions on automatic control, 2020, 65 (10): 4324 - 4331.

[12] SUN S L, DENG Z L. Multi - sensor optimal information fusion Kalman filter [J]. Automatica, 2004, 40 (6): 1017 - 1023.

[13] LIU Y, YANG G H. Event - triggered distributed state estimation for cyber - physical systems under DoS attacks [J]. IEEE transactions on cybernetics, 2022, 52 (5): 3620 - 3631.

[14] REN X Q, MO Y L, CHEN J, et al. Secure state estimation with byzantine sensors:

a probabilistic approach [J]. IEEE transactions on automatic control, 2020, 65 (9): 3742 - 3757.

[15] ZHANG W A, YU L, HE D F. Sequential fusion estimation for sensor networks with deceptive attacks [J]. IEEE transactions on aerospace and electronic systems, 2020, 56 (3): 1829 - 1843.

[16] SONG H Y, SHI P, LIM C C, et al. Attack and estimator design for multi - sensor systems with undetectable adversary [J]. Automatica, 2019, 109: 108545.

[17] CHEN J, DOU C X, XIAO L, et al. Fusion state estimation for power systems under DoS attacks: a switched system approach [J]. IEEE transactions on systems, man, and cybernetics: systems, 2019, 49 (8): 1679 - 1687.

[18] YUAN L, WANG K, MIYAZAKI T, et al. Optimal transmission strategy for sensors to defend against eavesdropping and jamming attacks [C]. 2017 IEEE International Conference on Communications, 2017: 1 - 6.

[19] TSIAMIS A, GATSIS K, PAPPAS G J. State estimation with secrecy against eavesdroppers [J]. IFAC - papers online, 2017, 50 (1): 8385 - 8392.

[20] LEONG A S, QUEVEDO D E, DOLZ D, et al. Transmission scheduling for remote state estimation over packet dropping links in the presence of an eavesdropper [J]. IEEE transactions on automatic control, 2019, 64 (9): 3732 - 3739.

[21] LU J Y, LEONG A S, QUEVEDO D E. An event - triggered transmission scheduling strategy for remote state estimation in the presence of an eavesdropper [EB/OL]. (2019 - 10 - 09) [2024 - 12 - 18]. https://arxiv. org/pdf/1910. 03759.

[22] LEONG A S, QUEVEDO D E, DOLZ D, et al. On remote state estimation in the presence of an eavesdropper [J]. IFAC - papers online, 2017, 50 (1): 7339 - 7344.

[23] TSIAMIS A, GATSIS K, PAPPAS G J. State - secrecy codes for networked linear systems [J]. IEEE transactions on automatic control, 2020, 65 (5): 2001 - 2015.

[24] TSIAMIS A, GATSIS K, PAPPAS G J. An information matrix approach for state secrecy [C]. 2018 IEEE Conference on Decision and Control, 2018: 2062 - 2067.

[25] TSIAMIS A, GATSIS K, PAPPAS G J. State - secrecy codes for stable systems [C]. 2018 Annual American Control Conference, 2018: 171 - 177.

[26] HUANG L Y, LEONG A S, QUEVEDO D E, et al. Finite time encryption schedule

in the presence of an eavesdropper with operation cost [EB/OL]. (2019 - 03 - 28) [2024 - 12 - 27]. https://arxiv. org/pdf/1903. 11763.

[27] WANG L, CAO X H, SUN B W, et al. Optimal schedule of secure transmissions for remote state estimation against eavesdropping [J]. IEEE transactions on industrial informatics, 2021, 17 (3): 1987 - 1997.

[28] XU D X, CHEN B, YU L. Secure fusion estimation against eavesdroppers [C]. 2018 37th Chinese Control Conference, 2018: 4310 - 4315.

[29] XU D X, CHEN B, YU L, et al. Secure dimensionality reduction fusion estimation against eavesdroppers in cyber - physical systems [J]. ISA transactions, 2020, 104: 154 - 161.

[30] ZHANG H, CHENG P, SHI L, et al. Optimal denial - of - service attack scheduling with energy constraint [J]. IEEE transaction on automatic control, 2015, 60 (11): 3023 - 3028.

[31] JAZWINSKI A H. Stochastic processes and filtering theory [M]. New York: Academic Press, 1970.

[32] ANDERSON B D O, MOORE J B. Optimal filtering [M]. Englewood Cliffs: Prentice - Hall, 1979.

[33] DENG Z L, GAO Y, MAO L, et al. New approach to information fusion steady - state Kalman filtering [J]. Automatica, 2005, 41 (10): 1695 - 1707.

[34] LI Y Z, SHI L, CHENG P, et al. Jamming attacks on remote state estimation in cyber - physical systems: A game - theoretic approach [J]. IEEE transactions on automatic control, 2015, 60 (10): 2831 - 2836.

[35] SHI L, CHENG P, CHEN J M. Sensor data scheduling for optimal state estimation with communication energy constraint [J]. Automatica, 2011, 47 (8): 1693 - 1698.

[36] SHI L, CHENG P, CHEN J M. Optimal periodic sensor scheduling with limited resources [J]. IEEE transactions on automatic control, 2011, 56 (9): 2190 - 2195.

[37] POISEL R A. Modern communications jamming: principles and techniques [M]. London: Artech House, 2012.

[38] LUO H, YU X L, ZHANG Z F, et al. Channel estimation for 5G mm wave communications systems: a survey [J]. Telecommunication engineering, 2021, 61 (2): 254 - 262.

[39] LEONG A S, REDDER A, QUEVEDO D E, et al. On the use of artificial noise for secure state estimation in the presence of eavesdroppers [C]. 2018 European Control Conference, 2018: 325 - 330.

[40] GOEL S, NEGI R. Guaranteeing secrecy using artificial noise [J]. IEEE transactions on wireless communications, 2008, 7 (6): 2180 - 2189.

[41] LIANG Y B, POOR H V, SHAMAI S. Secure communication over fading channels [J]. IEEE transactions on information theory, 2008, 54 (6): 2470 - 2492.

[42] RAMIREZ - MIRELES F. On the performance of ultra - wide - band signals in Gaussian noise and dense multipath [J]. IEEE transactions on vehicular communications, 2001, 50 (1): 244 - 249.

[43] JIA Q S, SHI L, MO Y L, et al. On optimal partial broadcasting of wireless sensor networks for Kalman filtering [J]. IEEE transactions on automatic control, 2012, 57 (3): 715 - 721.

第 9 章　总结与展望

9.1　总　结

由于 NMFES 具有布线少、维护容易、可扩展性强、灵活性高及信息共享方便等优点，因此分布式安全融合估计系统更易于实现，它提高了系统的可靠性和故障容错能力。网络化的分布式安全融合估计问题已经得到了越来越多的关注，其应用范围不断扩大。然而，通信网络的引入使信息传输模式发生了改变，在研究网络化分布式安全融合估计算法时必须考虑几个重要问题：一是由于网络的开放性，系统存在潜在的状态隐私泄露甚至严重的网络攻击威胁，因此设计状态隐私保护策略对系统安全运行至关重要；二是由于网络带宽是有限的，各局部传感器节点发送的信息在无线通信网络上往往需要通过竞争资源获得通信机会，因此传感器局部节点的完整数据信息不能发送到融合中心；三是传感器的能量往往由电池提供，由于传感器的工作环境因素，更换电池常常比较困难甚至是不可能的，因此必须考虑传感器的能量约束问题。值得注意的是，隐私保护策略的执行进一步消耗了网络带宽和传感器能量。目前，针对 NMFES 状态隐私保护的研究结果较少，尚处于起步阶段。本书的研究结果可以促进分布式安全融合估计算法在网络环境中的应用，保护系统状态隐私，从主动防御角度维护系统安全，这对网络化分布式安全融合估计系统的实现具有重要的理论意义与现实意义。为此，在现有研究成果的基础上，针对 NMFES 存在的上述三个重要问题开展研究，主要成果总结如下。

(1) 研究了网络带宽受限与传感器能量约束的远程状态估计问题，给出了原始测量值所在的超级矩形区域，并基于凸优化理论给出了超级矩形区域的最紧近似椭球集；进一步研究了系统噪声统计特性未知的非线性系统状态估计问题，通过引入渐消因子，利用高阶无迹变换改进了传统的 Sage - Husa 算法，实现了对未知系统噪声统计特性的实时准确估计；最后研究了状态模型未知的非线性系统的状态估计问题，通过多核函数的自适应融合得到最优权值系数，显著提高了原始状态的估计准确率。

(2) 研究了 NMFES 的状态隐私保护与分布式安全融合估计问题，设计了基于估计误差协方差矩阵的人工噪声加密隐私保护策略及对应的安全融合估计算法；进一步研究了网络带宽受限下 NMFES 的隐私保护策略设计与分布式安全融合估计问题，从物理层安全角度出发分析了降维传输下局部估计信息的传输特性，设计了一种依赖于随机传输矩阵和估计误差协方差矩阵的人工噪声加密的隐私保护策略；最后给出了完美期望加密的充分条件，以及人工噪声能量的选择范围，并利用最优矩阵加权融合，给出了基于人工噪声加密的隐私保护策略的分布式安全融合估计算法。

(3) 研究了传感器能量约束下 NMFES 的人工噪声加密的隐私保护策略设计与分布式安全融合估计问题，设计了基于随机事件触发的传输机制；进一步利用多输入单输出信道传输模式及波束成形技术给出了依赖于信道增益矩阵的人工噪声加密的隐私保护策略，分析了窃听者融合估计性能与事件触发阈值、人工噪声能量的关系；最后给出了传感器能量约束下基于隐私保护策略的分布式安全融合估计算法。

(4) 研究了传感器能量约束下 NMFES 最优加密策略设计与人工噪声能量优化问题，在有限时域内，建立了窃听者融合估计误差协方差矩阵和加密过程成本线性相关的最优目标函数，在各局部传感器能量约束下求解最优的加密策略，包括最优加密序列和最优人工噪声能量；进一步通过矩阵的变换和运算，将原最优化问题转化为复杂度更低的 L 个次优化问题；最后为了满足系统实时性要求，在某个限制性条件下，给出了具有简单解析解形式的最优加密策略，以及基于最优加密策略的分布式安全融合估计算法。

随着信息技术的飞速发展，人类社会进入了以数字化、网络化及智能化为特征的信息化时代，极大地促进了 NMFES 在国防军事、工业生产及社会生活等方面的应用。然而，NMFES 带来巨大利益的同时，也存在诸多潜在的隐私安全威胁及网络资源限制。因此，探索和研究 NMFES 隐私保护与分布式安全融合估计是一项重要的课题，对于国家和公共隐私安全具有重大的现实意义。本书以融合估计性能为系统性能指标，结合网络资源受限的实际情况设计了对应的隐私保护策略，并分析了状态隐私加密策略对融合估计性能的影响，所获得的理论研究成果不仅有助于建立具有状态隐私保护能力的安全融合估计理论，而且能够丰富和完善 NMFES 主动防御理论，促进 NMFES 安全融合估计理论和技术体系建设，保障国家和公共隐私安全。

9.2 展　　望

本书针对 NMFES 中的状态隐私保护与分布式安全融合估计问题，从控制理论的角度展开了研究工作，获得了一些新的理论成果。相关研究课题涉及控制、通信和计算领域的交叉融合，需要指出的是，本研究领域仍然存在需要解决的重要问题。具体来说，可以从以下几个方面进一步开展研究工作。

(1) 本书主要针对不稳定的分布式安全融合估计系统的状态隐私保护问题进行了研究，并未讨论稳定的分布式安全融合估计系统的状态隐私保护问题，事实上，实际应用中有很多 NMFES 是稳定系统，针对稳定系统的隐私保护问题，研究如何设计相应的隐私保护策略来限制窃听者的融合估计性能是非常有必要的；同时，如何将所提算法的应用范围扩大到符合实际需求也是很关键的。

(2) 本书从物理层安全角度出发设计了基于人工噪声的加密策略；然而，其中一些隐私保护策略的有效性是建立在窃听者不能知晓所有系统参数这一假设下的，限制了本书第 3 章、第 4 章所涉及的分布式安全融合估计算法的应用范围。因此，考虑窃听者已知系统参数，如何设计新的隐私保护策略及对应的分布式安全融合估计算法是非常值得研究的问题。

（3）本书的结论都是基于线性系统得到的，然而在实际中大多系统往往是非线性的，如何将这些结论推广到非线性系统对于完善网络化分布式融合估计理论是非常有必要的。

随着工业物联网、智能电网、车联网等网络化系统的快速发展，在通信受限环境下网络化系统的状态隐私保护策略与分布式安全融合估计研究正面临前所未有的机遇与挑战。本书围绕 NMFES 在资源约束条件下的状态隐私保护策略与分布式安全融合估计算法展开了系统性的研究，提出了基于人工噪声、信道增益矩阵加密、降维传输、事件触发等技术的解决方案。然而，随着新型攻击手段的涌现、系统规模的扩大及应用场景的复杂化，该领域仍存在诸多亟待突破的科学问题。未来研究可从以下几个方向进行深化探索。

（1）面向动态异构网络的适应性隐私保护框架。

现有研究多基于静态网络拓扑与固定资源约束假设，而实际系统中的网络状态（如无线通信网络质量、传感器节点能量、攻击强度）往往呈现出时空动态性。例如，在车联网中，车辆节点的快速移动导致信道特性剧烈变化；在工业物联网中，设备能耗的不均衡性可能引发网络拓扑重构。未来需要构建动态自适应的隐私保护框架：一方面，可研究基于深度强化学习的策略优化方法，通过实时感知网络状态（如丢包率、剩余能量、攻击特征）动态调整人工噪声注入能量强度、事件触发阈值等关键参数；另一方面，需设计跨层协同机制，将物理层的信道状态信息与网络层的路由策略相结合，实现隐私保护与通信速率的联合优化。此外，针对异构传感器网络（如多模态多速率传感器共存场景），需探索差异化加密策略，如对高精度传感器采用信道增益矩阵加密，而对低功耗节点采用降维传输，在保证安全性的同时降低整体能耗。

（2）多模态攻击联合防御与安全估计一体化设计。

当前研究主要针对单一攻击模式（如窃听攻击或 DoS 攻击）来设计防御策略，而实际系统中多种攻击可能并发或协同发生。例如，窃听者可能先通过窃听获取系统模型信息，再发起精准的虚假数据注入攻击。未来需构建多模态攻击联合防御体系：首先，建立攻击行为的多维度建模方法，利用博弈论分析窃听者与防御方的策略互动关系；其次，研究基于信息熵的复合攻击检测机制，通过融合多源日志数据与状态估计残差，实现攻击类型与强度的在线辨识；最后，开发具有主动防御能力的安全融合估计器，如在人工噪声注入过程中嵌入诱骗信息，干扰窃听者的模型辨识过程。特别地，需突破传统的“先防御后估计”的分离式架构，探索加密策略与融合估计算法的深度耦合，如设计具有内生安全特性的分布式滤波算法，使估计误差协方差矩阵迹在遭受攻击时仍能保持有界。

(3) 轻量化密码学与物理层安全的深度融合。

现有的隐私保护方法主要依赖于人工噪声等物理层安全技术，其优势在于计算成本低且无需复杂密钥管理，但面临安全边界模糊的问题；而传统密码学方法（如同态加密）虽然能提供理论安全保证，但是难以满足实时性要求。未来可探索二者的深度融合：一方面，研究基于格密码的轻量级加密算法，将其与信道增益矩阵加密相结合，在传感器节点实现物理-密码双层防护；另一方面，利用物理层信道的时变特性（如信道脉冲响应）生成动态密钥，构建密钥分发与人工噪声注入的联合优化模型。此外，针对量子计算带来的潜在威胁，需前瞻性研究抗量子攻击的隐私保护方案，如基于后量子密码算法（如基于哈希的签名）设计量子安全的融合估计协议。

(4) 边缘智能驱动的隐私效率权衡优化。

随着边缘计算与联邦学习的普及，如何在边缘节点实现隐私保护与估计效率的平衡成为关键问题。传统的集中式安全融合估计框架面临单点失效风险，而完全分布式安全融合估计框架又存在收敛速度慢的缺陷。未来可探索基于边缘智能的混合框架：一方面，在边缘服务器部署轻量级同态加密模块，对局部估计进行密文融合；另一方面，利用联邦学习框架，通过模型参数聚合而非原始数据传输实现隐私保护。此外，需研究自适应梯度扰动机制，在联邦学习过程中动态注入人工噪声，既能防止梯度泄露，又可控制模型性能损失。值得关注的是，需建立严格的隐私-效率量化评估模型，如基于微分隐私的某种准则，为不同应用场景提供可配置的安全等级与资源分配方案。

(5) 面向开放环境的可验证安全估计理论。

现有安全融合估计算法多基于封闭式假设（如已知噪声统计特性或攻击

强度上界)，而实际开放环境中存在模型不确定性、对抗样本攻击复杂等因素。未来需发展可验证的安全融合估计理论：首先，构建鲁棒性更强的分布式安全融合估计框架，采用区间观测器或集值滤波技术，将模型误差与攻击影响纳入状态估计的不确定集；其次，引入形式化验证方法，利用可行性分析工具对估计误差的收敛性进行严格证明；最后，研究基于区块链的共识机制，通过多节点交叉验证提高估计结果的可信度。特别地，需突破传统高斯噪声假设，研究非高斯/非平稳噪声下的安全融合估计算法，如基于鲁棒主成分分析的异常数据分离技术。

(6) 跨学科方法创新与标准化推进。

本领域研究亟须打破学科壁垒，深度融合信息论、控制理论、密码学与人工智能等学科：例如，借鉴信息论中的速率失真理论，建立隐私泄露与估计精度的量化关系；利用控制理论中的李雅普诺夫稳定性理论，设计具有稳定性的动态加密策略；引入密码学中的零知识证明机制，实现融合估计过程的隐私可验证性。同时，需加强产学研合作，推动标准化进程：制定适用于工业物联网的安全融合估计协议栈，明确数据加密、密钥管理、异常检测等模块的接口规范；建立涵盖电力、交通、制造等领域的基准测试平台，通过真实攻击场景验证算法的有效性。

总之，通信受限网络化系统的状态隐私保护策略与分布式安全融合估计研究正处于从理论突破走向工程应用的关键阶段。未来需在动态适应性、多模态防御、跨层优化等方向持续创新，同时注重理论严谨性与实践可行性的平衡，为构建安全可信的智能信息物理系统提供坚实的支撑。随着5G/6G、人工智能、密码学等技术的协同演进，我们有理由相信，新一代网络化安全融合估计系统将在保障隐私安全的前提下，实现更高效、更鲁棒的智能感知与控制。